Hauptschule BAYERN

Lernstufen MATHEMATIK

9

Herausgegeben von
Prof. Dr. Manfred Leppig

unter Mitarbeit von
Franz Bartenschlager, Blaichach
Walter Braunmiller, Königsbrunn
Max Friedl, Spiegelau
Dr. Peter Hell, Dillingen
Manfred Lampelsdorfer, Passau
Manfred Paczulla, Bamberg
Ludwig Scholler, Griesbach
Heidrun Weber, Bayreuth
Helmut Wöckel, Schillingsfürst
und der Verlagsredaktion

unter Beratung von
Herbert Wahl, München
Willi Wendler, Bayreuth
Margarete Westner, München

Cornelsen

Hauptschule BAYERN

Lernstufen MATHEMATIK 9

Erarbeitet von

Franz Bartenschlager
Walter Braunmiller
Max Friedl
Peter Hell
Heinrich Geldermann
Manfred Lampelsdorfer
Manfred Leppig
Manfred Paczulla
Alfred Reinelt
Ludwig Scholler
Helmut Spiering
Godehard Vollenbröker
Alfred Warthorst
Heidrun Weber
Helmut Wöckel

Titelfoto: Nürnberg

Redaktion: Max W. Busch
Herstellung: Marina Wurdel

Technische Umsetzung:
Universitätsdruckerei H. Stürtz AG, Würzburg

1. Auflage ✓
Druck 4 3 2 1   Jahr 02 01 2000 99
Alle Drucke dieser Auflage können im
Unterricht nebeneinander verwendet werden.

© 1999 Cornelsen Verlag, Berlin
Das Werk und seine Teile sind urheberrechtlich
geschützt. Jede Verwertung in anderen als den
gesetzlich zugelassenen Fällen bedarf deshalb der
vorherigen schriftlichen Einwilligung des Verlages.

Druck: Universitätsdruckerei H. Stürtz AG, Würzburg

ISBN 3-464-52139-7

Bestellnummer 521397

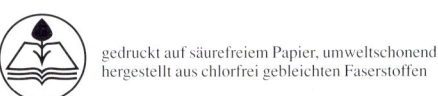

gedruckt auf säurefreiem Papier, umweltschonend
hergestellt aus chlorfrei gebleichten Faserstoffen

Differenzierungszeichen

1 Übungen auf Grundniveau, Aufgaben mit durchschnittlichem Schwierigkeitsgrad

4 Übungen mit erhöhtem Schwierigkeitsgrad

 kennzeichnet Übungen zum Kopfrechnen.

 kennzeichnet Übungen mit erhöhtem Zeitaufwand und Materialeinsatz, die auch als Aufgaben zur Freiarbeit nutzbar sind.

 kennzeichnet Übungsseiten, die zur Freiarbeit eingesetzt werden können. Diese Seiten haben einen grünen Randstreifen. Die Lösungen sind am Ende des Buches angegeben.

 kennzeichnet die Seiten der Mathe-Meisterschaft, die der Selbstkontrolle dienen. Die Lösungen sind auch am Ende des Buches angegeben.

 kennzeichnet Themenseiten, die Projektcharakter haben und den fächerübergreifenden Aspekt verstärken.

Inhalt

5 Wiederholung
- 6 Prozent- und Promillerechnung
- 7 Rationale Zahlen
- 8 Geometrie
- 9 Gleichungen und Formeln
- 10 Zuordnungen und Schaubilder

11 Prozent- und Zinsrechnung
- 12 Die Grundaufgaben der Prozentrechnung
- 14 Einkommen, Steuern und Sozialversicherung
- 15 Vermehrter und verminderter Grundwert
- 17 Anwendungen – Wirtschaft und Energie
- 19 Zinsrechnung
- 20 Grundaufgaben der Zinsrechnung bei Jahreszinsen
- 23 Monatszinsen und Tageszinsen
- 25 Berechnung des Zinssatzes bei Monats- und Tageszinsen
- 26 Berechnung des Kapitals bei Monats- und Tageszinsen
- 27 Berechnung der Zeit bei Tageszinsen
- 28 Rechnen mit der Zinsformel
- 30 **Kredite**
- 31 Ratenkredite
- 32 **Tabellenkalkulation**
- 34 Vermischte Aufgaben aus dem Quali-Abschluss
- 36 Zahlen, Zahlen, Zahlen
- 38 Mathe-Meisterschaft

39 Rationale Zahlen, Potenzen und Wurzeln
- 40 **Rationale Zahlen**
- 40 Addition und Subtraktion rationaler Zahlen
- 41 Multiplikation und Division rationaler Zahlen
- 42 Vermischte Aufgaben
- 43 **Potenzen und Wurzeln**
- 43 Darstellung großer Zahlen mit Hilfe von Zehnerpotenzen
- 44 Darstellung kleiner Zahlen mit Hilfe von Zehnerpotenzen
- 46 Quadratzahlen
- 47 Quadratwurzeln
- 48 Näherungen für Quadratwurzeln
- 49 Anwendungen
- 50 Vermischte Aufgaben
- 52 Das grenzenlose Universum
- 54 Mathe-Meisterschaft

55 Geometrie
- 55 **Zeichnen und Konstruieren**
- 56 Konstruktionen von Dreiecken
- 59 Konstruktion von Vierecken
- 61 Vermischte Aufgaben
- 62 Konstruktion von regelmäßigen Vielecken
- 63 Konstruktion und Berechnung regelmäßiger Vielecke
- 64 Umfang und Flächeninhalt regelmäßiger Vielecke
- 65 Vergrößern und Verkleinern von Figuren/Ähnliche Figuren
- 66 Vergrößern und Verkleinern im Maßstab
- 67 Geometrische Ähnlichkeit
- 69 Vermischte Aufgaben
- 70 Zählen und Messen
- 72 **Der Satz des Pythagoras**
- 72 Das rechtwinklige Dreieck
- 73 Besonderheiten bei rechtwinkligen Dreiecken
- 75 Der Lehrsatz des Pythagoras
- 77 Beweise für den Satz des Pythagoras
- 78 Berechnung von Streckenlängen mit dem Satz des Pythagoras
- 80 Vorbereitung auf Prüfungen
- 81 Mathe-Meisterschaft
- 82 **Pyramide, Kegel, zusammengesetzte Körper**
- 83 Zeichnerische Darstellung von Körpern

	84	Ansichten von Körpern	**119**	**Sachrechnen –**
	86	Formbetrachtung und Darstellung		**Zuordnungen – Statistik**
		von Pyramiden und Kegeln	119	**Zuordnungen und**
	88	Oberfläche von Pyramiden		**beschreibende Statistik**
	89	Das Volumen der Pyramide	120	Beispiele für Zuordnungen
	90	Die Oberfläche des Kegels	121	Proportionale und umgekehrt
	92	Das Volumen des Kegels		proportionale Zuordnungen
	93	Oberfläche und Volumen	124	Mischungs- und Verhältnisrechnung
		eines zusammengesetzten Körpers	■ 126	Das solltest du jetzt können –
	95	Der Satz des Pythagoras bei		Aufgaben aus dem Quali-Abschluss
		Berechnungen an Körpern	127	Projekt Mofa, Roller
■	97	Vermischte Aufgaben aus dem	132	**Beschreibende Statistik**
		Quali-Abschluss	132	Statistische Angaben
■	98	Aus der Geschichte der Mathematik	133	Statistik informiert
■	100	Mathe-Meisterschaft	134	Statistische Daten und
				Schaubilder auswerten
	101	**Gleichungen und Formeln**	138	Statistisches Material erheben
	102	**Umformen und Lösen**	140	Fragebogen und deren
		von Gleichungen		Auswertung
	103	Gleichungen mit Brüchen lösen	144	Mittelwerte
	104	Bruchgleichungen lösen	146	Der Zentralwert
■	105	Vermischte Aufgaben	■ 147	Vermischte Aufgaben
	106	Gleichungen ansetzen und lösen	■ 150	Aus der Geschichte des Geldes
	108	**Formeln umstellen: Geometrie**		
	110	**Formeln umstellen:**		
		Prozent- und Zinsrechnung	152	Lösungen: Vermischte Aufgaben
	112	**Formeln umstellen:**	161	Lösungen: Mathe-Meisterschaft
		Physik – Chemie – Biologie	164	Regeln und Gesetze –
■	114	Vermischte Aufgaben		Grundwissen Geometrie
■	116	Das solltest du jetzt können –	166	Größen und Maßeinheiten
		Aufgaben aus dem Quali-Abschluss	167	Stichwortverzeichnis
■	118	Mathe-Meisterschaft	168	Bildnachweis

Wiederholung

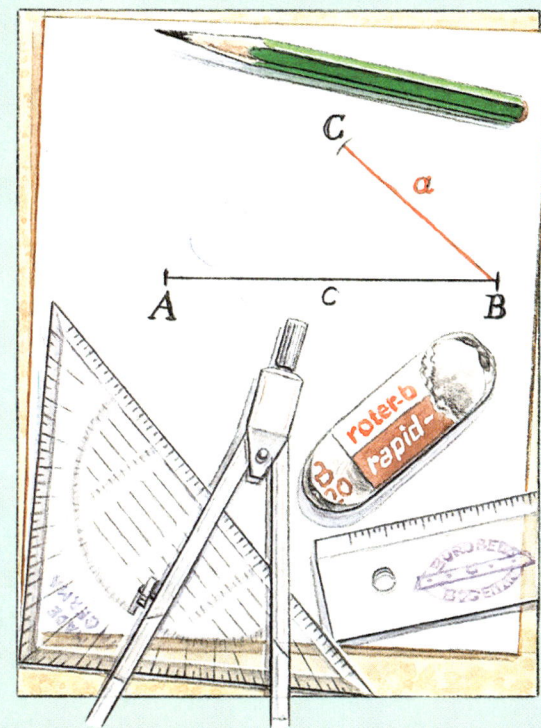

Prozent- und Promillerechnung

1 Berechne den Prozentwert.
a) 7% von 128 DM   f) 24% von 424,5 m
b) 8% von 96 DM   g) 16% von 938 km
c) 19% von 77 m   h) 42% von 12,550 t
d) 15% von 990 m   i) 12,5% von 75 t
e) 21% von 87 kg   j) 6,3% von 320 cm^2

2 Berechne den Prozentsatz.
a) 16 DM von 32 DM   f) 2,4 m von 40 m
b) 150 kg von 750 kg   g) $2\frac{1}{2}$ l von 400 l
c) 300 km von 1500 km   h) 80 t von 400 t
d) 13,5 m^3 von 108 m^3 i) 64 m von 800 m
e) 16,25 m^2 von 65 m^2 j) 8,88 hl von 74 hl

3 Berechne den Grundwert G.

Prozentwert P	Prozentsatz p%
10 kg	5%
12,6 km	2,8%
1500 DM	8,3%
913,60 DM	32%
168 t	21%
2,1 t	16%
31,5 l	63%

4 Berechne in deinem Heft.

Grundwert	Prozentwert	Prozentsatz
	61,56 DM	13,5%
998 DM	64,87 DM	
512 DM		4,7%
	1,83 DM	$33\frac{1}{3}$%
	34,80 DM	12,5%
1347 DM	898,00 DM	
846 DM		$16\frac{2}{3}$%

5 Berechne in deinem Heft.

Promillewert	Promillesatz	Grundwert
	4‰	6500 DM
33 DM		6500 DM
6,50 DM	5‰	
	12‰	40 000 DM
2,70 DM		562,50 DM
126 DM	8,7‰	

6 Finde Aufgaben.

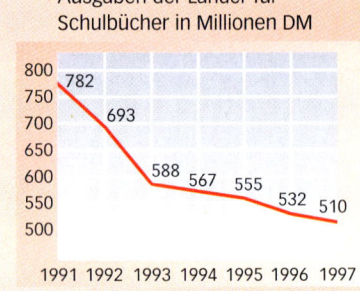
Ausgaben der Länder für Schulbücher in Millionen DM

7 Herr Haller ist Angestellter. Er erhält jeden Monat ein Bruttogehalt von 2105 DM. Seine Abzüge betragen insgesamt 26,6% vom Bruttogehalt. Wie viel DM erhält er ausgezahlt?

8 Frau Schüler verdient 3250 DM, sie zahlt 482,30 DM Lohnsteuer. Die übrigen Abgaben betragen bei ihr 17%.

9 Herr Schwickert kauft 4 Autoreifen vom Typ 185/R14 zu je 89,24 DM. Für die Montage pro Reifen soll er 13,20 DM zahlen. Dazu kommt für die 4 Altreifen ein Entsorgungsanteil von je 11,40 DM. Erstelle eine Rechnung mit 16% Mehrwertsteuer und 2% Skonto.

10 Berechne den Endpreis.

	Einkaufspreis	allgemeine Kosten	Gewinn	MWSt.
a)	1200,– DM	18%	24%	16%
b)	6,80 DM	25%	15%	7%
c)	845,– DM	9%	11%	16%

11 Sommerschlussverkauf: Joshua zahlt für eine Jeans 90,95 DM, für ein Hemd 18,75 DM und für eine Jeansjacke 97,50 DM. Wie viel Geld spart er, wenn er mit den ursprünglichen Preisen vergleicht?

25% auf jedes Kleidungsstück

12 Herr Viali ist Monteur. Er hat an 23 Tagen im Monat täglich $7\frac{1}{2}$ Stunden gearbeitet. An zwei Wochenenden hat er noch 14 Überstunden geleistet, die mit 30% Zuschlag vergütet werden. Sein Stundenlohn beträgt 18,38 DM. Wie hoch ist sein Monatslohn?

Rationale Zahlen

> Die positiven und negativen Bruchzahlen bilden zusammen mit den ganzen Zahlen die rationalen Zahlen.

1 Trage auf einer Zahlengeraden (Einheit = 1 cm) die Zahlen 2, 8, $-\frac{1}{2}$, $-3{,}5$, $5\frac{1}{4}$ und $-6\frac{3}{4}$ mit ihren Gegenzahlen als Punkte ein.

2 Ordne die Temperaturen. Beginne mit der größten.

Dampf in Turbinen	450 °C
Erde, Kältepol	−73 °C
Körperwärme des Menschen	37 °C
Absoluter Nullpunkt	−273 °C
Sonne	7260 °C
Untere Stratosphäre	−69 °C
Luft, Siedepunkt	−190 °C
Flüssiges Eisen	1350 °C

3 Ergänze die Zahlenfolgen.
Beispiel: $-8, -6; \ldots 10$
$-8; -6; -4; -2; 0; 2; 4; 6; 8; 10$
a) $-10; -8; -6 \ldots 8$
b) $200; 150; 100 \ldots -200$
c) $-1000; -500; -700; -200 \ldots +900$
d) $2; 1{,}5; 1 \ldots -3$
e) $5; 5{,}5; 4{,}5; 5 \ldots -1{,}5$
f) $-4; -3\frac{3}{4}; -3\frac{1}{2} \ldots -2$

4 Suche die Mittelpunkte auf der Zahlengeraden zwischen den beiden Zahlen.
a) -20 und $+10$ d) $-0{,}5$ und $+2{,}5$
b) $+20$ und -10 e) $-\frac{1}{4}$ und $+\frac{3}{4}$
c) -1 und -2 f) $-\frac{2}{3}$ und $\frac{1}{4}$

5 Übertrage in dein Heft und setze die Zeichen <, = oder > richtig ein.
a) $0{,}25 \square -0{,}25$ e) $8{,}5 \square -9{,}5$
b) $1{,}5 \square 1\frac{1}{2}$ f) $8\frac{9}{18} \square 8{,}5$
c) $-8{,}5 \square -9{,}5$ g) $-1001 \square -1010$
d) $-8{,}5 \square 9{,}5$ h) $-1011 \square -1101$

6 Gib vier verschiedene Zahlen an zwischen
a) 0 und -1 d) $-\frac{1}{3}$ und $-\frac{2}{3}$
b) -9 und 10 e) $-0{,}25$ und $-0{,}26$
c) $\frac{1}{3}$ und $\frac{2}{3}$ f) $-0{,}25$ und $0{,}24$

7 Berechne mündlich. Beachte dabei die Vorzeichen. Beginne stets links mit den Zeilen.
Beispiel: $-1 + (-2) = -3$
Drehe dann das Rechenzeichenrad um ein Feld nach rechts.

−/: +/·	−2	5	−7	9	−3	4
−1						
6						
8						
−8						
10						

Beginne jetzt mit den Spalten.
Beispiel: $-2 + (-1) = -3$
Was stellst du fest?

8 Löse wie Aufgabe 7 mit dem Taschenrechner.

−/: +/·	−9	$\frac{1}{4}$	−0,75	5,2	$7\frac{1}{3}$	−4	0,5
−2,25							
$\frac{2}{3}$							
−0,4							
$2\frac{1}{8}$							
10							

9 Berechne den Kontostand.

	a)	b)	c)
Kontostand alt	S 100,18	H 141,16	H 48,15
Haftpfl. Roller	130,15	128,12	135,80
Barabhebung	120,00	50,−	70,−
Gutschrift			
Gewinnsparen	25,00	100,−	50,−

10 Berechne die fehlende Größe.
(S = Soll = Schulden; H = Haben = Guthaben)

	a)	b)	c)
Kontostand alt	S 20,86		S 141,17
Ausbildungsbeihilfe	1050,52	886,43	
Kontostand neu		1054,07	804,83

Geometrie

1 Zeichne im Heft ein Rechteck ($a = 7,5$ cm; $b = 4$ cm).
a) Konstruiere auf jeder Seite den Mittelpunkt und verbinde die Mittelpunkte benachbarter Seiten. Bestimme die entstandene Figur.
b) Wiederhole die Konstruktionsschritte bei der neu entstandenen Figur.

2 Übertrage das Koordinatensystem auf Millimeterpapier.

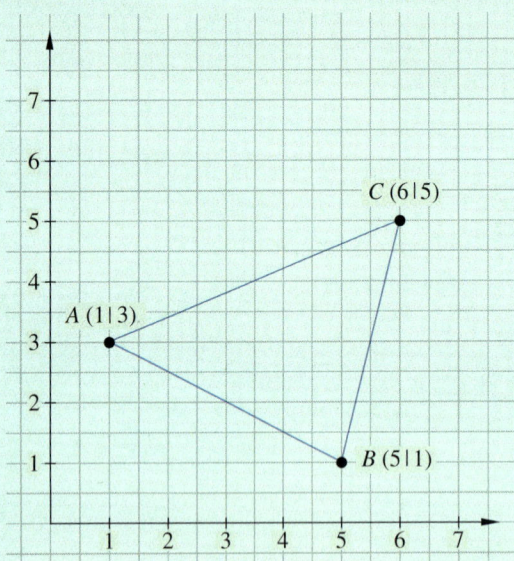

a) Konstruiere die Senkrechte von C auf $[AB]$.
b) Verbinde die Punkte A, B und C zu einem Dreieck und halbiere alle Winkel des Dreiecks.
c) Benenne die Koordinaten des Schnittpunktes der drei Winkelhalbierenden.

3 Konstruiere die Dreiecke:
a) gleichseitiges Dreieck: $a = 5$ cm
b) $\alpha = 45°$, $\gamma = 60°$; $c = 7$ cm
c) $a = b = 5,3$ cm; $\gamma = 35°$

4 Konstruiere das Dreieck nach folgendem Konstruktionsprotokoll:
1. $\overline{AB} = 3,5$ cm
2. $\alpha = 65°$
3. $\beta = 30°$
4. Schnittpunkt der Schenkel von α und β ergibt C.

5 Berechne die fehlenden Angaben der Kreise bzw. Kreisausschnitte, -bögen und -ringe: ($\pi = 3,14$)

Kreis:

	r	d	u	A
a)	4 cm	–	–	–
b)	–	12,7 dm	–	–
c)	–	–	43,96 cm	–

Kreisausschnitt und Kreisbogen:

	r	α	A_S	b
d)	82 cm	42°	–	–
e)	–	90°	–	160 cm
f)	3,2 dm	95°	–	–

Kreisring:

	r_1	d_1	r_2	d_2	A
g)	35 m	–	–	20 m	–
h)	–	14 m	38 dm	–	–
i)	–	9,6 m	–	78 dm	–

6 Berechne die Größe der blauen Fläche. Die Seiten des ursprünglichen Rechtecks sind 6 cm und 3 cm.

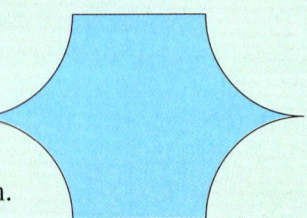

7 Berechne Oberfläche und Volumen der beiden Prismen.

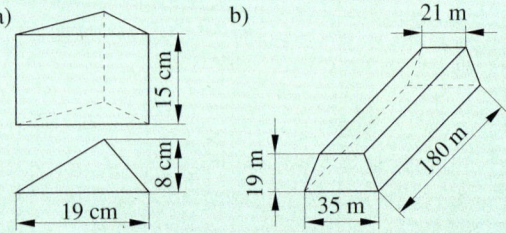

8 Früher wurden frisch asphaltierte Straßen mit einer von Hand gezogenen Walze geglättet. Eine solche Walze ist 1,80 m breit und hat einen Durchmesser von 1 m. Diese Walze soll entrostet und poliert werden, bevor sie ins Handwerksmuseum gestellt wird. Für die Arbeit werden 55 DM pro Quadratmeter gezahlt.

Gleichungen und Formeln

1 Fasse zusammen.
a) $x + 2 - 3x - 14 - x + 8x$
b) $4x - 20 - 6x + 8x - 2 - 4x$
c) $7y - 5 - 6y + 3$
d) $4y + 32 - 14y + 12$
e) $4a + 24 - 8a - 48$
f) $34 - 4a - 16 + 5a$

2 Vereinfache durch Zusammenfassen.
a) $0,7y - 1,9 - 0,4y + 2$
b) $2,9a - 3 + 6,4 - 6,3a - 5,1$
c) $8,1x - 8,8 - 2,3x + 5 - 5,6x + 5,6$
d) $\frac{2}{3}x + \frac{2}{5} - \frac{3}{5}x - \frac{4}{15}$
e) $\frac{1}{2}a + \frac{3}{4}a - \frac{3}{4} + 1\frac{1}{8}$
f) $\frac{1}{6}y + \frac{1}{2} - y + 1\frac{1}{3} + \frac{2}{3}y$

3 Löse die Klammern auf und fasse zusammen. Beachte die Vorzeichenregel.
a) $6(x - 2) - 2(3x - 4) + 3(x - 1)$
b) $10(x - 4) + 2(4 - x) - 5(-x - 7)$
c) $2(5 - y) + 4(-4 - 4y) - 8(12 - 3y)$
d) $0,5(2 + y) + 1,8(5y - 10) - 4,5(-y - 2)$
e) $2,3(4a + 0,5) - 1,75(8 - 8a) + 0,8(-a - 5)$
f) $\frac{2}{3}(\frac{3}{4} - \frac{5}{6}a) - \frac{1}{4}(1\frac{1}{3}a - 1\frac{1}{3})$

4 Klammere aus, fasse zusammen, wenn nötig. Achte auf die Vorzeichen.
Beispiel: $3x - 8 + 9x - 16$
$12x - 24$
$12(x - 2)$

a) $16x - 20$
b) $4y + 8$
c) $26 - 13a$
d) $-45 - 15x$
e) $4x - 25 - 30 + 16x$
f) $20 - 24x + 40 - 40x + 20$
g) $11y + 12 - 9y - 8 + 44 + 28y$
h) $8 - 4a + 17 - 24a + 30 - 16a$

5 Löse die Gleichungen möglichst mündlich.
a) $2x + 4 = 8$
b) $3x + 6 = 9$
c) $4y - 5 = 15$
d) $\frac{1}{4}x = 3$
e) $-x + 4 = -5$
f) $-2y = -4$
g) $14 - y = y$
h) $4x - 2 = 2x$
i) $7x - 4 = 6x - 3$
j) $4x - 12 = 2x + 12$
k) $\frac{3}{4}x = 12$
l) $\frac{4}{5}x = 20$

6 Löse schriftlich. Mache die Probe.
a) $14x - 38 = 8x + 4$
b) $14x - 10 = 12x + 6$
c) $2x - 16 = 7x + 9$
d) $25x + 25 = -345 - 15x$
e) $0,4x + 2,4 = 0,8x - 4,8$

7 Löse die Gleichungen.
a) $4(3x - 4) + 6(x - 2) = 18$
b) $-10(6x - 6) + 4(3x + 5) = 0$
c) $4(x + 8) - 2(7x + 6) = 0$
d) $-3(4x + 3) + 2(x + 2) = -25$
e) $\frac{1}{2}(4x - 2) + 16 = 46$

8 Multipliziere die Klammern aus und bestimme die Variable.
a) $-2(-7x + 19) = 8(x + 3)$
b) $4(41x + 82) = -6(-7 - 3x)$
c) $-b(3x - 1) = 6(4x - 3)$
d) $2(x - 3) - (1 - 6x) = x - 7$
e) $-\frac{3}{4}(4x - 5) = -13x$

9 Finde die Gleichung.
a) $|-x$
$|-8$
$|:4$
$x = 3$

b) $|+4,5x$
$|-4$
$|:16$
$x = \frac{1}{2}$

10 Der Mathematiker *Leonhard Euler* (* 1707, † 1783) stellte folgende Aufgabe: Ein Vater vererbt 1600 Taler an drei Söhne. Nach seinem Willen bekommt der älteste 200 Taler mehr als der zweite, der zweite aber 100 Taler mehr als der dritte.

11 Oberfrankens Schlösser 1997 im Aufwärtstrend (in Klammern Zahlen 1996). Den höchsten Zuspruch erfuhr die Neue Residenz in Bamberg mit 49 087 (35 480) Interessierten. Das Markgräfliche Opernhaus in Bayreuth zählte 42 219 (34 882) Besucher, die Plassenburg in Kulmbach 71 241 (66 042), die Burg Lauenstein 24 041 (22 177). Bayernweit gingen die Schlossbesucher um rund 250 000 auf 5,25 Millionen zurück. Berechne die Unterschiede mit der Prozentformel und stelle grafisch dar.

Zuordnungen und Schaubilder

1 In einem Prospekt ist ein Schiff im Maßstab 1 : 2500 in einer Länge von 48 mm gezeichnet.
a) Wie lang ist das Schiff in der Wirklichkeit?
b) Wie lang wäre die Zeichnung eines 4 m langen Autos in diesem Maßstab?

2 Eine Betriebskantine hat für 60 Personen 15 kg Teigwaren vorbereitet. Zum Essen kamen nur 48 Personen. Wie viel an Teigwaren blieb übrig?

3 Ein Schiff benötigt für eine Seereise bei einer Geschwindigkeit von 14 Knoten insgesamt 12 Tage und 4 Stunden.

a) In welcher Zeit schafft ein Schiff die Reise bei einer Geschwindigkeit von 16 Knoten?
b) 1 Knoten entspricht 1,852 $\frac{km}{h}$. Welche Strecke legt das Schiff zurück?

4 Ein Kühlschrank hat einen durchschnittlichen Energieverbrauch von 1,65 kWh pro Tag. Berechne die jährlichen Stromkosten, wenn 1 kWh 21,9 Pfennig plus Mehrwertsteuer kostet.

5 Herr Martin macht bei einer Autofahrt an den 490 km entfernten Zielort einmal 10 Minuten und einmal 15 Minuten Pause und kommt nach 5 Stunden und 40 Minuten an.
a) Berechne die durchschnittliche Geschwindigkeit.
b) Berechne die Benzinkosten (derzeitiger Preis), wenn das Auto 7,8 l pro 100 km verbraucht.

6 Eine Arbeiterin erhält einen Bruttoverdienst von 3093,75 DM. Sie hat dafür an 22 Tagen je 7,5 Stunden gearbeitet. Berechne den Stundenlohn.

7 An einer Baustelle ist der Einsatz von vier Baggern geplant. Diese können die Arbeit in sieben Tagen zu je acht Stunden Arbeitszeit bewältigen.
a) Wie viele Tage würde die Arbeit dauern, wenn fünf Bagger zur Verfügung stehen würden?
b) Wann wäre die Arbeit beendet, wenn vier Bagger täglich zehn Stunden arbeiten würden?
c) Von den vier Baggern fällt einer nach zwei Tagen aus. Wie lange dauert nun die Arbeit bei acht Stunden täglich?

8 Ein Holzwürfel mit der Kantenlänge 2,5 cm hat die Masse von 9,375 g.
a) Berechne die Dichte dieses Holzes.
b) Welche Masse hätte der Würfel, wenn er aus Aluminium (Dichte 2,7) oder aus Messing (Dichte 8,4) wäre?

9 Die Altersstruktur der deutschen Bevölkerung hat sich geändert und wird sich weiter ändern. Das Diagramm zeigt Prozentanteile:

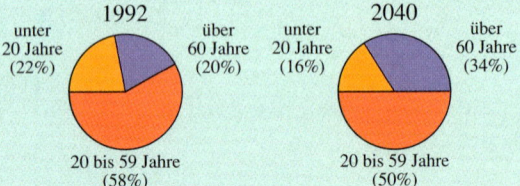

Erkläre die Veränderungen.

10 Die Erdteile haben folgende Flächen und Einwohner (gerundete Größen)

Asien	44 400 000 km²	3460 Millionen
Amerika	42 500 000 km²	775 Millionen
Afrika	30 300 000 km²	728 Millionen
Europa	10 500 000 km²	717 Millionen
Australien	8 500 000 km²	29 Millionen

a) Stelle diese Daten in Blockdiagrammen und Kreisdiagrammen dar! Verwende dabei auch den Computer.
b) Berechne die Bevölkerungsdichte jedes Erdteils.
Man gibt diese in Einwohner pro km² an.

Prozent- und Zinsrechnung

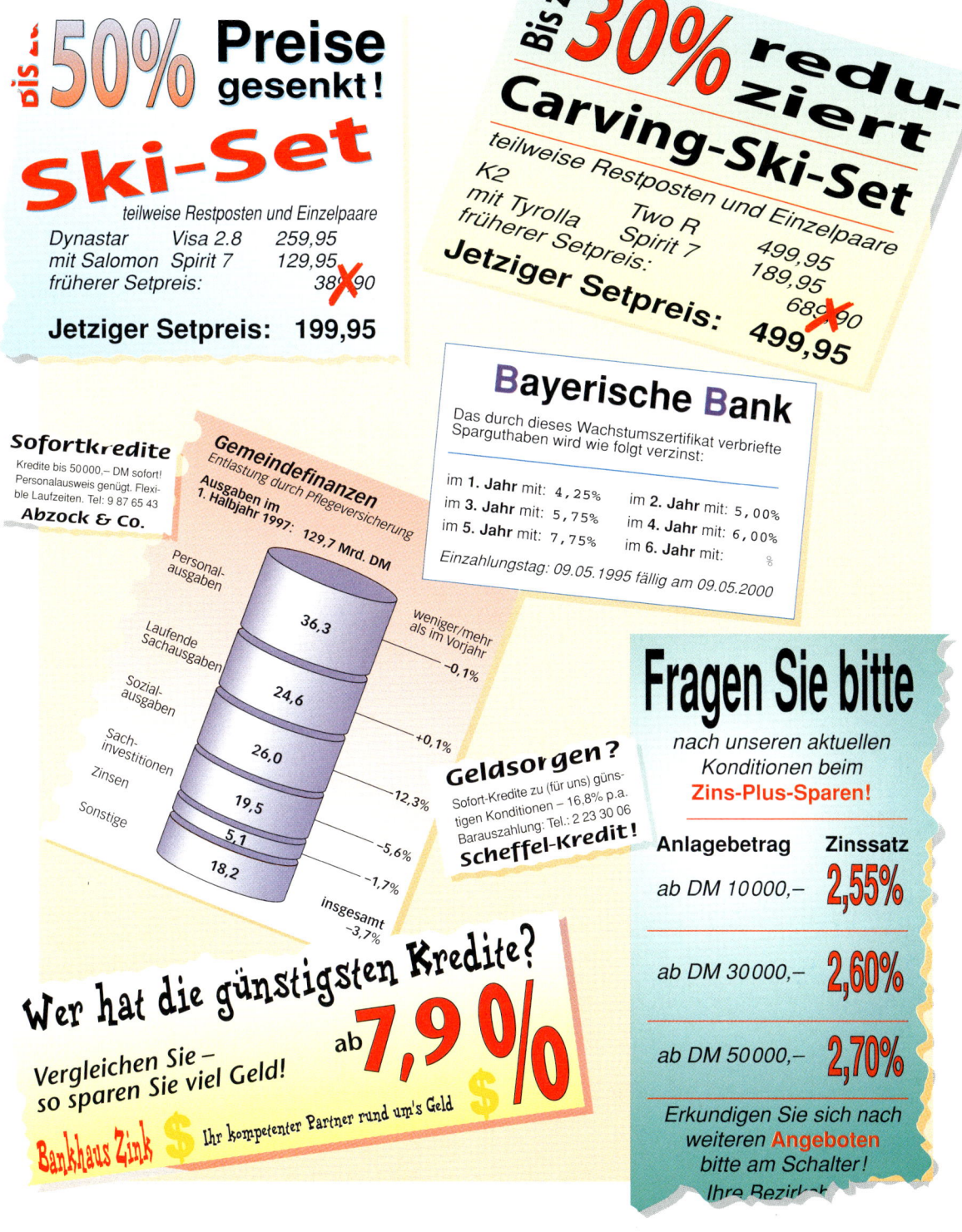

Die Grundaufgaben der Prozentrechnung

Die drei Größen der Prozentrechnung haben wir mit unterschiedlichen Lösungsmöglichkeiten berechnet.

$$P = G \cdot p\%; \quad P = G \cdot \frac{p}{100}$$

Grundwert Prozentsatz Prozentwert

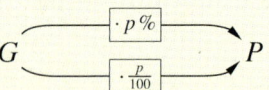

Berechnung des Prozentwertes
Wie viel sind 15% von 1750 DM?

Rechnen mit dem Dreisatz
100% ⟶ 1750 DM
1% ⟶ 17,50 DM
15% ⟶ 17,50 DM · 15 = 262,50 DM

Rechnen mit dem Operator
$G \xrightarrow{\cdot \frac{p}{100}} P$
1750 DM $\xrightarrow{\cdot \frac{15}{100}}$ P
1750 DM · $\frac{15}{100}$ = 262,50 DM

Gegeben: $G = 1750$ DM; $p = 15\%$
Gesucht: P

Rechnen mit der Formel
$P = G \cdot \frac{p}{100}$
$P = 1750$ DM $\cdot \frac{15}{100}$ Einsetzen
$P = 262,50$ DM

Rechnen mit dem Taschenrechner
G × p %   P
1750 × 15 %   [262,50]
15% von 1750 DM sind 262,50 DM

Berechnung des Prozentsatzes
Wie viel % sind 252 g von 720 g?

Rechnen mit dem Dreisatz
720 g ⟶ 100%
1 g ⟶ $\frac{100}{720}$%
252 g ⟶ $\frac{100}{720}$% · 252 = 35%

Rechnen mit dem Operator
$\frac{P}{G} = \frac{p}{100}$
252 g : 720 g = 0,35 $p\% = 35\%$

Gegeben: $G = 720$ g; $P = 252$ g
Gesucht: $p\%$

Rechnen mit der Formel
$P = G \cdot \frac{p}{100}$
252 g = 720 g · $\frac{p}{100}$ Einsetzen
252 g = 7,20 g · p | : 7,20
$p = 35; \quad p = 35\%$

Rechnen mit dem Taschenrechner
P ÷ G %   p
252 ÷ 720 %   [35]

252 g von 720 g sind 35%.

Berechnung des Grundwertes
Wie lang ist eine Strecke, wenn 12% davon 54 m sind?

Rechnen mit dem Dreisatz
12% ⟶ 54 m
1% ⟶ $\frac{54}{12}$ m
100% ⟶ $\frac{54}{12}$ m · 100 = 450 m

Rechnen mit dem Operator
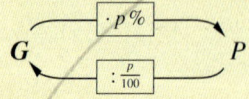
$G = 54$ m : $\frac{12}{100}$;
$G = 450$ m

Gegeben: $P = 54$ m; $p = 12\%$
Gesucht: G

Rechnen mit der Formel
$P = G \cdot \frac{p}{100}$
54 m = $G \cdot \frac{12}{100}$ Einsetzen
54 m = $G \cdot 0,12$ | : 0,12
$G = 450$ m

Rechnen mit dem Taschenrechner
P ÷ p %   G
54 ÷ 12 %   [450]

Die Strecke ist 450 m lang.

Die Grundaufgaben der Prozentrechnung

Übungen

Die Lösungsmöglichkeit mit der %-Taste des Taschenrechners solltest du erst dann nutzen, wenn du die anderen Verfahren verstanden hast.

1 Berechne den Prozentwert P.
a) 4,5% von 1350 DM
b) 15% von 460 DM
c) 3,75% von 372 DM
d) 12% von 2400 m
e) 55% von 47,95 t
f) 42% von 840 hl
g) 85% von 1025 DM

2 Berechne den Prozentsatz p %.
a) 223,3 t von 2030 t
b) 92,04 DM von 472 DM
c) 699,3 km von 1260 km
d) 3432 DM von 22 000 DM
e) 41,58 DM von 594 DM
f) 0,12 t von 3 t
g) 5,25 l von 112 l

3 Berechne den Grundwert G.
a) 0,4% sind 15 g   e) 16% sind 124 l
b) $16\frac{2}{3}$% sind 3 a   f) 23% sind 74,75 DM
c) 4% sind 15 DM   g) 5% sind 1313 DM
d) 12,5% sind 7 DM   h) 11% sind 4510 kg
Formuliere selber ähnliche Aufgaben und stelle sie deinem Nachbarn.

4

G in DM	189,22	142,67	24	458	25	11
p in %		15		12,5	56	
P in DM	46,55		15			44
G in kg	3600	17		0,5		410
p in %	28		2		15	45,1
P in kg		2,55	720	0,125	0,45	
G in m	4096	364		450		286
p in %		18	21	18	9	
P in m	942,08		861		333	71,5

5 a) 15 Schüler einer Klasse, das sind 62,5%, erhielten eine Siegerurkunde.
b) 12,5% von 688 Schülern besuchen den Abschlussjahrgang.
c) 6 von 92 Neuntklassschülern einer Schule traten in die F 10 ein.

6 Der Preis für eine Reise nach Mallorca wurde von 820 DM auf 848,70 DM erhöht. Berechne die Preiserhöhung in %.

7 Der Normalpreis für ein Flugticket ist 665 DM. Das günstige Wochenend-Ticket kostet 299 DM. Berechne die Ermäßigung in %.

8 Deute die Schaubilder. Finde Aufgaben.
a)

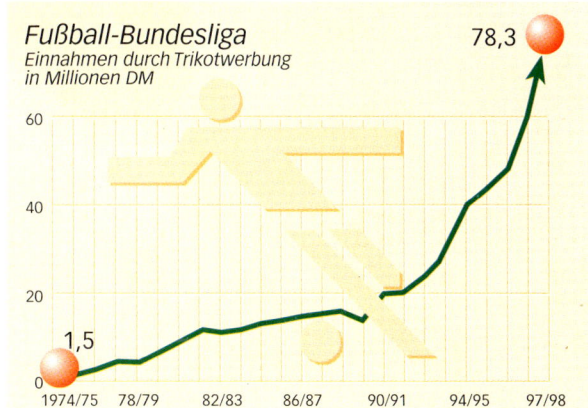

b)

Einkommen, Steuern und Sozialversicherung

Frau Ullrich arbeitet in der Datenverarbeitung. Sie bekommt ein monatliches **Bruttogehalt** von 3723,80 DM. Ausgezahlt davon erhält sie 2415,27 DM. Das ist ihr **Nettogehalt**.

Bruttogehalt 3723,80 DM	
Nettogehalt 2415,27 DM	Abzüge 1308,53 DM

Der Arbeitgeber muss von dem Bruttogehalt Lohnsteuer, Kirchensteuer, Solidaritätszuschlag und die Beiträge zur Sozialversicherung abziehen. Zur Sozialversicherung zählen die Kranken-, die Arbeitslosen-, die Renten- und die Pflegeversicherung.

So werden die Abzüge ermittelt:

Lohnsteuer:	Die Lohnsteuer wird einer Steuertabelle entnommen. Sie richtet sich nach dem Bruttoeinkommen und nach dem Familienstand. Frau Ullrich muss zahlen	462,66 DM
Kirchensteuer:	Die Kirchensteuer beträgt 8% der Lohnsteuer. 8% von 462,66 DM = $\frac{8}{100}$ · 462,66 DM	= 37,01 DM
Solidaritätszuschlag:	Der Zuschlag beträgt 5,5% von der Lohnsteuer	= 25,45 DM
Sozialversicherung:	Die Beiträge zur Krankenversicherung, Rentenversicherung, Arbeitslosen- und Pflegeversicherung werden als Prozentsatz des Bruttoeinkommens angegeben. Wir rechnen mit insgesamt 21,1%. 21,1% von 3723,80 DM = $\frac{21,1}{100}$ · 3723,80 DM	= 785,72 DM
Abzüge insgesamt:	462,66 DM + 37,01 DM + 25,45 DM + 785,72 DM	= 1310,84 DM

Übungen

1 Übertrage die Tabelle in dein Heft und berechne die fehlenden Angaben.

	Seidel	Reger	Braun	Gregor
Bruttolohn in DM	2089,–	3793,–		4215,54
Abzüge in DM	556,47			
Abzüge in %		23%	31,5%	
Nettolohn in DM			5554,15	3307,46

2 Ein Familienvater hat einen monatlichen Bruttoverdienst von 3700 DM. Er zahlt 387,10 DM Lohnsteuer. Berechne sein Nettoeinkommen. Kirchensteuer und Sozialversicherungen sowie der Solidaritätszuschlag berechnen sich wie im Eingangsbeispiel.

3 Herr Merkl liest seine Lohnabrechnung.

Steuerpflichtig Brutto	2482,83 DM
Lohnsteuer	215,75 DM
Kirchensteuer	17,26 DM
Solid.-Zuschlag	11,87 DM
Krankenversicherung	170,75 DM
Rentenversicherung	263,60 DM
Arbeitslosenvers.	81,01 DM
Pflegeversicherung	21,19 DM

a) Berechne Herrn Merkls Nettogehalt.
b) Vergleiche die Prozentsätze mit dem Eingangsbeispiel.

4 Christine verdient brutto 2520,35 DM. Sie zahlt 8,6% Lohnsteuer und weitere 22,9% des Bruttogehalts sonstige Abzüge.
Wie hoch ist ihr Nettogehalt?

Vermehrter und verminderter Grundwert

„Umsatzsteigerung", „Zunahme", „Rückgang", „Aufschlag" usw. beschreiben Änderungen, die oft in Prozent angegeben werden.

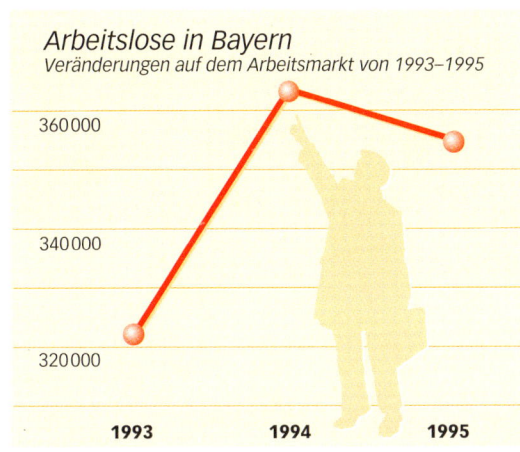

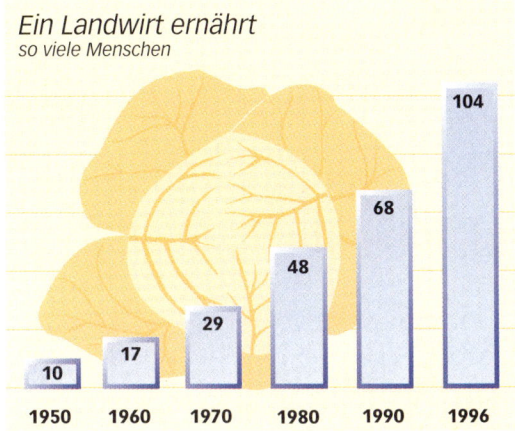

Beispiel 1

Für eine Wohnung sind monatlich 512 DM an Miete zu zahlen. Die Miete wird um 2,5% erhöht. Wie viel DM sind nun zu zahlen?

1. Weg: 100%   ≙ 512,– DM
          1%   ≙ 512 DM : 100 = 5,12 DM
          102,5% ≙ 5,12 DM · 102,5 = 524,80 DM

2. Weg: 512 DM · 1,025 = 524,80 DM

3. Weg: 512 [+] 2,5 [%] [524,80]

Die neue Miete beträgt 524,80. Dies ist der vermehrte Grundwert.

Beispiel 2

Nach einer Mieterhöhung von 3,5% sind jetzt 807,30 DM Miete zu zahlen. Wie hoch war die Miete vorher?

1. Weg: 103,5% ≙ 807,30 DM

          1%   ≙ 807,30 DM : 103,5 = 7,80 DM

          100% ≙ 7,80 DM · 100 = 780 DM

2. Weg: 807,30 DM : 1,035 = 780 DM

3. Weg: 807,30 [:] 103,5 [%] [780]

Vor der Erhöhung betrug die Miete 780 DM.

16 _____Prozent- und Zinsrechnung

Beispiel 3

Beim Kauf eines Computers zum Preis von 2400 DM erhält die Schule 15% Rabatt.
Berechne den Endpreis.
100% − 15% = 85%

1. Weg: 100% ≙ 2400 DM
           1% ≙ 24 DM
          85% ≙ 24 DM · 85 = 2040 DM

2. Weg: 2400 DM · 0,85 = 2040 DM

3. Weg: 2400 [−] 15 [%]   [2040]

Der Endpreis beträgt 2040 DM. Dies ist der verminderte Grundwert.

Beispiel 4

Nach Abzug von 2% Skonto kostet ein Scanner noch 441 DM. Wie hoch war der Rechnungsbetrag?
100% − 2% = 98%

1. Weg: 98% ≙ 441 DM
            1% ≙ 441 DM : 98 = 4,50 DM
          100% ≙ 4,50 DM · 100 = 450 DM

2. Weg: 441 DM : 0,98 = 450 DM

Der Rechnungsbetrag war 450 DM.

Grundwert 100% ≙ ?	
	Skonto 2%
Verminderter Grundwert 98% ≙ 441 DM	

Übungen

1 Die monatliche Miete von 635 DM wird um 3,7% erhöht.

2 Bei Barzahlung erhält der Kunde 2% Skonto auf einen Rechnungsbetrag von 725 DM.

3 Nach Abzug von 20% Rabatt kostet ein Fahrrad jetzt 799,20 DM.

4 Berechne die fehlenden Angaben im Heft.
Beispiel: 93,48 : 1,14 = 82
             47,30 : 0,756 = 62,566

Grundwert 100%	Zunahme/ Abnahme	vermehrter/ verminderter Grundwert
82	+ 14%	93,48
62,566	− 24,4%	47,30
▬▬▬	+ 5%	2241,75
▬▬▬	− 25,8%	970,08
780	▬▬▬	663
895	▬▬▬	945,12
895	+ 5,6%	▬▬▬

5 Ein Kunde kauft eine Ware zum Preis von 752,50 DM. Er berechnet einen Einkaufspreis des Händlers von 500,55 DM. Hier sind seine Rechenschritte:

752,50 DM $\xrightarrow{:1,16}$ 648,71 DM   Verkaufspreis

648,71 DM $\xrightarrow{:1,2}$ 540,59 DM   Selbstkostenpreis

540,59 DM $\xrightarrow{:1,08}$ 500,55 DM   Einkaufspreis

a) Erkläre, was gerechnet wurde.
b) Gib Geschäftskosten, Gewinn und Mehrwertsteuer in DM an.

6 Berechne im Heft die fehlenden Angaben.

		a)	b)	c)
Einkaufspreis in DM		260,−	423	
allgemeine Kosten	in Prozent	17%	12%	22%
	in DM			
Selbstkosten in DM				
Gewinn	in Prozent	9%	15%	18%
	in DM			
Verkaufspreis in DM				
MwSt.	in Prozent	16%	16%	16%
	in DM			
Endpreis in DM			573,28	1560,−

Anwendungen – Wirtschaft und Energie

Beispiel

a) In einem Ferienort wurden innerhalb eines Jahres 315 000 Übernachtungen gezählt. In den folgenden 2 Jahren soll die Anzahl der Übernachtungen um je 3,5% zunehmen.
Wir berechnen den vermehrten Grundwert als

$100\% + 3,5\% = 103,5\%$

315 000   oder   326 025   oder   337 436
($\cdot \frac{103,5}{100}$ oder $\cdot 1,035$)

In zwei Jahren werden 337 436 Übernachtungen erwartet.

b) In einem Mehrfamilienhaus wurden in einem Jahr 18 400 Kilowattstunden (kWh) elektrische Energie verbraucht. In den folgenden vier Jahren wurde der Energieverbrauch jährlich um rund 5% verringert.

Wir berechnen den verminderten Grundwert als $100\% - 5\% = 95\%$

18 400 kWh   oder   17 480 kWh   oder   16 606 kWh   oder   15 775,7 kWh   oder   14 986,9 kWh
                    nach 1 Jahr   nach 2 Jahren   nach 3 Jahren   nach 4 Jahren
($\cdot \frac{95}{100}$ oder $\cdot 0,95$)

Der Verbrauch an elektrischer Energie ging nach 4 Jahren auf etwa 15 000 kWh zurück.

Übungen

1 Rechne die Beispiele a) und b) auf dieser Seite oben mit der %-Taste des Taschenrechners nach.

2 In einem Haushalt wurden im letzten Jahr 3450 l Heizöl verbraucht. Durch eine verbesserte Wärmeisolierung sollen in diesem Jahr 8,5% und in den nächsten beiden Jahren jeweils 5,5% des Heizölverbrauchs eingespart werden. Welcher Ölverbrauch wird erwartet?

3 Familie Berger hatte 1995 für Heizöl und elektrische Energie 200 DM pro Monat zu zahlen. Die Kosten stiegen jedes Jahr um durchschnittlich 6%. Wie viel DM musste Familie Berger 1997 pro Monat bei gleichem Verbrauch zahlen?

4 In einer Grund- und Hauptschule wurden 1996 für die Beschaffung von Lehrmitteln 22 500 DM ausgegeben. Der Rektor fordert von der Gemeinde wegen der steigenden Schülerzahl für die nächsten 4 Jahre eine jährliche Erhöhung um 4%. Wie hoch sind seine Forderungen für das Jahr 2000?

5 Lehrstellenstatistik

	gemeldete Stellen	gemeldete Bewerber	abgeschlossene Lehrverträge
	Angaben jeweils in 1000		
1992	831	542	595
1993	773	570	570
1994	683	626	568
1995	633	670	573
1996	609	717	574
1997	607	772	590

Berechne jeweils die Änderungen in Prozent (1992 entspricht 100%).

*Sieh dir die folgenden Schaubilder genau an und erkläre sie.
Bilde dann Rechenaufgaben.*

6

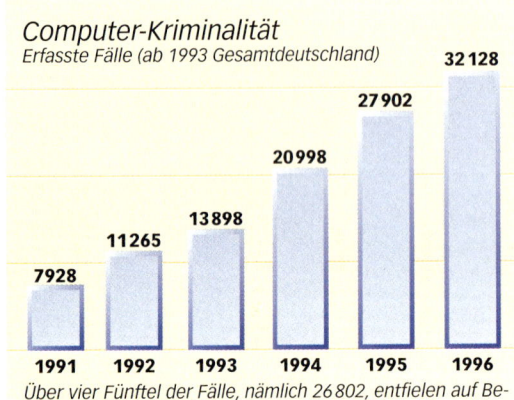

Computer-Kriminalität
Erfasste Fälle (ab 1993 Gesamtdeutschland)

1991: 7928
1992: 11265
1993: 13898
1994: 20998
1995: 27902
1996: 32128

Über vier Fünftel der Fälle, nämlich 26 802, entfielen auf Betrug mittels rechtswidrig erlangter Karten für Geldausgabe bzw. Kassenautomaten.

7 a)

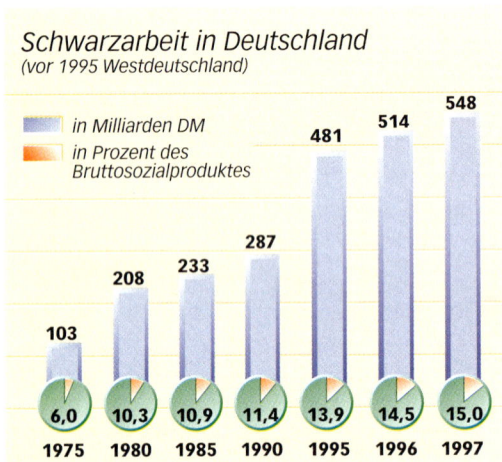

Schwarzarbeit in Deutschland
(vor 1995 Westdeutschland)

in Milliarden DM / in Prozent des Bruttosozialproduktes

1975: 103 / 6,0
1980: 208 / 10,3
1985: 233 / 10,9
1990: 287 / 11,4
1995: 481 / 13,9
1996: 514 / 14,5
1997: 548 / 15,0

b)

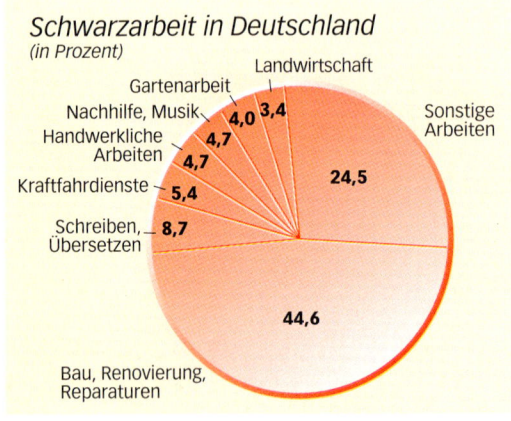

Schwarzarbeit in Deutschland (in Prozent)

Landwirtschaft 3,4
Gartenarbeit 4,0
Nachhilfe, Musik 4,7
Handwerkliche Arbeiten 4,7
Kraftfahrdienste 5,4
Schreiben, Übersetzen 8,7
Bau, Renovierung, Reparaturen 44,6
Sonstige Arbeiten 24,5

8 Die für Heizung aufgewendete Energie verlässt das Haus auf verschiedenen Wegen.

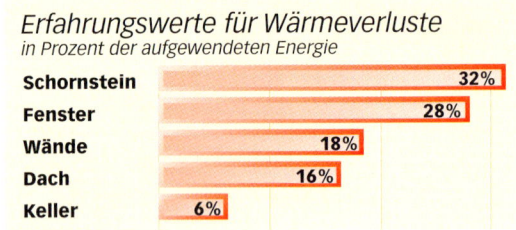

Erfahrungswerte für Wärmeverluste
in Prozent der aufgewendeten Energie

Schornstein 32%
Fenster 28%
Wände 18%
Dach 16%
Keller 6%

a) Zeichne für die Aufteilung der Wärmeverluste ein Kreisschaubild.
b) In einem Haus werden 4500 l Heizöl verbraucht. Wie viel Heizöl ging in den einzelnen Bereichen verloren? Jeder Liter Heizöl kostet ungefähr 43 Pf (Stand 1993).
Wie teuer werden die Energieverluste in den einzelnen Bereichen?
c) Durch Isolierverglasung konnten die Energieverluste durch die Fenster um 40% gesenkt werden. Welche Ersparnis brachte das? Berechne die neue prozentuale Verteilung.
d) Berechne die zusätzliche Ersparnis durch eine Schornsteinklappe, die die Verluste durch den Schornstein um 70% verminderte. Wie lautet die neue prozentuale Verteilung?

9 Finde selbst Rechenaufgaben.

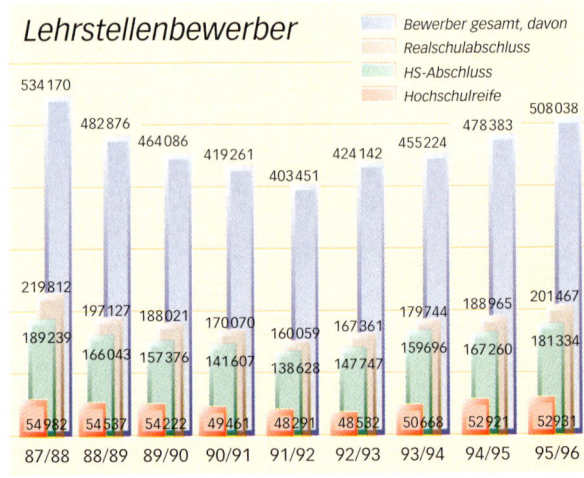

Lehrstellenbewerber

Bewerber gesamt, davon / Realschulabschluss / HS-Abschluss / Hochschulreife

87/88: 534170 / 219812 / 189239 / 54982
88/89: 482876 / 197127 / 166043 / 54587
89/90: 464086 / 188021 / 157376 / 54222
90/91: 419261 / 170070 / 141607 / 49461
91/92: 403451 / 160059 / 138628 / 48291
92/93: 424142 / 167361 / 147747 / 48582
93/94: 455224 / 179744 / 159696 / 50668
94/95: 478383 / 188965 / 167260 / 52921
95/96: 508038 / 201467 / 181334 / 52981

Zinsrechnung

Sparkassen und Banken arbeiten und handeln mit Geld. Die Kunden können Geld einzahlen, sparen, oder sich Geld leihen, Kredite nehmen.

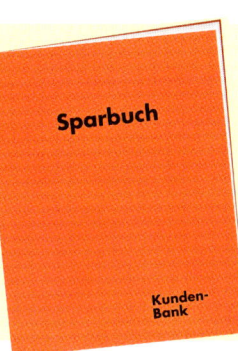

Wenn du sparst, dann stellst du der Bank für eine bestimmte Zeit Geld zur Verfügung. Die Bank zahlt dir dafür eine Leihgebühr. Das sind die Guthaben- oder **Haben-Zinsen**.

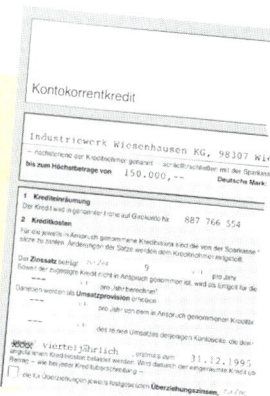

Wenn sich Erwachsene für eine bestimmte Zeit bei der Bank Geld leihen, so müssen sie dafür eine Leihgebühr zahlen. Das sind die Kredit- oder **Soll-Zinsen**.

Die Sparkassen und Banken leben davon, dass sie mehr Zinsen einnehmen als sie ihren Kunden zahlen. Daher sind Soll-Zinsen immer höher als Haben-Zinsen.

Beispiel

a) Frau Klughardt erbt 15 000 DM und zahlt diesen Betrag für 1 Jahr auf ein Sparkonto ein. Die Bank zahlt ihr nach 1 Jahr 3,5% Zinsen von 15 000 DM:

3,5% von 15 000 DM
$= \frac{3,5}{100} \cdot 15\,000$ DM $= 525$ DM

Frau Klughardt bekommt für 1 Jahr 525 DM Zinsen.

b) Herrn Schreiner fehlen zu einem Autokauf 12 000 DM. Er leiht sich diesen Betrag bei der Sparkasse. Die Sparkasse berechnet für 1 Jahr 8,5% Zinsen von 12 000 DM:

8,5% von 12 000 DM
$= \frac{8,5}{100} \cdot 12\,000$ DM $= 1020$ DM

Herr Schreiner muss für 1 Jahr 1020 DM Zinsen bezahlen.

Die Zinsrechnung ist eine Anwendung der Prozentrechnung mit speziellen Begriffen. Hinzu kommt der Faktor Zeit.

Prozentrechnung		Zinsrechnung
Grundwert G	$\longrightarrow$	**Kapital K**
Prozentwert P	$\longrightarrow$	**Zinsen Z**
Prozentsatz p	$\longrightarrow$	**Zinssatz p**
		Zeit t

Zinssätze beziehen sich, wenn nichts anderes angegeben ist, auf 1 Jahr.

Übungen

1 Ordne den Größen aus den beiden Beispielen die Fachbegriffe zu.

2 Überlegt Fachbegriffe aus dem Geldgeschäft und erklärt sie.

3 Das Kapital wird in der Zinsrechnung oft anders bezeichnet. Überlege; denke dabei an die Beispiele.

4 Erkundige dich bei einer Bank oder Sparkasse nach den gültigen Zinssätzen und nach Sparmöglichkeiten.

Grundaufgaben der Zinsrechnung bei Jahreszinsen

In der Zinsrechnung mit Jahreszinsen gibt es wie in der Prozentrechnung drei Grundaufgaben.

Beispiel

a) Berechnung der Zinsen

Ein Guthaben von 680 DM wird zu 5% angelegt. Wie hoch sind die Jahreszinsen?

Wir rechnen mit dem **Dreisatz**:

$100\% \longrightarrow 680$ DM

$1\% \longrightarrow \dfrac{680}{100}$ DM

$5\% \longrightarrow \dfrac{5 \cdot 680}{100}$ DM $= 34$ DM

Wir rechnen mit der **Formel**:

$Z = \dfrac{K \cdot p}{100}$

$Z = \dfrac{680 \cdot 5}{100}$ Einsetzen

$Z = 34$ [DM]

Antwort: Die Jahreszinsen betragen 34 DM.

b) Berechnung des Zinssatzes

Für ein Sparguthaben in Höhe von 420 DM wurden 16,80 DM Zinsen gezahlt. Wie hoch war der Zinssatz?

Wir rechnen mit dem **Dreisatz**:

420 DM $\longrightarrow 100\%$

1 DM $\longrightarrow \dfrac{100}{420}\%$

$16,80$ DM $\longrightarrow 16,8 \cdot \dfrac{100}{420}\% = 4\%$

Wir rechnen mit der **Formel**:

$Z = \dfrac{K \cdot p}{100}$

$16,80 = \dfrac{420 \cdot p}{100}$ Einsetzen

$16,80 = 4,20 \cdot p \quad | : 4,20$

$p = 4$ [%]

Antwort: Der Zinssatz betrug 4%.

c) Berechnung des Kapitals

Bei einem Zinssatz von 8% sind 1200 DM Zinsen zu zahlen. Wie hoch ist der Kredit?

Wir rechnen mit dem **Dreisatz**:

$8\% \longrightarrow 1200$ DM

$1\% \longrightarrow \dfrac{1200}{8}$ DM $= 15$ DM

$100\% \longrightarrow 100 \cdot \dfrac{1200}{8}$ DM $= 15\,000$ DM

Wir rechnen mit der **Formel**:

$Z = \dfrac{K \cdot p}{100}$

$1200 = \dfrac{K \cdot 8}{100}$ Einsetzen

$1200 = K \cdot 0,08 \quad | : 0,08$

$K = 15\,000$ [DM]

Antwort: Der Kredit betrug 15 000 DM.

Beim Rechnen mit Zinsen wird oft der Taschenrechner eingesetzt. Wenn du mit dem Taschenrechner arbeitest, dann führe vor deiner Rechnung immer eine Überschlagsrechnung durch.

Grundaufgaben der Zinsrechnung bei Jahreszinsen 21

Übungen

1 Berechne die Jahreszinsen Z mit dem Dreisatz.

Kapital	450 DM	830 DM	1200 DM	96 DM
Zinssatz	2,5%	7%	3,5%	8,5%

2 Berechne die Zinsen in Aufgabe 1 mit der Formel.

Beispiel: $Z = \frac{K \cdot p}{100}$
$Z = \frac{450 \cdot 2,5}{100}$
$Z = 11{,}25 \, [DM]$

3 Übertrage die Tabelle in dein Heft und rechne. Überschlage das Ergebnis vorher sinnvoll.

Kapital	Zinssatz	Jahreszinsen
284 DM	2,5%	
1 260 DM	3,2%	
736 DM	4,5%	
12 480 DM	6,5%	
9 421 DM	8,5%	
16 760 DM	9,5%	
3 048 DM	2,75%	

4 Herr Bilgin bringt 700 DM zur Bank. Er erhält 4% Zinsen. Wie viel Jahreszinsen bekommt er?

5 Berechne den Zinssatz mit Hilfe des Dreisatzes und der Formel.

Kapital in DM	224	5460	108
Jahreszinsen in DM	8,96	141,96	2,97

6 Berechne den Zinssatz mit Hilfe des Dreisatzes.
a) b)

Kapital	Jahreszinsen
750 DM	18 DM
2430 DM	81 DM
720 DM	24 DM
1800 DM	120 DM

Kapital	Jahreszinsen
1224 DM	48,96 DM
112 DM	2,80 DM
5460 DM	145,60 DM
24 DM	1,20 DM

7 Berechne den Zinssatz in Aufgabe 6 mit der Formel.

Beispiel: $K = 750$ DM, $Z = 18$ DM,
$Z = \frac{K \cdot p}{100}$
$18 = \frac{750 \cdot p}{100}$
$18 = 7{,}50 \cdot p \quad |:7{,}50$
$p = 2{,}4 \, [\%]$

8 Auf ein Sparguthaben von 3268 DM werden nach einem Jahr 147,06 DM Zinsen gutgeschrieben. Mit welchem Zinssatz wurde verzinst?

9 Berechne das zu verzinsende Kapital.

Jahreszinsen in DM	53,38	25,29	2040
Zinssatz in %	4,25	4	8,5

10 Berechne das zu verzinsende Kapital.
a) b)

Jahreszinsen	Zinssatz
75,60 DM	4%
147,42 DM	6%
12,50 DM	5%

Jahreszinsen	Zinssatz
240 DM	2,5%
75 DM	3,75%
288 DM	4,5%

11 Berechne das Kapital in Aufgabe 10 mit der Formel.

Beispiel: $Z = 75{,}60$ DM, $p\% = 4\%$,
$Z = \frac{K \cdot p}{100}$
$75{,}60 = \frac{K \cdot 4}{100}$
$75{,}60 = K \cdot 0{,}04 \quad |:0{,}04$
$K = 1800 \, [DM]$

12 Übertrage die Tabelle in dein Heft und berechne die fehlenden Angaben.

Kapital	Zinssatz	Jahreszinsen
	3,5%	24,92 DM
	4,5%	56,70 DM
	2,5%	90,25 DM
	1,5%	48,75 DM
	3,25%	248,56 DM

13 Monika hat 320 DM auf ihrem Sparkonto. Wie viel Zinsen erhält sie nach einem Jahr bei einem Zinssatz von 3%?

14 Herr Huber hat 50 000 DM in Pfandbriefen angelegt, die mit 6,5% pro Jahr verzinst werden.
a) Wie viel DM Zinsen bekommt er monatlich?
b) Wie viel DM Zinsen bekäme er monatlich, wenn die Pfandbriefe mit 8% verzinst würden?

15 Nach einem Jahr sind 15 600 DM mit den Zinsen auf 16 575 DM angewachsen. Wie hoch ist der Zinssatz?

16 Berechne den Zinssatz.

Kapital	Kapital + Jahreszinsen
760 DM	792,30 DM
845 DM	880,49 DM
1024 DM	1080,32 DM
542 DM	574,52 DM

17 Wie groß muss ein Kapital mindestens sein, wenn es bei einem Zinssatz von 2,5% (3,5%; 5,5%) jährlich 500 DM Zinsen bringen soll?

18 Herr Moser zahlt nach einem Jahr einen Kredit in Höhe von 10 000 DM zurück. Das Geld wurde mit 7,5% verzinst. Wie viel DM muss Herr Moser einschließlich der Zinsen zurückzahlen?

19 a) Für ein Guthaben von 642 DM werden nach einem Jahr 41,73 DM gutgeschrieben. Berechne den Zinssatz.
b) Für ein Guthaben von 1890 DM werden 94,50 DM Jahreszinsen ausgezahlt. Wie hoch liegt der Zinssatz?

20 a) Herr Zöller zahlt für einen Kredit 714 DM Zinsen bei einem Zinssatz von 9,5%. Wie hoch war der Kredit?
b) Herr Pfleiderer zahlt bei gleichem Zinssatz 190 DM Zinsen. Wie hoch ist sein Kredit?

21 Fernando erhält auf sein Sparguthaben 7,20 DM Jahreszinsen gutgeschrieben. Sein Sparguthaben wurde mit 2,5% verzinst. Berechne das Guthaben.

22 Herr Haas kauft ein Haus für 426 000 DM als Kapitalanlage. Er vermietet es für monatlich 1600 DM. Mit welchem Zinssatz verzinst sich das eingesetzte Kapital?

23 Übertrage die Tabelle in dein Heft und berechne die fehlenden Angaben.

Kapital	Zinssatz	Jahreszinsen
286 DM		7,15 DM
	3,5%	24,92 DM
1094 DM	8,25%	
3450 DM		228,75 DM
4800 DM	7,25%	
	4,5%	56,70 DM

24 Frau Eger hat als Kapitalanlage Wertpapiere im Wert von 9500 DM gekauft. Am Jahresende erhält sie 712,50 DM Dividende (Jahreszinsen). Mit welchem Zinssatz werden die Wertpapiere verzinst?

25 Frau Ludwig will sich ein neues Auto kaufen. Sie möchte dafür einen Kredit in Höhe von 9000 DM aufnehmen. Die Kundenbank bietet diesen Kredit zu einem Zinssatz von 9,8% an. Die Kreditbank bietet Frau Ludwig den Kredit für 945 DM Zinsen im Jahr an. Hinzu kommt eine Bearbeitungsgebühr von 50 DM. Vergleiche die Angebote. Welches Angebot ist günstiger?

26 Berechne und vergleiche die Kosten nach einem Jahr für einen Kredit von 5000 DM bei folgenden Angeboten:
Angebot 1: 9% Zinsen, 60 DM Bearbeitungsgebühr.
Angebot 2: 425 DM Zinsen, 50 DM Bearbeitungsgebühr.
Angebot 3: 8,5% Zinsen, 2% Bearbeitungsgebühr.

Monatszinsen und Tageszinsen

Durch die Öffnung der Grenzen innerhalb der Europäischen Gemeinschaft machen immer häufiger ausländische Banken Finanzangebote. Diese Angebote beziehen sich oft auf die Währung der europäischen Gemeinschaft. Diese Währung wird Euro genannt.

Eine luxemburgische Bank bietet an:
Kapital 25 000 Euro
Zinssatz 9% p. a. (pro anno) d. h. 9% für ein Jahr
Laufzeit 3 Monate

Festgeldangebot! 9% Zinsen und mehr!
Beispiel:
Einlage: 25 000 Euro (ca. 50 000 DM)
Laufzeit: 3 Mon.
Zinssatz: 9% p.a.
Weitere mögliche Laufzeiten: 6 oder 12 Monate
Auch für Einlagen in DM bieten wir Ihnen sehr attraktive Zinssätze!
Sprechen Sie mit...

Wir berechnen zunächst die Zinsen für ein Jahr.
Die Zinsen betragen für ein Jahr 2250 Euro.

$Z(1\ \text{Jahr}) = p\% \cdot K$
$Z(1\ \text{Jahr}) = 9\% \cdot 25\,000 \qquad Z(1\ \text{Jahr}) = 2250$

Da das Geld allerdings nur 3 Monate = $\frac{3}{12}$ Jahr festgelegt sein soll, zahlt die Bank auch nur $\frac{3}{12}$ von den jährlichen Zinsen.

$Z = \frac{3}{12} \cdot 2250$

$Z = 562{,}5$

Für eine Laufzeit von 3 Monaten zahlt die Bank 562,5 Euro Zinsen.

Bei Aufgaben der Zinsrechnung muss die **Zeit** berücksichtigt werden. Dabei gilt:

1 Jahr = 360 Zinstage	1 Monat = 30 Zinstage
1 Tag = $\frac{1}{360}$ Jahr	1 Monat = $\frac{1}{12}$ Jahr

Beispiel

a) Ein Kapital von 8700 DM ist zum Zinssatz von 5,6% für 5 Monate angelegt. Wie viel DM Zinsen bringt das Kapital?

1. Schritt: Jahreszinsen
100% ⟶ 8700 DM
1% ⟶ 87 DM
5,6% ⟶ 87 DM · 5,6 = 487,20 DM

2. Schritt: Monatszinsen
12 Monate ⟶ 487,20 DM
1 Monat ⟶ $\frac{487{,}20\ \text{DM}}{12}$
5 Monate ⟶ $\frac{487{,}20\ \text{DM} \cdot 5}{12} = 203\ \text{DM}$

Für eine Laufzeit von 5 Monaten bringt das Kapital 203 DM Zinsen.

b) Für die Überziehung eines Girokontos, den so genannten Dispositionskredit, verlangt die Bank einen Zinssatz von 12,5%. Berechne die Zinsen für 28 Tage bei einem Kredit von 1040 DM.

1. Schritt: Jahreszinsen
100% ⟶ 1040 DM
1% ⟶ 10,40 DM
12,5% ⟶ 10,40 DM · 12,5 = 130 DM

2. Schritt: Tageszinsen
360 Tage ⟶ 130 DM
1 Tag ⟶ $\frac{130\ \text{DM}}{360}$
28 Tage ⟶ $\frac{130\ \text{DM} \cdot 28}{360} = 10{,}11\ \text{DM}$

Die Zinsen für 28 Tage betragen 10,11 DM.

Übungen

1 Wie viel Zinsen erhält man für 2400 DM bei einem Zinssatz von 6% pro Jahr in
a) 1 Jahr g) 1 Mon. m) 230 Tagen
b) 1 Tag h) 4 Mon. n) 75 Tagen
c) 15 Tagen i) 11 Mon. o) 180 Tagen
d) $\frac{3}{4}$ Jahr j) 28 Tagen p) 90 Tagen
e) $5\frac{1}{2}$ Mon. k) 17 Tagen q) $\frac{1}{2}$ Jahr
f) 7 Mon. l) 100 Tagen r) $6\frac{1}{2}$ Mon.?

Hinweis: Wenn du diese Aufgaben mit dem Taschenrechner rechnest, kannst du den Speicher des Taschenrechners verwenden.

2 Berechne die Zinsen. Überschlage zuerst im Kopf, berechne dann die Zinsen mit dem Taschenrechner:

Beispiel:
Jahreszinsen:
$$100\% \triangleq 928 \text{ DM}$$
$$1\% \triangleq 9{,}28 \text{ DM}$$
$$6{,}5\% \triangleq 9{,}28 \text{ DM} \cdot 6{,}5 = 60{,}32 \text{ DM}$$
Tageszinsen:
$$360 \text{ Tage} \longrightarrow 60{,}32 \text{ DM}$$
$$1 \text{ Tag} \longrightarrow \frac{60{,}32 \text{ DM}}{360}$$
$$90 \text{ Tage} \longrightarrow \frac{60{,}32 \text{ DM} \cdot 90}{360} = 15{,}08 \text{ DM}$$

Kapital	Zinssatz	Zeit	Zinsen
928 DM	6,5%	90 Tage	15,08 DM
680 DM	4%	48 Tage	
756 DM	5%	9 Mon.	
1340 DM	5,25%	8 Mon.	
650 DM	3%	$8\frac{1}{2}$ Mon.	
7180 DM	2,8%	4 Mon.	
2361 DM	4,75%	7 Mon.	
6840 DM	3,9%	116 Tage	
9553 DM	6,7%	$5\frac{1}{2}$ Mon.	

3 Ein Kunde leiht sich bei der Bank 4800 DM für fünf Monate. Der Zinssatz beträgt 11,5%. Wie viel Zinsen muss er dafür zahlen?

4 Ein Schuldner leiht sich bei einem Geldinstitut 16 400 DM für 70 Tage bei einem Zinssatz von 10,8%.

5 Ein Kapital von 7200 DM wird mit einem Zinssatz von 3,5% verzinst. Wie viel Zinsen erhält man nach 2 Monaten und 20 Tagen? Berechne zuerst die Zinstage.

6 Sveta hat 846 DM auf ihrem Sparkonto. Der Zinssatz beträgt 2,5%. Nach acht Monaten braucht Sveta das Geld. Wie viel DM erhält sie ausgezahlt?

7 Herr Kaufmann hat ein Gehaltskonto bei der Sparkasse. Er darf sein Konto „überziehen", d. h. er darf auch etwas mehr Geld abheben als er auf dem Konto hat. Die Sparkasse

gibt ihm dieses Geld als Kredit und berechnet dafür Zinsen (Überziehungszinsen).
Diese Zinsen werden für Tage ausgerechnet.
Wie viel Zinsen muss Herr Kaufmann zahlen, wenn er sein Konto für 15 Tage um 3500 DM überzogen hat und die Sparkasse 13,5% Zinsen im Jahr berechnet?

8 Berechne die Überziehungszinsen bei einem Zinssatz von 11,5%.
a) 900 DM für 20 Tage
b) 2000 DM für 17 Tage
c) 2400 DM für 14 Tage
d) 5000 DM für 21 Tage

9 Berechne die Zinsen und den Betrag, der jeweils zurückzuzahlen ist.

Kredit	Zinssatz	Zeit
10 000 DM	9%	10 Mon.
7 600 DM	9,5%	130 Tage
780 DM	10,25%	25 Tage
10 090 DM	7,5%	11 Mon.
450 DM	12,5%	20 Tage
6 400 DM	10,5%	3 Mon.

Berechnung des Zinssatzes bei Monats- und Tageszinsen

Frau Mertes liest in der Zeitung ein Kreditangebot, bei dem für 9000 DM *für 3 Monate* 142,50 DM Zinsen zu zahlen sind. Um festzustellen, ob dieses Kreditangebot günstiger ist als andere Angebote, berechnet Frau Mertes den Zinssatz.

> Der Zinssatz bezieht sich immer auf ein Jahr.

Wir berechnen den Zinssatz mit dem **Dreisatz** in zwei Schritten.

1. Schritt: Berechnung der Jahreszinsen

Zinsen für 3 Monate ⟶ 142,50 DM

Zinsen für 1 Monat ⟶ $\frac{142{,}50 \text{ DM}}{3}$

Zinsen für 12 Monate ⟶ $\frac{142{,}50 \text{ DM} \cdot 12}{3}$

= 570 DM

Antwort: Der Zinssatz beträgt 6,33%.

2. Schritt: Wir berechnen den Zinssatz

9000 DM ⟶ 100%

1 DM ⟶ $\frac{100\%}{9000}$

570 DM ⟶ $\frac{100\% \cdot 570}{9000} = 6{,}33\%$

Übungen

1 Übertrage die Tabelle in dein Heft und fülle sie aus.
Berechne zuerst die Jahreszinsen.

Beispiel:

Zinsen für 210 Tage ⟶ 22,75 DM

Zinsen für 1 Tag ⟶ $\frac{22{,}75 \text{ DM}}{210}$

Zinsen für 360 Tage ⟶ $\frac{22{,}75 \text{ DM} \cdot 360}{210}$

= 39 DM

975 DM ⟶ 100%

1 DM ⟶ $\frac{100\%}{975}$

39 DM ⟶ $\frac{100\% \cdot 39}{975} = 4\%$

Kapital	Zinsen	Zeit	Zinssatz
975 DM	22,75 DM	210 Tage	4%
1120 DM	9,45 DM	135 Tage	☐
765 DM	3,40 DM	32 Tage	☐
3060 DM	44,20 DM	156 Tage	☐
1560 DM	40,95 DM	7 Mon.	☐
720 DM	24 DM	8 Mon.	☐

2 Herr Hoflechner benötigt dringend 10 000 DM. Er verspricht, nach sechs Monaten 11 000 DM zurückzuzahlen. Berechne den Zinssatz. Bestimme zuerst die Jahreszinsen.

3 Wie viel Prozent Zinsen werden in den Kleinanzeigen geboten?

Wer gibt gegen Sicherheit 3600 DM für zehn Monate? Zahle 3975 DM zurück. Angebote unter 39761 an die Zeitung.

Suche 4500 DM für vier Monate. Zahle 4725 DM zurück. Angebote unter 3307 an die Zeitung.

4 Herr Meinrad hat sein Konto um 2400 DM überzogen. Dafür werden ihm für 15 Tage 12,50 DM Überziehungszinsen berechnet. Wie hoch ist der Zinssatz?

Berechnung des Kapitals bei Monats- und Tageszinsen

Maria träumt davon, später einmal so viel Geld im Lotto zu gewinnen, dass sie von den Zinsen leben kann.

Da brauchst du aber schon einen großen Gewinn.

Mit 2700 DM im Monat käme ich gut aus.

Wie viel DM müsste Maria auf ihrem Konto haben, wenn die Bank 6% des Kapitals als Zinsen zahlt?

Wir berechnen das Kapital mit dem **Dreisatz** in zwei Schritten.

1. Berechnung der Jahreszinsen:
Zinsen für 30 Tage $\longrightarrow$ 2700 DM

Zinsen für 1 Tag $\longrightarrow \dfrac{2700 \text{ DM}}{30}$

Zinsen für 1 Jahr $\longrightarrow \dfrac{2700 \text{ DM} \cdot 360}{30}$
$= 32\,400 \text{ DM}$

2. Berechnung des Kapitals:
$6\% \longrightarrow 32\,400 \text{ DM}$

$1\% \longrightarrow \dfrac{32\,400 \text{ DM}}{6}$

$100\% \longrightarrow \dfrac{32\,400 \text{ DM} \cdot 100}{6} = 540\,000 \text{ DM}$

Jahreszinsen: 32 400 DM

Antwort: Maria müsste ein Kapital von 540 000 DM auf der Bank haben, um jeden Monat 2700 DM Zinsen zu bekommen.

Übungen

1 Übertrage die Tabelle in dein Heft. Berechne das Kapital, indem du zuerst die Jahreszinsen berechnest.

Zinsen	Zinssatz	Zeit	Kapital
69,12 DM	4%	192 Tage	☐
21,06 DM	6%	54 Tage	☐
4,05 DM	4,5%	72 Tage	☐
288 DM	6%	20 Tage	☐
975 DM	8,5%	1 Mon.	☐
67,50 DM	4,5%	$\frac{1}{2}$ Jahr	☐
36 DM	3%	6 Mon.	☐
32,10 DM	4%	9 Mon.	☐
8,50 DM	2,5%	3 Mon.	☐

2 Für welches Kapital erhält man:
a) zu 7,5% in 6 Tagen 5 DM Zinsen
b) zu 5% in 288 Tagen 1,80 DM Zinsen
c) zu 4% in 72 Tagen 14,72 DM Zinsen
d) zu 4,5% in 182 Tagen 273 DM Zinsen
e) zu 4,5% in 91 Tagen 136,50 DM Zinsen?

3 Ein Berufsfußballspieler hat mit dem Fußballspielen aufgehört. Er hat sein erspartes Geld zu 5% angelegt. Von den Zinsen in Höhe von 5500 DM monatlich lebt er. Wie viel DM hat er angelegt?

4 Für ein Guthaben, das mit 5% verzinst wird, werden nach neun Monaten 187,50 DM Zinsen gezahlt. Wie hoch ist das Guthaben?

Berechnung der Zeit bei Tageszinsen

Ein fränkischer Winzer modernisiert sein Weinlager und nimmt von seiner Bank einen Kredit in Höhe von 80 000 DM in Anspruch. Der Kredit wird bei Rückzahlung innerhalb eines Jahres mit 9% verzinst.

Mit Zinsen zahlt der Winzer 80 940 DM an die Bank zurück. Nach wie vielen Tagen wurde der Kredit getilgt?

Wir berechnen die Zeit mit dem **Dreisatz** in zwei Schritten.

1. Berechnung der Jahreszinsen:
$100\% \longrightarrow 80\,000$ DM

$1\% \longrightarrow \dfrac{80\,000 \text{ DM}}{100}$

$9\% \longrightarrow \dfrac{80\,000 \text{ DM} \cdot 9}{1000} = 7200$ DM

Jahreszinsen: 7200 DM

2. Berechnung der Zeit:
7200 DM Zinsen für 360 Tage

1 DM Zinsen für $\dfrac{360 \text{ Tage}}{7200}$

940 DM Zinsen für $\dfrac{360 \text{ Tage} \cdot 940}{7200} = 47$ Tage

Antwort: Der Winzer zahlt seinen Kredit nach 47 Tagen zurück.

Übungen

1 Übertrage die Tabelle in dein Heft und fülle sie aus. Berechne zuerst die Jahreszinsen.

Kapital	Zinssatz	Zinsen	Zeit
3600 DM	4%	72 DM	
1250 DM	4%	30 DM	
9000 DM	3%	135 DM	
2400 DM	5%	66 DM	
8400 DM	4,5%	63 DM	
4800 DM	6%	72 DM	
720 DM	5,5%	0,11 DM	
2570 DM	4%	51,40 DM	

2 Berechne die Zinstage, wenn für ein Kapital von 720,00 DM bei einem Zinssatz von 5,5% 0,11 DM Zinsen bezahlt werden!

3 Mechthild hat 2400 DM auf ihrem Sparkonto, das mit 2,5% verzinst ist. Wie viele Tage müsste sie das Geld mindestens auf dem Konto lassen, um von den Zinsen einen neuen Taschenrechner für 42,50 DM kaufen zu können?

4 Heike leiht einem Bekannten 6480,00 DM zu einem Zinssatz von 8%. Nach wie vielen Tagen erhält sie 6549,12 DM einschließlich der Zinsen zurück?

5 Herr Winkler überzieht sein Girokonto um 960 DM, weil eine dringend fällige Rechnung beglichen werden muss. Der Zinssatz für Überziehungszinsen beträgt 10,5%. Als er sein Konto ausgleicht, muss er 968,40 DM einzahlen.
Wie viele Tage hatte Herr Winkler das Konto überzogen?

Rechnen mit der Zinsformel

Es gibt eine Formel mit der sich alle Zinsaufgaben lösen lassen.

Sigrid hat 520 DM auf ihrem Sparkonto. Wie viel DM Zinsen erhält sie für 300 Tage bei einem Zinssatz von 2,5%?

Die Lösung mit den zwei Schritten und den beiden Dreisätzen kennen wir:

1. Schritt: Jahreszinsen
$100\% \longrightarrow 520$ DM
$1\% \longrightarrow \frac{520 \text{ DM}}{100}$
$2,5\% \longrightarrow \frac{520 \text{ DM} \cdot 2,5}{100} = 13$ DM

2. Schritt: Tageszinsen
360 Tage $\longrightarrow 13$ DM
1 Tag $\longrightarrow \frac{13 \text{ DM}}{360}$
300 Tage $\longrightarrow \frac{13 \text{ DM} \cdot 300}{360} = 10,83$ DM

Wir fassen die beiden Schritte in eine Rechnung zusammen:

$Z = \frac{520 \cdot 2,5 \cdot 300}{100 \cdot 360} = 10,83$ DM

Die Formel erhalten wir, wenn wir die Begriffe für die einzelnen Werte einsetzen:

$$\text{Zinsen} = \frac{\text{Kapital} \cdot \text{Prozentsatz} \cdot \text{Zeit}}{100 \cdot 360}; \quad Z = \frac{K \cdot p \cdot t}{100 \cdot 360} \quad \text{oder} \quad \frac{K \cdot p \cdot t}{100 \cdot 12}$$

(Zeitangabe in Tagen) (in Monaten)

Mit dieser Formel können wir alle Größen der Zinsrechnung, also die Zinsen, das Kapital, den Zinssatz und die Zeit durch Formelumstellung oder das Einsetzverfahren berechnen.
Mit dem Taschenrechner rechnet Sigrid: $520 \boxed{\times} 2,5 \boxed{\times} 300 \boxed{\div} 36\,000$.

Beispiel

a) Zinsen gesucht
Für ein kurzfristiges Darlehen in Höhe von 6500 DM sind 8,5% Zinsen zu zahlen. Das Geld wird nach 5 Monaten zurückgezahlt. Wie hoch sind die Zinsen?

Gegeben: $K = 6500$ DM
$\ p = 8,5\%$
$\ t = 5$ Monate
$= \frac{5}{12}$ Jahr

Gesucht: Z

Formel: $\quad Z = \frac{K \cdot p \cdot t}{100 \cdot 12}$
Zahlen einsetzen: $Z = \frac{6500 \cdot 8,5 \cdot 5}{100 \cdot 12}$
$\ Z = 230,21$ [DM]

Antwort: Die Zinsen betragen 230,21 DM

b) Zinssatz gesucht
Für 7500 DM sind in 8 Monaten 325 DM Zinsen zu zahlen. Wie hoch ist der Zinssatz?

Gegeben: $K = 7500$ DM
$\ Z = 325$ DM
$\ t = 8$ Monate
$= \frac{8}{12}$ Jahr

Gesucht: p

Formel: $\quad Z = \frac{K \cdot p \cdot t}{100 \cdot 12}$
Zahlen einsetzen: $325 = \frac{7500 \cdot p \cdot 8}{100 \cdot 12}$
$\ 325 = 50 \cdot p \quad |:50$
$\ p = 6,5$ [%]

Antwort: Der Zinssatz beträgt 6,5%

Rechnen mit der Zinsformel _____ 29

c) Kapital gesucht

Ein Kapital bringt bei einem Zinssatz von 3% in 5 Monaten und 5 Tagen 34,50 DM Zinsen.

Gegeben: $Z = 34{,}50$ DM
$\quad\quad\quad\;\; p\% = 3\%$
$\quad\quad\quad\;\; t = 155$ Tage

Gesucht: K

Formel: $\quad Z = \frac{K \cdot p \cdot t}{100 \cdot 360}$

Zahlen
einsetzen: $34{,}50 = \frac{K \cdot 3 \cdot 155}{100 \cdot 360}$

$\quad\quad\quad\; 34{,}50 = K \cdot 0{,}01292 \quad | : 0{,}01292$

$\quad\quad\quad\quad\quad\; K = 2670{,}28$ [DM]

Antwort: Das Kapital beträgt 2760,28 DM.

d) Zeit gesucht

Maria will wissen, in welcher Zeit man für 1500 DM bei einem Zinssatz von 4% 12 DM Zinsen erhält.

Gegeben: $K = 1500$ DM
$\quad\quad\quad\;\; p\% = 4\%$
$\quad\quad\quad\;\; Z = 12$ DM

Gesucht: t

Formel: $\quad Z = \frac{K \cdot p \cdot t}{100 \cdot 360}$

Zahlen
einsetzen: $12 = \frac{1500 \cdot 4 \cdot t}{100 \cdot 360}$

$\quad\quad\quad\; 12 = 0{,}16667 \cdot t \quad | : 0{,}16667$

$\quad\quad\quad\;\; t = 72$ [Tage]

Antwort: Es dauert 72 Tage.

Übungen

Benutze die Formeln beim Lösen der folgenden Aufgaben.

1 Übertrage in dein Heft und berechne die fehlenden Angaben.

Kapital	Zinssatz	Zeit	Zinsen
720 DM	3,5%	10 Mon.	
650 DM		84 Tage	9,10 DM
	4,5%	8 Mon.	28,80 DM
540 DM	4%		49,50 DM
5680 DM	2,5%	5 Mon.	
	3,5%	24 Tage	2,66 DM

Kapital	Zeit	Zinsen	Zinssatz
4380 DM		21,90 DM	4%
21 000 DM	42 Tage	196 DM	
5000 DM	7 Mon.		4,2%
	60 Tage	29,90 DM	5,75%
42 000 DM	42 Tage	196 DM	
2400 DM		36 DM	6%
7236 DM		20,10 DM	$7\frac{1}{2}\%$
5780 DM	112 Tage		3,5%
	210 Tage	52,50 DM	5%
2340 DM	6 Mon.		4%

2 Wie viel DM Zinsen sind für ein Darlehen in Höhe von 25 000 DM bei einem Zinssatz von 11,2% für die Zeit vom 19.1. bis zum 25.2. (36 Zinstage) zu zahlen?

3 Herr Mai hat sein Girokonto um 950 DM für 18 Tage überzogen. Die Bank berechnet dafür Zinsen mit einem Zinssatz von 10,5%. Wie viel Zinsen muss Herr Mai bezahlen?

4 Welches Angebot ist günstiger: 4000 DM, rückzahlbar nach 3 Monaten mit 4080 DM oder derselbe Betrag rückzahlbar nach 4 Monaten mit 4100 DM?

5 Herr Stern nimmt ein Darlehen auf. Dafür zahlt er bei einem Zinssatz von 8% halbjährlich 1600 DM Zinsen. Wie hoch ist das Darlehen?

6 Ein Guthaben von 4125 DM wird mit 6% verzinst. Als das Geld von der Bank abgehoben wird, werden 55 DM Zinsen gezahlt. Berechne die Zinstage.

7 Wie viele Tage wurden 8940 DM verzinst, wenn die Sparkasse 41,72 DM Zinsen zahlte und der Zinssatz 3% betrug?

Kredite

Banken und Sparkassen geben Kredite und Darlehen. Kreditangebote findet man oft auch in Zeitungsanzeigen. Wenn jemand eine größere Anschaffung machen möchte, dann kann er das Geld dafür sparen und die Ware bar bezahlen. Er kann sich das Geld dafür aber auch leihen, d.h. einen Kredit aufnehmen. Dafür fallen Kosten an.

Kredit: Geldbetrag, der geliehen wird.

Die **Kosten** für einen Kredit bestehen aus den *Zinsen* und einer *Bearbeitungsgebühr* (gelegentlich auch einer *Vermittlungsgebühr*). Der Zinssatz wird oft „pro Monat" angegeben. Im Beispiel wird dies erläutert.

Beispiel

Anne möchte sich für ihre Fahrten zur Arbeitsstelle ein Mofa kaufen, das 1450 DM kostet. Da Anne aber nur 600 DM gespart hat, nimmt ihre Mutter für die restlichen 850 DM einen Ratenkredit auf.

Die Bank gibt den Kredit zu folgenden Bedingungen: Zinssatz pro Monat 0,48% auf den vollen Kredit. Bearbeitungsgebühr 2% vom Kreditbetrag. Rückzahlung nach 18 Monaten. Wie viel DM muss Annes Mutter für den Kredit von 850 DM nach 18 Monaten zurückzahlen? Wie viel DM muss sie monatlich dafür ansparen?

Lösung:

Bearbeitungsgebühr
2% von 850 DM = 17 DM

Zinsen
0,48% · 18 = 8,64%
8,64% von 850 DM = 73,44 DM

Rückzahlungsbetrag
850 DM + 17 DM + 73,44 DM = 940,44 DM

Anteil pro Monat
940,44 DM : 18 = 52,25 DM

Annes Mutter muss 940,44 DM nach 18 Monaten zurückzahlen. Dafür muss sie 52,25 DM pro Monat sparen.

Übungen

1 Für den Kauf eines Farbfernsehgeräts nimmt Frau Bergner einen Ratenkredit über 1800 DM auf: Zinssatz 0,5% pro Monat. Bearbeitungsgebühr 3%. Rückzahlung nach 24 Monaten. Wie viel DM muss sie dann zurückzahlen? Wie viel muss sie pro Monat bezahlen?

2 Rolf möchte sich ein Moped für 2120 DM kaufen. Er hat 1300 DM gespart. Für den Restbetrag nimmt er einen Kredit auf, den er nach 15 Monaten zurückzahlen muss. Die Zinsen betragen 0,4% pro Monat. Die Bearbeitungsgebühr 3%.

Kredite

Ratenkredite

Im Normalfall wird man den Kredit nicht erst nach Ablauf einer festen Zeit zurückzahlen, sondern einen Ratenkredit vereinbaren.

Ratenkredit: Kredit, bei dem die Rückzahlung in regelmäßigen *Teilbeträgen* (Raten) vereinbart ist.
Rate: Teilbetrag der Rückzahlung.

Bei Ratenkrediten müssen alle Kosten, wie Zinsen, Bearbeitungsgebühr und evtl. Vermittlungsgebühr auch in einer einzigen Prozentangabe ausgewiesen werden. Dieser Prozentsatz heißt **effektiver Jahreszinssatz**. Er wird immer nur auf die Restschuld angewendet. Die Berechnung des effektiven Zinssatzes ist schwierig und zeitaufwendig. Aus diesem Grund benutzt man in der Praxis Tabellen oder führt die Berechnung mit Hilfe eines Computerprogramms durch. Mit Hilfe des effektiven Zinssatzes ist es leicht möglich, verschiedene Kreditangebote miteinander zu vergleichen.
Die Höhe des effektiven Zinssatzes ist unabhängig von der Höhe des Kredits.

Zinssatz pro Monat in Prozent	Laufzeit in Monaten			
	6	12	24	36
	Effektiver Jahreszins (bei 2% Bearbeitungsgebühr)			
0,36	14,70	12,33	10,45	9,75
0,42	16,01	13,82	11,91	11,16
0,48	17,34	15,33	13,37	12,58
0,60	20,00	18,42	16,33	15,44

Ein Zinssatz pro Monat von 0,48% bei einer Laufzeit von 36 Monaten und 2% Bearbeitungsgebühr ergibt einen effektiven Jahreszins von 12,58%.

Übungen

1 Gib mit Hilfe der Tabelle den effektiven Jahreszins an. Bearbeitungsgebühr 2%.

Zinssatz pro Monat in %	Laufzeit in Monaten	effektiver Jahreszins in %
0,48	36	12,58
0,6	12	
0,42	6	
0,36	36	
0,48	24	
0,6	24	
0,42	24	

2 Für den Kauf eines Farbfernsehgeräts nimmt Frau Bergner einen Ratenkredit über 1800 DM auf: Zinssatz 0,5% pro Monat, Bearbeitungsgebühr 3%, Laufzeit 24 Monate. Wie viel DM muss sie insgesamt zurückzahlen, wie hoch sind die monatlichen Raten?

3 Frau Berner nimmt bei der Bank ein Darlehen mit folgenden Bedingungen auf:
Kredit: 7500 DM; Zinssatz: 12,5% jährlich; monatliche Rate: 459,11 DM
Mit der Bank wird vereinbart, dass das Darlehen in 18 gleichen Monatsraten zurückgezahlt wird. Frau Berner stellt *mit dem Computer* einen Tilgungsplan auf, von dem ein Ausschnitt unten abgebildet ist. Setze Frau Berners Tilgungsplan bis zum 18. Monat fort.

Monat	Restschuld Monatsanfang	Zinssatz jährlich	Zinsen monatlich	Rate monatlich	Tilgung Monatsende	Restschuld Monatsende
1	7500,00	12,50%	78,13	459,11	380,99	7119,01
2	7119,01	12,50%	74,16	459,11	384,95	6734,06

Tabellenkalkulation

Das Wort *Kalkulation* bedeutet „Rechnung". Mit einer Kalkulation berechnet man z. B. die voraussichtlich entstehenden Kosten für eine Ware oder eine Dienstleistung. Im Computerbereich verwendet man die *Tabellenkalkulation*, um viele gleichartige Berechnungen schnell durchzuführen und die Ergebnisse in Form von *Schaubildern* übersichtlich darzustellen.

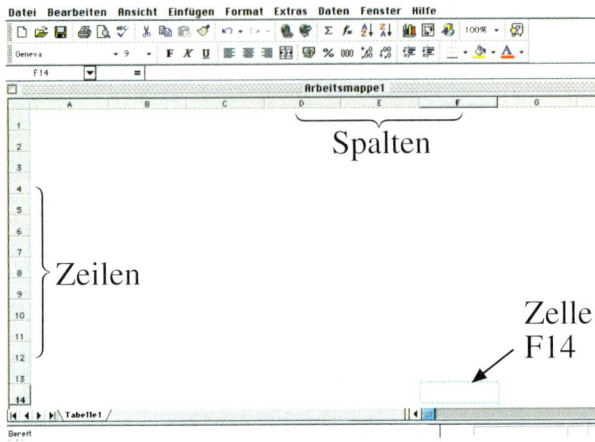

Die verschiedenen Programme haben alle prinzipiell den gleichen Aufbau, auch die Berechnungsfunktionen, die sogenannten *Formeln* sind weitgehend gleich.

In der Abbildung siehst du den Bildschirm einer Tabellenkalkulation.

Die **Spalten** sind mit A, B, C, ... bezeichnet, die **Zeilen** mit 1, 2, 3, ... Die einzelnen Felder werden **Zelle** genannt. Die Zelle F14 findet man in der Spalte F in der Zeile 14. In Zellen kann man Text, Zahlen oder Formeln zur Berechnung eingeben.

Mit Formeln werden Zellinhalte miteinander verknüpft und Berechnungen durchgeführt.
Jede Formel beginnt mit einem =.
Beispiele in den Grundrechenarten:
= B3 + B5   addiert die Werte der Zellen B3 und B5
= summe (D3:D6)   addiert die Werte der Zellen D3, D4, D5 und D6
= B2 * B6   multipliziert den Wert in Zelle B2 mit dem von Zelle B6
= C1/C4   dividiert den Wert der Zelle C1 durch den Wert von Zelle C4.

Diese Tabellenkalkulation wollen wir zunächst in der Prozent- und Zinsrechnung anwenden.

Beispiel 1

Ein Büro-Großhändler bringt Sonderangebote. Wiederverkäufer brauchen den Preis ohne Mehrwertsteuer, Endverbraucher den Preis incl. Mehrwertsteuer. Wie kann man bei mehreren Artikeln die Mehrwertsteuer schnell berechnen?

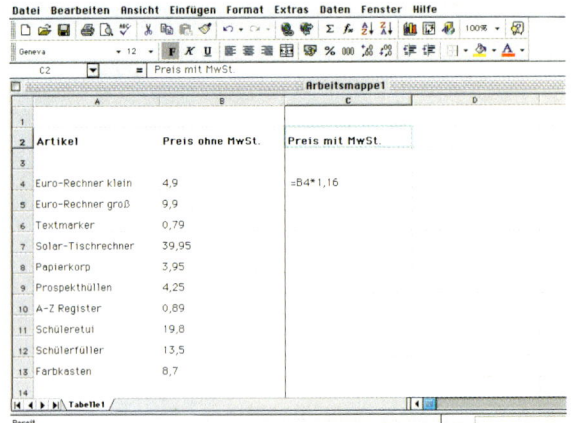

1. Gib den Text wie in der Abbildung ein.
2. Durch Ziehen mit der Maus die Feldbreite zwischen den Buchstaben einstellen.
3. Markiere die Zellen A4 bis A13 indem du auf A4 klickst, die linke Maustaste gedrückt hältst und auf A13 ziehst.
   Klicke in der Symbolleiste auf Währung.
4. Gib in Zelle C4 die Formel ein, und drücke RETURN.
5. Markiere von C4 bis C13 und wähle im Menü BEARBEITEN „Unten ausfüllen" und klicke ebenfalls auf das Symbol Währung.

Tabellenkalkulation

Beispiel 2

Eine Bank bietet Wachstumssparen an, d.h. die Zinsen steigen jährlich: 1. Jahr 3,25%, 2. Jahr 3,5%, 3. Jahr 4%, 4. Jahr 4,5% und im 5. Jahr 5,25%. Erstelle eine Tabelle, mit der du den Kapitalzuwachs für Beträge von 100 bis 500 DM berechnest.

	A	B	C	D	E
1	Betrag	1. Jahr	2. Jahr	3. Jahr	4. Jahr
2	100	=A2*1,0325	=B2*1,035	=C2*1,04	=D2*1,045
3	200				
4	300				
5	400				
6	500				

1. Beschrifte die Tabelle wie in der Abbildung (A1–F1).
2. Wenn du den Betrag 100 eingegeben hast, markiere die folgenden 4 Zeilen und gehe in das Menü **Bearbeiten**, **Datenreihe ausfüllen** und wähle als **Inkrement 100** (= Schritt 100).
3. Jetzt musst du die Formeln eingeben (B2–F2). Vergesse das =-Zeichen nicht. Markiere jetzt die Tabelle von B2 bis F6 und klicke im Menü **Bearbeiten** auf **Unten ausfüllen**.
4. Drücke auf das Symbol **Währung**. Passe die Spaltenbreite an.
5. Ändere jetzt in der Spalte A die Beträge. Was stellst du fest?
6. Wie musst du vorgehen, wenn sich die Zinssätze ändern?

Übungen

1 Erstelle eine Kapitalberechnung wie im Beispiel 2 für 100 bis 1000 DM mit dem Inkrement 100.

2 Gib die Daten ein. Berechne in der 4. Spalte die Differenz 1997–1996. Berechne die prozentuale Veränderung (1996 ≙ 100%).

Entwicklung unserer Bank		
Beträge in TDM	1997	1996
Bilanzsumme	165 096	161 098
Gesamteinlagen	152 500	145 664
Davon Spareinlagen	98 372	92 994
Gesamtausleihungen	55 382	56 286
Bankguthaben	12 447	12 643
Eigene Wertpapiere	86 571	80 403

3

a) Berechne die Summe der Ausgaben für West und Ost.
b) Berechne die prozentualen Anteile. Damit der Computer immer auf den Grundwert zugreift, musst du für diese Zelle je ein Dollarzeichen eingeben.

Beispiel: B2 → $B $2

Vermischte Aufgaben aus dem Quali-Abschluss

Die nachfolgenden Aufgaben sind teilweise leicht verändert aus vergangenen Prüfungen zum qualifizierenden Hauptschulabschluss entnommen.

1 Im Juli 1994 verließen annähernd 134 400 Jugendliche die allgemein bildenden Schulen in Bayern.
38% beendeten die Hauptschule erfolgreich
23% erreichten den Realschulabschluss
17% erlangten die Hochschulreife
14% erzielten sonstige Abschlüsse
a) Berechne den prozentualen Anteil der Jugendlichen ohne Schulabschluss.
b) Wie viele Jugendliche blieben ohne Schulabschluss?
c) Ermittle für jede Abschlussart die Schülerzahl.
d) Stelle alle prozentualen Anteile in einem Kreisdiagramm ($r = 4{,}5$ cm) dar.

2 Herr Walde schließt eine Lebensversicherung über 30 000 DM ab und zahlt für eine Laufzeit von 25 Jahren monatlich 96 DM.
a) Wie viel Promille der Versicherungssumme beträgt der jährliche Beitrag?
b) Als Rückvergütung erhält Herr Walde im ersten Jahr 16‰ der Versicherungssumme. Wie hoch ist der Betrag?
c) Für seine Hausratversicherung zahlt er bei 1,75‰ Prämie vierteljährlich 87,50 DM. Berechne die Höhe der Versicherungssumme.

3 Durchschnittlicher monatlicher Bruttolohn eines Arbeiters

Jahr	1960	1970	1980	1990	1992	1993
DM	411,05	935,74	2118,82	3106,88	3480,80	?

a) Berechne die Lohnsteigerung zwischen 1960 und 1970 in Prozent. Runde auf eine Dezimalstelle.
b) Im Jahr 1993 gab es gegenüber dem Vorjahr eine durchschnittliche Lohnsteigerung von 4,3%. Berechne den durchschnittlichen monatlichen Bruttolohn für das Jahr 1993. Runde auf zwei Dezimalstellen.
c) Im Jahr 1992 verdiente Fritz monatlich 3230,80 DM.

Um wie viel Prozent lag sein Lohn unter dem Durchschnitt?
Runde auf eine Dezimalstelle.
d) Stelle die durchschnittlichen Bruttolöhne von 1960 bis 1992 in einem Säulendiagramm dar. Runde dabei auf volle Hunderter.
Hinweis: 0,5 cm ≙ 100 DM

4 Ein Sanitärhändler bezieht vom Großhandel Badewannen zum Einkaufspreis von je 1600 DM.
Er rechnet mit 40% Geschäftskosten und kalkuliert mit einem Gewinn von 8%. Die Mehrwertsteuer beträgt 16%.
a) Berechne den Endpreis einer Badewanne.
b) Eine Badewanne bietet der Händler wegen eines Schönheitsfehlers für 2000 DM incl. 16% Mehrwertsteuer an.
Welchen Gewinn erzielt er in diesem Fall?
Hinweis: Runde auf zwei Dezimalstellen.

5 Eine Firma bezieht aus Italien Südfrüchte im Wert von 45 000 DM. Dazu kommen 7% des Bezugspreises als Geschäftskosten. Es können drei Fünftel der Lieferung mit 29% Gewinn und ein Drittel mit 18% Gewinn verkauft werden. Der Rest muss mit 6% Verlust abgesetzt werden.
a) Wie viele DM beträgt der Selbstkostenpreis?
b) Wie hoch ist der Reingewinn in DM?
c) Gib den Reingewinn in Prozent an!

6 Eine Zimmerei soll gegen Brand versichert werden.
a) Die Jahresprämie bei Versicherung A beträgt 12 750 DM, das sind 8,5 Promille.
Wie hoch ist hier die Versicherungssumme?
b) Versicherung B verlangt bei einer Versicherungssumme von 1 600 000 DM einen Prämiensatz von 9 Promille. Berechne die Jahresprämie.

Vermischte Aufgaben aus dem Quali-Abschluss

7 Herr Moser baut ein Haus für 504 000 DM. Sein Eigenkapital beträgt 234 000 DM. Von seinem Arbeitgeber erhält er ein Darlehen von 54 000 DM zu einem Zinssatz von 3,5%. Das restliche Geld leiht er sich von seiner Bank zu einem Zinssatz von 8,5%.
Im neuen Haus vermietet er eine kleine Wohnung für 432 DM monatlich. In diesem Betrag sind 20% Nebenkosten enthalten.
a) Wie hoch ist die jährliche Zinsbelastung, wenn Herr Moser kein Geld zurückzahlt?
b) Wie viel muss er monatlich auf die Miete (ohne Nebenkosten) drauflegen, um seine Zinsbelastung begleichen zu können?

8 Michael möchte sich einen Computer kaufen, der 1470 DM kostet. Als Auszubildender verdient er nicht genug, um den Computer bar bezahlen zu können. Er kann zwischen zwei Möglichkeiten der Finanzierung wählen:
a) Ein Händler verlangt als Anzahlung 185,55 DM und 1380 DM nach 12 Monaten. Wie viel Prozent Aufschlag verlangt der Händler?
b) Michaels Bank bietet ihm eine Finanzierung an. Bei der dadurch möglichen Barzahlung räumt ihm der Händler 2% Skonto ein. An die Bank müsste er 104,50 DM Zinsen zahlen. Wie teuer kommt der Computerkauf mit Bankfinanzierung?
c) Berechne den Unterschiedsbetrag der beiden Finanzierungsmöglichkeiten!

9 Ein Kunde hat auf seinem Sparkonto ein Guthaben von 18 000 DM. In den ersten 30 Tagen verzinst sich diese Einlage mit 2,5% und in den darauffolgenden vier Monaten mit 3%. Wenn der Kunde das Geld als Festgeld angelegt hätte, wären ihm für fünf Monate 450 DM an Zinsen vergütet worden.
a) Wie viele DM Zinsen erhält er für den ersten Zeitraum von 30 Tagen, wie viele für die vier darauf folgenden Monate?
b) Welchen Zinssatz hätte er bei einer Anlage auf einem Festgeldkonto erhalten?
c) Wie viele DM Zinsen hätte er auf dem Festgeldkonto mehr erhalten?

10 Frau Sommer hatte 1993 ein Kapital zu 5,7% Jahreszinssatz für 11 Monate angelegt. Zum Jahresende erhält sie 2821,50 DM Zinsen. Dieser Betrag wird zusammen mit dem alten Kapital für das ganze Jahr 1994 festgelegt. Zum 1. Januar 1995 bekommt sie dann 3409,29 DM Zinsen gutgeschrieben.
a) Welchen Betrag legte Frau Sommer im Jahr 1993 an?
b) Welchen Zinssatz gewährt die Bank im Jahr 1994?
c) Um wie viel Prozent hat sich da Kapital durch die Zinsen 1993 und 1994 insgesamt erhöht? Runde auf 1 Stelle nach dem Komma!

11 Seit Januar 1993 müssen von allen Guthabenzinsen 30% Steuern an das Finanzamt abgeführt werden. Bei Ehegatten sind jedoch Zinsen bis zu einem Betrag von 12 000 DM pro Kalenderjahr steuerfrei.
Das Ehepaar Gmeiner hat 48 000 DM als Festgeld zu einem Zinssatz von 8,25% angelegt. Für das Guthaben von 49 910 DM auf einem Bausparvertrag bekommt es dieses Jahr 1247,75 DM Zinsen. Weitere 159,75 DM Zinsen bringt ein Guthaben auf einem Sparbuch, das zu 3% verzinst wird.
a) Wie viele DM Zinsen erhält das Ehepaar in diesem Jahr?
b) Um wie viele DM bleibt das Ehepaar Gmeiner unter dem steuerfreien Zinsbetrag?
c) Berechne den Prozentsatz, mit dem das Guthaben des Bausparvertrages verzinst wird.
d) Wie viel Geld ist auf dem Sparbuch angelegt?
e) Wie hoch ist das gesamte Guthaben des Ehepaares?
f) Wie viel Geld könnte das Ehepaar Gmeiner bei einem Zinssatz von 7,5% noch anlegen, wenn der Zinsfreibetrag genau ausgenutzt wird?

Zahlen, Zahlen, Zahlen

Der Turm von Brahma

Nach einer alten Legende soll Gott Brahma nach der Erschaffung der Welt in einem Kloster in Indien drei menschenhohe Diamantnadeln aufgestellt haben. Auf der mittleren Nadel befinden sich 64 goldene Scheiben, die von oben nach unten immer größer werden. Den Mönchen des Klosters wurde nun die Aufgabe gestellt, die Scheiben von der mittleren Nadel auf eine der äußeren Nadeln umzustapeln. Dabei müssen sie folgende Regeln beachten:

1. Es darf immer nur eine Scheibe bewegt werden.
2. Erst wenn eine Scheibe liegt, darf die nächste bewegt werden
3. Es darf nie eine größere Scheibe auf einer kleineren liegen.

Wenn die letzte Scheibe bewegt wird, so sagt die Legende, geht die Welt mit Donner und Getöse unter.
Wie lange würde es demnach unsere Welt noch geben?

Ihr könnt diese große Aufgabe mit einem kleinen Modell nachvollziehen:

1. Baue ein Modell-Brett: 3 Nägel, 5 Pappscheiben mit d = 3 cm; 3,5 cm; 4 cm ...
2. Wer schafft es, die Scheiben mit den wenigsten Zügen umzustapeln?

Erstelle eine Tabelle.

Scheiben	Züge	Std.	Tage	Jahre
1	1			
2				
3				
4				

3. Versuche, die mathematische Gesetzmäßigkeit zu finden. Wer schafft es mit 6, 7 ... Scheiben?
4. Berechne die Zeitdauer, wenn für einen Zug eine Sekunde angenommen wird. Versuche die Aufgabe mit einer Tabellenkalkulation am Computer zu lösen.
6. Vielleicht könnt ihr ein Modell im Werkunterricht herstellen.
7. Ein großes Modell könnte auch als Spielstation am Schulfest eingesetzt werden.

Das leidige Thema Taschengeld

Vater spürt, dass seine beiden Kinder etwas auf dem Herzen haben, weil sie so um ihn herumschleichen und sich viel sagende Blicke zuwerfen. „Na, gab es Ärger in der Schule?", beginnt er schließlich das Gespräch. „Nein", antworten beide wie aus einem Mund. „Aber ... es ist ... weißt du ... wir wissen nicht ..." „Also raus mit der Sprache!" ermutigt sie Vater. „Wir bräuchten wieder mal eine Taschengelderhöhung", lautet die Antwort. „Das könnt ihr euch aber abschminken", wehrt Vater sofort ab. Auf diesem Ohr ist er taub. „Aber Papa! Wir haben auch schon einen Vorschlag: Du gibst uns am 1. Tag des Monats einen Pfennig und verdoppelst den Betrag jeden Tag bis zum 31. des Monats." Vaters Gesichtszüge hellen sich auf. Das ist kein schlechtes Geschäft, denkt er bei sich und stimmt erleichtert und freudig zu.

Zahlenkombinationen

Wie viele verschiedene Zahlen kann man mit den Ziffern 1 bis 9 darstellen?
Wir versuchen die Aufgabe systematisch zu lösen, indem wir eine Tabelle aufstellen:

Ziffern	Kombinationen Zahlen)	Berechnung
1	1	$1! = 1 \cdot 1 = 1$
1; 2	12 | 21	$2! = 1 \cdot 2 = 2$
1; 2; 3	123 | 132	$3! = 1 \cdot 2 \cdot 3 = 6$
	213 | 231	
	312 | 321	
1; 2; 3; 4	1234 | ...	

Um die Anzahl der Möglichkeiten berechnen zu können brauchen wir ein neues Rechenverfahren. Wir berechnen die Anzahl der Möglichkeiten, indem wir die Anzahl der Ziffern (9) nehmen und folgendes schreiben: 9! (sprich: neun Fakultät). Wir rechnen dann so:

$$1 \cdot 2 \cdot 3 \cdot 4 \cdot 5 \cdot 6 \cdot 7 \cdot 8 \cdot 9 = \boxed{}$$

Glückszahlen

Fußballtoto

Wie viele Möglichkeiten gibt es, beim Fußballtoto (11er Wette) einen Tippschein auszufüllen? Es muss bei 11 Fußballspielen jeweils aus 3 Möglichkeiten (1 = Sieg, 2 = Niederlage, 0 = Unentschieden) ausgewählt werden.

```
1 Spiel                           Möglichkeiten
| 0 | 1 | 2 |                           3

2 Spiele
| 0 | 0 | 0 |   | 1 | 1 | 1 |   | 2 | 2 | 2 |    3 · 3 = 9
| 0 | 1 | 2 |   | 0 | 1 | 2 |   | 0 | 1 | 2 |

3 Spiele
| 0 | 0 | 0 |   | 0 | 0 | 0 |   | 0 | 0 | 0 |
| 0 | 0 | 0 |   | 1 | 1 | 1 |   | 2 | 2 | 2 |
| 0 | 1 | 2 |   | 0 | 1 | 2 |   | 0 | 1 | 2 |
```
(Setze die Reihe fort)

Zahlenlotto

Wie viele Möglichkeiten gibt es beim Zahlenlotto „6 aus 49", einen Tippschein auszufüllen? Es müssen aus 49 Zahlen sechs gezogen werden, die sich nicht wiederholen. Für die Berechnung gilt folgender Ausdruck:

$$\frac{49!}{6! \cdot 43!}$$

Berechne die Anzahl der Möglichkeiten. Nur eine davon kann am Mittwoch oder Samstag gezogen werden.

Mathe-Meisterschaft

1 Berechne die fehlenden Größen

	Kapital	Zinssatz	Zeit	Zinsen
a)	885 DM	5%	10 Monate	
b)	1035 DM		7 Monate	27,17 DM
c)	4560 DM	2,5%		19,00 DM
d)		4,8%	72 Tage	36,24 DM

(4 Punkte)

2 Ein Weinhändler erhält ein Fass Wein mit 280 Litern zum Einkaufspreis von 630 DM. Der Weinhändler rechnet mit 12% Geschäftskosten und 22% Gewinn. Der Wein wird in 2-Liter-Flaschen abgefüllt, für die leere Flasche werden 0,10 DM berechnet. Wie teuer kommt eine Flasche Wein im Verkauf ohne Mehrwertsteuer?
(4 Punkte)

3 Frau Schreiner besitzt ein Vermögen von 75 000 DM und nimmt jährlich davon 3125 DM Zinsen ein. Die Hälfte des Geldes hat sie zu 4% Zinsen angelegt, ein Drittel des Vermögens zu 5%.
Zu welchem Zinssatz hat Frau Schreiner den Rest des Vermögens verliehen?
(5 Punkte)

4 Frau Klughardt hat 28 800 DM geerbt. Die Hälfte des Betrages legt sie als Festgeld bei einer Bank an. Für welche Zeit hatte sie das Geld verliehen, wenn sie bei einem Zinssatz von 4,75% 15 027 DM zurück bekommt? Von der anderen Hälfte des Betrages legt sie einen Teil auf einem Sparbuch an. Welchen Betrag hat sie auf dem Sparbuch einbezahlt, wenn sie nach 225 Tagen bei einem Zinssatz von 2% 112,50 DM Zinsen erhält?
(5 Punkte)

5 Herr Ripperger kauft ein Reihenhaus für 520 000 DM. Sein Eigenkapital beträgt 160 000 DM und von seiner Oma erhält er 60 000 DM. Von seiner Bausparsumme von 90 000 DM hat er 40% angespart, den Rest bekommt er als Darlehen zu einem Zinssatz von 4,5%. Den fehlenden Betrag finanziert er über seine Bank, bei der er 6,75% Zinsen bezahlen muss.
Bisher zahlte Herr Ripperger 1450 DM monatlich Miete. Prüfe durch Rechnung nach, ob dieser Betrag die Zinsen des ersten Monats deckt.
(6 Punkte)

Teilnehmer-Urkunde

19,5–15 Punkte

24–20 Punkte

14,5–10 Punkte

Rationale Zahlen, Potenzen und Wurzeln

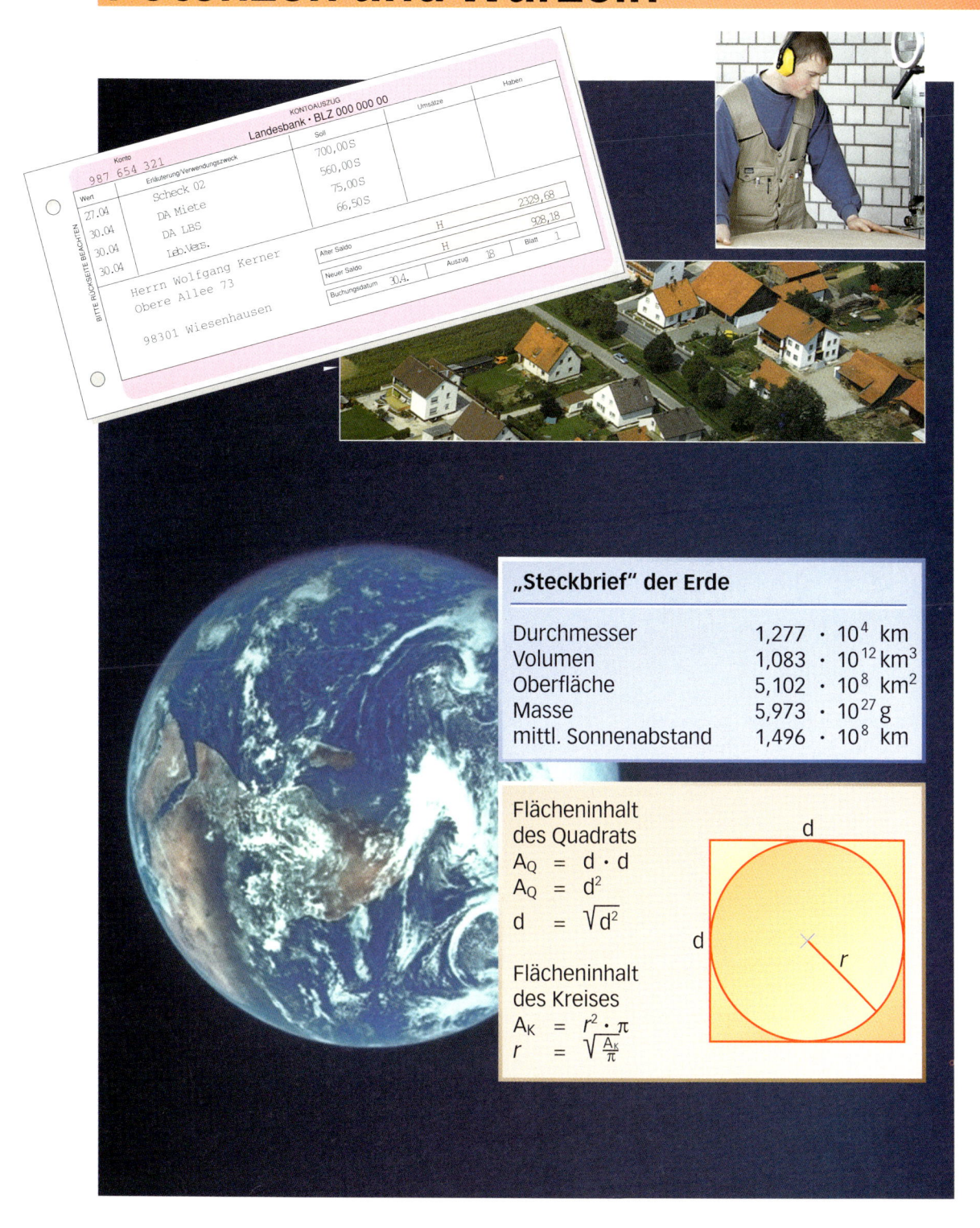

„Steckbrief" der Erde

Durchmesser	$1{,}277 \cdot 10^4$ km
Volumen	$1{,}083 \cdot 10^{12}$ km³
Oberfläche	$5{,}102 \cdot 10^8$ km²
Masse	$5{,}973 \cdot 10^{27}$ g
mittl. Sonnenabstand	$1{,}496 \cdot 10^8$ km

Flächeninhalt des Quadrats
$A_Q = d \cdot d$
$A_Q = d^2$
$d = \sqrt{d^2}$

Flächeninhalt des Kreises
$A_K = r^2 \cdot \pi$
$r = \sqrt{\frac{A_K}{\pi}}$

Rationale Zahlen

Addition und Subtraktion rationaler Zahlen

Beim Rechnen mit rationalen Zahlen müssen wir besonders auf die **Vorzeichen** achten. Für die Addition und für die Subtraktion sind diese Regeln wichtig:

> Eine negative Zahl addieren heißt, ihre Gegenzahl subtrahieren.
> $18 + (-7) = 18 - 7 = 11$
> Eine negative Zahl subtrahieren heißt, ihre Gegenzahl addieren. $\quad 8 - (-14) = 8 + 14 = 22$

Zu jeder rationalen Zahl gibt es eine Gegenzahl. Sie hat das entgegengesetzte Vorzeichen.

Beispiel   a) Die Gegenzahl von $3{,}2$ ist $-3{,}2$ b) Die Gegenzahl von $-2{,}7$ ist $2{,}7$

Übungen

1 Gib die Gegenzahl an.
a) 1   c) $-6{,}3$ e) $35{,}08$ g) 0
b) -3 d) $0{,}8$ f) $-20{,}7$ h) $-0{,}12$

2 Berechne.
a) $18 + (-28)$ e) $3{,}2 + (-2{,}7)$
b) $-54 + (-12)$ f) $3{,}2 - (-2{,}7)$
c) $66 + (-32)$ g) $-0{,}5 - (-4{,}2)$
d) $-18 - (-40)$ h) $-6{,}2 + (-3{,}8)$

3 Rechne mit dem Taschenrechner.
a) $3{,}48 - (-2{,}86)$
b) $40{,}3 + (-8{,}76)$
c) $-68{,}06 - (-5{,}34)$
d) $0{,}876 - 5{,}073 + (-3{,}003) - (-7{,}2)$
e) $-12{,}753 + (-0{,}303) - (-5{,}06) + 0{,}106$

4 Berechne die Differenz zwischen
a) $23 - 12{,}5$ und $-32{,}8 + 45{,}8$
b) $-4{,}8 + 122$ und $-0{,}82 - (-12{,}01)$
c) $45{,}23 + (-0{,}024)$ und $-0{,}201 - 12{,}005$
d) $-21{,}34 + (-0{,}123)$ und $468{,}3 + (-23{,}56)$

5 Finde 5 verschiedene Zahlenpaare, deren Differenz die gegebene Zahl ist.
Beispiel: 25; $(11{,}03; -13{,}97)$,
denn $11{,}03 - (-13{,}97) = 25$
a) 40   b) $12{,}3$ c) -13 d) $-47{,}7$ e) 350

6 Welches x erfüllt die Gleichung?
a) $28 + x = 122$ d) $28 + x = -122$
b) $28 + x = 13$ e) $28 - x = 13$
c) $28 - x = 322$ f) $28 + x = -322$

7 Setze für y nacheinander ein: 12, -12, 25, -25. Bestimme dann x.
a) $x + y = 40$ e) $x - y = 140$
b) $-x + y = 40$ f) $-x + (-y) = 340$
c) $x + (-y) = 40$ g) $x - y = -420$
d) $-x - y = 40$ h) $-x + y = 405$

8 Übertrage die Tabelle ins Heft. Ergänze die Leerstellen in den Spalten so, dass sich als Summe die Zahl in der letzten Zeile ergibt. Berechne dann die Zeilensumme.

123	7	-234	
-45	-89		
6		-789	
	101	56	
100	-200	300	

9 Übertrage die Tabelle ins Heft, fülle sie aus.

x	y	z	$x+y$	$x-y$	$x-z$	$x+z-y$
$3{,}1$	-4	$-14{,}3$				
$-2{,}4$	5	$12{,}08$				
$-15{,}3$	-6	$-0{,}005$				
$12{,}01$	7	-123				

Multiplikation und Division rationaler Zahlen

Wiederhole die Rechenregeln für die Multiplikation und für die Division.

> Sind beide Zahlen positiv oder beide negativ, dann ist das Produkt (der Quotient) positiv.
> Ist eine Zahl positiv, die andere negativ, dann ist das Produkt (der Quotient) negativ.

Übungen

1 Multipliziere.
a) $-5 \cdot 7$ b) $10 \cdot (-6)$ c) $-17 \cdot 4$
   $5 \cdot (-7)$ $-10 \cdot 6$ $17 \cdot (-4)$
   $7 \cdot (-5)$ $6 \cdot (-10)$ $4 \cdot (-17)$
   $-7 \cdot 5$ $-6 \cdot 10$ $-4 \cdot 17$

2 Multipliziere.
a) $-1 \cdot 9$ f) $9 \cdot (-6)$ k) $-3 \cdot 25$
b) $12 \cdot (-2)$ g) $8 \cdot (-14)$ l) $-15 \cdot (-6)$
c) $-6 \cdot 4$ h) $-10 \cdot 23$ m) $8 \cdot (-11)$
d) $-12 \cdot 12$ i) $-7 \cdot (-5)$ n) $-4 \cdot (-12)$
e) $-14 \cdot (-9)$ j) $13 \cdot (-11)$ o) $-23 \cdot (-7)$

3 Dividiere.
a) $-24 : 6$ b) $35 : (-7)$ c) $54 : 9$
   $24 : (-6)$ $-7 : 35$ $-54 : (-9)$
   $-24 : (-6)$ $-7 : (-35)$ $9 : (-54)$

4 Dividiere.
a) $-35 : 5$ f) $56 : (-8)$ k) $-32 : (-4)$
b) $120 : (-20)$ g) $-63 : (-7)$ l) $110 : (-11)$
c) $-48 : (-6)$ h) $-144 : 12$ m) $94 : (-7)$
d) $77 : 11$ i) $-72 : (-6)$ n) $-225 : 15$
e) $-96 : (-8)$ j) $76 : (-4)$ o) $126 : (-9)$

5 Berechne.
a) $-3{,}2 \cdot 5$ e) $-4{,}2 : 6$ i) $5{,}2 \cdot (-3)$
b) $1{,}5 \cdot (-7)$ f) $1{,}2 \cdot (-3)$ j) $-1{,}5 : (-5)$
c) $-\frac{1}{2} \cdot \frac{4}{5}$ g) $-\frac{6}{7} : 2$ k) $-4 \cdot \frac{5}{6}$
d) $-\frac{3}{4} \cdot (-\frac{4}{7})$ h) $\frac{9}{11} : (-3)$ l) $-\frac{2}{3} : \frac{4}{5}$

6 Rechne mit dem Taschenrechner.
a) $-1{,}584 : 3{,}52$ f) $2{,}372 : (-0{,}04)$
b) $-17{,}38 \cdot 0{,}853$ g) $-1{,}1475 : (-0{,}45)$
c) $123{,}5 \cdot (-9{,}16)$ h) $0{,}048 \cdot (-11{,}75)$
d) $15{,}174 : (-1{,}08)$ i) $-163{,}5 : (-8{,}72)$
e) $-0{,}375 \cdot (-64{,}08)$ j) $15{,}3925 : (-2{,}35)$

7 Übertrage die Tabelle in dein Heft und fülle sie aus.

·	2,4	−1,5	−3	$\frac{3}{8}$	$-\frac{4}{5}$	−9,8
2,7						
−0,2						
$\frac{2}{3}$						
−2,4						

8 Übertrage die Tabelle in dein Heft und fülle sie aus.

:	0,6	−1,2	−9	$-\frac{1}{3}$	$\frac{3}{4}$	−7,5
7,2						
−9						
−15,6						
$\frac{3}{5}$						

9 Welches x erfüllt die Gleichung?
a) $7 \cdot x = -35$ e) $-8 \cdot x = -176$
b) $-7 \cdot x = 35$ f) $8 \cdot x = -272$
c) $x \cdot 7 = 35$ g) $x : 8 = 40$
d) $x : 7 = 35$ h) $x : 8 = 432$

10 Gib drei verschiedene Produkte an, deren Ergebnis die gegebene Zahl ist.
a) 24   c) 25   e) −1,6   g) −1
b) −32   d) 1   f) 0,25   h) $-\frac{7}{12}$

11 Berechne mit dem Taschenrechner.
a) $0{,}73 \cdot (-4{,}5) \cdot 17{,}1 \cdot (-8)$
b) $-2{,}53 \cdot (-2{,}9) \cdot 5{,}8 \cdot 13$
c) $-3{,}75 \cdot (-14{,}2) \cdot (-13{,}7) \cdot 0{,}8$
d) $3{,}25 \cdot (-4{,}21) + (-3{,}1) \cdot 0{,}1$
e) $-2{,}11 \cdot (-1{,}01) - 2{,}8 \cdot (-1{,}5)$
f) $-0{,}5 \cdot (-0{,}5) + (-0{,}4) \cdot (-0{,}2)$
g) $2{,}8 : (-0{,}4) - (-0{,}5) : 0{,}4$
h) $-6{,}8 : (-17) + 15{,}6 \cdot (-0{,}05)$

Vermischte Aufgaben

1 Berechne.

a) $-5 \cdot 7 - 12$
b) $-8 : 2 - 10$
c) $3 \cdot 17 + (-4)$
d) $29 + 28 : (-7)$
e) $0,5 \cdot (-1,6) + 2$
f) $2,5 - 7,4 \cdot 3 - 5,5$
g) $-\frac{3}{4} \cdot 8 - \frac{1}{2}$
h) $\frac{1}{2} \cdot (-\frac{1}{5}) + \frac{5}{2}$
i) $\frac{2}{3} : \frac{6}{5} - \frac{2}{9}$
j) $\frac{1}{4} : (-\frac{1}{2}) + \frac{1}{2} - \frac{2}{5}$
k) $2\frac{1}{2} : (-1\frac{1}{4}) - 1\frac{2}{3}$
l) $-2\frac{2}{5} : \frac{1}{5} - (-\frac{1}{2})$

2 Rechne mit dem Taschenrechner. Runde die Ergebnisse auf zwei Dezimalen.

Beispiel:
$4,2 \cdot (-3,2 + 2,8) - (-3,1) : (2,5 + 1,1)$
4.2 ⨯ (3.2 +/− + 2.8) − 3.1 +/−
: (2.5 + 1.1) = −0.8188888
$4,2 \cdot (-3,2 + 2,8) - (-3,1) : (2,5 + 1,1) \approx -0,82$

a) $(38,47 + (-74,87)) \cdot (49,4 - 57,6)$
b) $(-215,05 - 243,36) \cdot (-36,8 + 38,9)$
c) $(-13,802 + 75,952) \cdot (-13,8 - 24,82)$
d) $(0,308 + 14,428) : (0,34 + 0,64)$
e) $(-4,802 + 23,902) : (-2,1 + (-0,4))$
f) $(81,34 - (-18,66)) : (-43,62 + 14,48)$
g) $47,5 \cdot (-83,7) + (-47,2) \cdot 49,3$
h) $-112,301 \cdot (-84,01 + 112,36) - 84,35$
i) $(-12,3 + 0,024) : (-3,96) - 3,2 \cdot 1,95$
j) $14,4 : (-3,15) - (16,3 - 19,99) : 2,01$

3 Katja hat Aufgaben an der Tafel gerechnet und dabei Fehler gemacht. Rechne beide Aufgaben nach und nenne die Fehler. Gib jeweils die Rechenregel an.

Hat Katja richtig gerechnet?

a) $0,5 - (3,2 - 1,8) + 8,3$
   $= -2,7 + 6,5$
   $= 3,8$

b) $4,2 : 6 - 1,8$
   $= 4,2 : 4,2$
   $= 1$

4 Antonios Vater lässt in der Bank Kontoauszüge vom Kontoauszugsdrucker ausdrucken. In der Tabelle sind die Buchungen wiedergegeben. „H" bedeutet Haben (Einzahlung), „S" bedeutet Soll (Auszahlung).

Alter Saldo		H 348,74
Gehalt 1	H 4500,32	
Autoreparatur		S 3001,25
Darlehen		S 2075,49
Rechnung	H 238,50	
Miete		S 1203,23
Gehalt 2	H 938,26	
Neuer Saldo		

a) Übertrage die Tabelle in dein Heft und fülle sie aus. Gib den neuen Saldo an.
b) Welches war der niedrigste Kontostand?
c) Welche Buchung würde das Konto auf 3000 DM bringen?

5 Senken unterhalb des Meeresspiegels
Totes Meer   394 m   Israel/Jordanien
Kattarasenke   134 m   Ägypten
Turfan   130 m   China
Death Valley   85 m   USA/Kalifornien
Kaspisches Meer   28 m   GUS/Iran

Die höchsten Erhebungen:
Zugspitze   2963 m   Deutschland
Montblanc   4807 m   Frankr./Europa
Mount Everest   8848 m   Nepal/Welt

Informiere dich im Atlas.
Berechne jeweils den Höhenunterschied zwischen den Senken und den Erhebungen.

6 Eine Handelskette kauft einen Modeposten von 10 000 Paaren Plateauschuhen zum Preis von 78,75 DM ein. 4220 Paare können zu einem Preis von 156 DM pro Paar abgesetzt werden. Nachdem der Artikel völlig aus der Mode gekommen ist, wird der Rest zu 20 DM pro Paar verramscht.

Potenzen und Wurzeln
Darstellung großer Zahlen mit Hilfe von Zehnerpotenzen

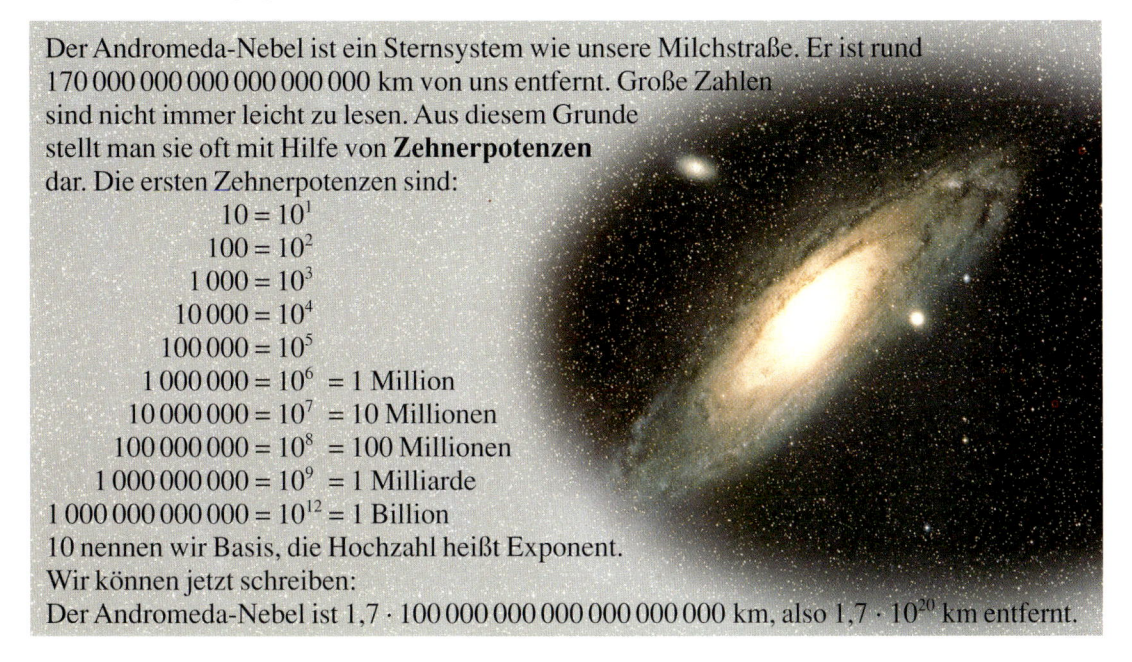

Der Andromeda-Nebel ist ein Sternsystem wie unsere Milchstraße. Er ist rund 170 000 000 000 000 000 000 km von uns entfernt. Große Zahlen sind nicht immer leicht zu lesen. Aus diesem Grunde stellt man sie oft mit Hilfe von **Zehnerpotenzen** dar. Die ersten Zehnerpotenzen sind:

$$10 = 10^1$$
$$100 = 10^2$$
$$1\,000 = 10^3$$
$$10\,000 = 10^4$$
$$100\,000 = 10^5$$
$$1\,000\,000 = 10^6 = 1 \text{ Million}$$
$$10\,000\,000 = 10^7 = 10 \text{ Millionen}$$
$$100\,000\,000 = 10^8 = 100 \text{ Millionen}$$
$$1\,000\,000\,000 = 10^9 = 1 \text{ Milliarde}$$
$$1\,000\,000\,000\,000 = 10^{12} = 1 \text{ Billion}$$

10 nennen wir Basis, die Hochzahl heißt Exponent.
Wir können jetzt schreiben:
Der Andromeda-Nebel ist 1,7 · 100 000 000 000 000 000 000 km, also $1,7 \cdot 10^{20}$ km entfernt.

Wenn man eine große Zahl übersichtlich darstellen will, zerlegt man sie in ein Produkt, bei dem der erste Faktor eine Zahl zwischen 1 und 10 und der zweite Faktor eine Zehnerpotenz ist.

Beispiel

a) $5\,210\,000 = 5,21 \cdot 1\,000\,000 = 5,21 \cdot 10^6$ ← Exponent / Basis
b) $86\,400 = 8,64 \cdot 10\,000 = 8,64 \cdot 10^4$
c) $7,2 \cdot 10^4 = 7,2 \cdot 10\,000 = 72\,000$
d) $1,345 \cdot 10^3 = 1,345 \cdot 1000 = 1345$

Übungen

1 Schreibe als Zehnerpotenzen.
a) 1 Million
b) 1 Billion
c) 1 Milliarde
d) 100 Millionen

2 Schreibe mit Zehnerpotenzen.
a) 73 100
b) 730 000
c) 73 420
d) 98 670
e) 72 000
f) 212 000
g) 392 000
h) 7 630 000
i) 392 000 000

3 Schreibe ausführlich.
a) $5,2 \cdot 10^5$
b) $4,3 \cdot 10^3$
c) $3,9 \cdot 10^4$
d) $8,2 \cdot 10^4$
e) $4,9 \cdot 10^6$
f) $5,67 \cdot 10^5$

4 Die Erdoberfläche ist etwa $5,3 \cdot 10^8$ km² groß. Wie viel Millionen km² sind es?

5 Schreibe mit Zehnerpotenzen.
a) Der Radius der Sonne beträgt 696 000 km.
b) Die Oberfläche der Sonne beträgt 6 100 000 000 000 km².
c) Das Gewicht der Erde beträgt rund 5 973 000 000 000 000 000 000 t.

6 1 Gigabyte ≈ 10^3 Megabyte ≈ 10^6 Kilobyte. Schreibe in den fehlenden Größen:
2,1 Gigabyte; 6,3 Gigabyte; 210 Megabyte

Darstellung kleiner Zahlen mit Hilfe von Zehnerpotenzen

Wenn wir von einer Zehnerpotenz zur *nächstkleineren* Zehnerpotenz übergehen (den Exponenten um 1 vermindern), so ist das eine Division durch 10.

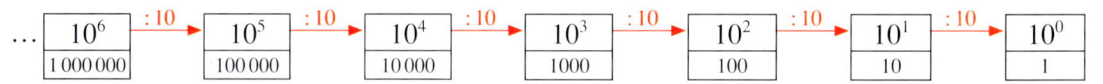

… 10^6 →:10 10^5 →:10 10^4 →:10 10^3 →:10 10^2 →:10 10^1 →:10 10^0
 1 000 000   100 000   10 000   1000   100   10   1

Wir wollen das Dividieren durch 10 fortsetzen und setzen fest:

$$10^0 = 1 \qquad\qquad 10^{-3} = \frac{1}{1000} = 0{,}001$$

$$10^{-1} = \frac{1}{10} = 0{,}1 \qquad\qquad 10^{-4} = \frac{1}{10\,000} = 0{,}0001$$

$$10^{-2} = \frac{1}{100} = 0{,}01 \qquad\qquad 10^{-5} = \frac{1}{100\,000} = 0{,}00001$$

Damit können wir schreiben:

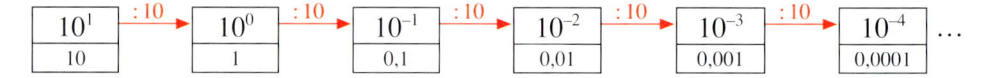

10^1 →:10 10^0 →:10 10^{-1} →:10 10^{-2} →:10 10^{-3} →:10 10^{-4} …
 10   1   0,1   0,01   0,001   0,0001

Wir merken uns:

> Der negative Exponent einer Zehnerpotenz gibt an, an der wievielten Stelle hinter dem Komma die erste Ziffer steht.

Beispiel 1

a) $10^{-3} = 0{,}001$
   └ 3. Stelle hinter dem Komma

b) $10^{-8} = 0{,}00000001$
   └ 8. Stelle hinter dem Komma

Damit können wir auch sehr kleine Zahlen übersichtlich schreiben, indem wir sie in ein Produkt aus einer Zahl zwischen 1 und 10 und einer Zehnerpotenz mit negativem Exponenten zerlegen.

Beispiel 2

a) $\quad 0{,}0004 = 4 \cdot 0{,}0001$
   also $\;0{,}0004 = 4 \cdot 10^{-4}$

b) $\quad 0{,}000003 = 3 \cdot 0{,}000001$
   also $\;0{,}000003 = 3 \cdot 10^{-6}$

c) $\quad 0{,}063 = 6{,}3 \cdot 0{,}01$
   also $\;0{,}063 = 6{,}3 \cdot 10^{-2}$

d) $\quad 0{,}000017 = 1{,}7 \cdot 0{,}00001$
   also $\;0{,}000017 = 1{,}7 \cdot 10^{-5}$

e) $\quad 0{,}00245 = 2{,}45 \cdot 0{,}001$
   also $\;0{,}00245 = 2{,}45 \cdot 10^{-3}$

f) $\quad 0{,}00000049 = 4{,}9 \cdot 0{,}0000001$
   also $\;0{,}00000049 = 4{,}9 \cdot 10^{-7}$

Potenzen und Wurzeln

Übungen

1 Schreibe als Zehnerpotenz.
a) 0,1
b) 0,0001
c) 0,01
d) 0,00001
e) 1
f) 0,000000001
g) 0,0000000001
h) 0,000001

2 Schreibe als Zehnerpotenz.
a) $\frac{1}{10}$
b) $\frac{1}{1000}$
c) $\frac{1}{100000}$
d) $\frac{1}{1000000}$
e) $\frac{1}{100}$
f) $\frac{1}{100000000}$

3 Schreibe als Dezimalzahl.
Beispiel: $10^{-4} = 0{,}0001$
a) 10^{-6}
b) 10^{-3}
c) 10^{-7}
d) 10^{0}
e) 10^{-9}
f) 10^{-10}
g) 10^{-4}
h) 10^{-1}
i) 10^{-12}

4 Stelle folgende Zahlen mit Zehnerpotenzen dar.
Beispiel: $0{,}0005 = 5 \cdot 0{,}0001 = 5 \cdot 10^{-4}$
a) 0,003
b) 0,0038
c) 0,000026
d) 0,00000036
e) 0,0004
f) 0,0000000048

5 Stelle folgende Zahlen mit Zehnerpotenzen dar.
Beispiel: $\frac{5}{1000} = 5 \cdot \frac{1}{1000} = 5 \cdot 0{,}001 = 5 \cdot 10^{-3}$
a) $\frac{2}{1000}$
b) $\frac{7}{100000}$
c) $\frac{9}{1000000}$
d) $\frac{42}{10000000}$
e) $\frac{26}{10000}$
f) $\frac{18}{1000000000}$

6 Rechne wie im Beispiel.
Beispiel: $\frac{1}{20} = \frac{5}{100} = 5 \cdot \frac{1}{100} = 5 \cdot 0{,}01 = 5 \cdot 10^{-2}$
a) $\frac{1}{50}$
b) $\frac{4}{25}$
c) $\frac{7}{10}$
d) $\frac{8}{125}$
e) $\frac{6}{500}$
f) $\frac{5}{8}$
g) $\frac{4}{25000}$
h) $\frac{6}{30000}$
i) $\frac{3}{400}$

7 Schreibe die Längen in m. Benutze dazu Zehnerpotenzen:
a) 1 mm
b) 0,002 mm
c) 36 mm
d) 0,054 dm
e) 0,0058 m
f) 0,0748 cm

8 Wandle in cm um.
a) $9 \cdot 10^{-3}$ m
b) $15 \cdot 10^{-2}$ m
c) $34 \cdot 10^{-4}$ m
d) $82 \cdot 10^{-6}$ m

9 Gib folgende in der Physik gebräuchliche Längeneinheiten als Zehnerpotenzen mit der Benennung mm an.
a) 1 Mikrometer, abgekürzt: 1 µm
    1 µm = $\frac{1}{1000}$ mm
b) 1 Nanometer, abgekürzt: 1 nm
    1 nm = $\frac{1}{1000000}$ mm
c) 1 Picometer, abgekürzt: 1 pm
    1 pm = $\frac{1}{1000000000}$ mm

10 Schreibe als Dezimalbruch:
a) Durchmesser der roten Blutkörperchen $0{,}7 \cdot 10^{-3}$ cm
b) Länge der kleinsten Bakterien $\approx 10^{-4}$ cm
c) Durchmesser des Wasserstoffatoms $\approx 10^{-8}$ cm
d) Durchmesser des Atomkerns von Wasserstoff $\approx 10^{-12}$ cm
e) Gewicht eines Wasserstoff-Atoms $\approx 0{,}1674 \cdot 10^{-23}$ g

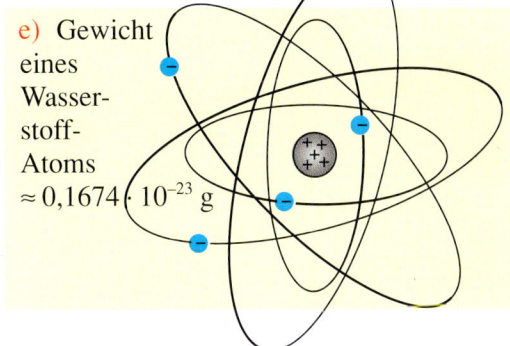

11 Die Wellenlänge des für uns sichtbaren Lichts liegt zwischen 0,00000039 m und 0,00000075 m, die der Röntgenstrahlen zwischen 0,000000000006 m und 0,00000001 m. Schreibe diese Wellenlänge als Zehnerpotenz und drücke auch sie in Nanometer und Picometer aus.

12 Eine Brücke ist 450 m lang. Jedes Teilstück von 1 m Länge dehnt sich bei einer Temperaturerhöhung von 1 Grad um $1{,}2 \cdot 10^{-5}$ m aus. Um wie viel cm ist die Brücke im Sommer bei 50 °C länger als im Winter bei −20 °C?

Quadratzahlen

Jürgens Kamera macht quadratische Fotos. Die Fotos haben eine Seitenlänge von 6 cm. Der Flächeninhalt eines Fotos beträgt dann

$$6 \cdot 6 \text{ cm}^2 = 36 \text{ cm}^2.$$

Man sagt: „36 ist die **Quadratzahl** zu 6" oder kurz „36 ist das Quadrat von 6".

Statt $6 \cdot 6$ schreibt man auch 6^2 und liest das „6 Quadrat" oder „6 hoch 2".

$$6 \cdot 6 = 6^2$$

Wir **quadrieren** eine Zahl, indem wir sie mit sich selbst multiplizieren.

$6 \xrightarrow{\text{quadrieren}} 6^2 = 36$

Quadratzahl

Beispiel

a) Schreibe $15 \cdot 15$ als Quadrat:
$$15 \cdot 15 = 15^2$$

b) Quadriere die Zahl 21:
$$21^2 = 21 \cdot 21 = 441$$

Übungen

1 Schreibe die Quadratzahlen von 1 bis 20 auf und präge sie dir gut ein.

2 Löse mündlich.
a) 5^2 c) 10^2 e) $0,5^2$
b) 7^2 d) 12^2 f) $0,8^2$

3 Berechne die Quadratzahlen.
a) 20^2 e) 80^2 i) 180^2
b) 17^2 f) $(-100)^2$ j) 493^2
c) $(-50)^2$ g) 120^2 k) 642^2
d) 25^2 h) 200^2 l) $(-991)^2$

4 Berechne.
Beispiel: $(\frac{2}{5})^2 = \frac{2}{5} \cdot \frac{2}{5} = \frac{4}{25}$
a) $(\frac{1}{2})^2$ e) $0,5^2$ i) $2,9^2$
b) $(\frac{2}{3})^2$ f) $3,3^2$ j) $5,7$
c) $(2\frac{1}{2})^2$ g) $0,1^2$ k) $8,75$
d) $(1\frac{3}{4})^2$ h) $1,2^2$ l) $10,25$

5 Rechne mit dem Taschenrechner.
Beispiel: 16^2
1. Weg: $16 \boxed{x^2}$ $\boxed{256}$
2. Weg: $16 \boxed{\times} 16 \boxed{=}$ $\boxed{256}$
$$16^2 = 256$$
a) 11^2 e) $2,34^2$ i) $38,21^2$
b) 43^2 f) $1,001^2$ j) $6,123^2$
c) 26^2 g) $16,23^2$ k) $0,006^2$
d) $0,04^2$ h) $0,99^2$ l) $1,11^2$

6 Berechne die Quadratzahlen. Untersuche: Ist das Ergebnis größer oder kleiner als die Ausgangszahl?
Formuliere deine Antwort allgemein.
a) $0,4^2$; $0,8^2$; $0,9^2$; $(\frac{3}{4})^2$; $(\frac{5}{6})^2$
b) $1,4^2$; $2,5^2$; $1,9^2$; $(3\frac{1}{2})^2$; $(2\frac{2}{3})^2$.

7 Berechne zuerst das Quadrat.
a) $18 + 23^2$ d) $67^2 + 92$
b) $52 - 13^2$ e) $2,6^4 - 8,5 - 0,5^2$
c) $14^2 - 43$ f) $6,5 - 5,5^2 + 4,5$

Potenzen und Wurzeln

Quadratwurzeln

Jürgen hat ein quadratisches Foto so vergrößert, dass es 64 cm² Flächeninhalt hat. Wie lang sind die Seiten des Bildes? Jetzt ist eine Zahl gesucht, die mit sich selbst multipliziert 64 ergibt. Das ist die Zahl 8, denn $8^2 = 8 \cdot 8 = 64$. Man sagt: „8 ist die Quadratwurzel aus 64." Man schreibt:

$$\sqrt{64} = 8$$

gelesen: „Quadratwurzel aus 64 gleich 8".

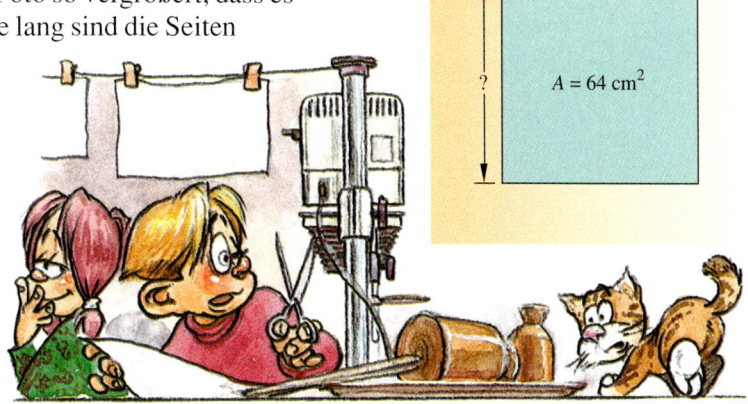

$A = 64$ cm²

> Die **Quadratwurzel** (kurz Wurzel) aus einer Zahl a ist diejenige Zahl, die mit sich selbst multipliziert a ergibt.

Das Bestimmen der Quadratwurzel nennt man auch **Wurzelziehen**. Das Wurzelziehen ist die Umkehrung des Quadrierens. Daher können wir die Probe durch Quadrieren machen.

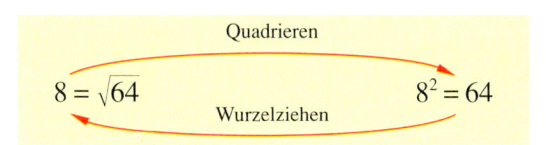

Quadrieren
$8 = \sqrt{64}$ $8^2 = 64$
Wurzelziehen

Beispiel

a) $\sqrt{16} = 4$, denn $4^2 = 16$
b) $\sqrt{\dfrac{9}{16}} = \dfrac{3}{4}$, denn $\left(\dfrac{3}{4}\right)^2 = \dfrac{9}{16}$
c) $\sqrt{2{,}25} = 1{,}5$, denn $1{,}5^2 = 2{,}25$

Übungen

1 Gib die Quadratwurzel an und mache die Probe.

a) $\sqrt{4}$ e) $\sqrt{25}$ i) $\sqrt{121}$ m) $\sqrt{2{,}89}$
b) $\sqrt{9}$ f) $\sqrt{81}$ j) $\sqrt{144}$ n) $\sqrt{6{,}25}$
c) $\sqrt{16}$ g) $\sqrt{49}$ k) $\sqrt{169}$ o) $\sqrt{\dfrac{4}{25}}$
d) $\sqrt{36}$ h) $\sqrt{1}$ l) $\sqrt{225}$ p) $\sqrt{\dfrac{81}{121}}$

2 Prüfe, ob richtig gerechnet wurde.

Beispiel: $\sqrt{1024} = 32$, denn $32^2 = 1024$

a) $\sqrt{144} = 12$ e) $\sqrt{5041} = 81$
b) $\sqrt{196} = 13$ f) $\sqrt{5184} = 72$
c) $\sqrt{256} = 16$ g) $\sqrt{15\,129} = 123$
d) $\sqrt{529} = 23$ h) $\sqrt{15\,625} = 135$

3 Gib die fehlende Zahl an.

a) $\sqrt{\Box} = 7$, denn $7^2 = \Box$
b) $\sqrt{36} = \Box$, denn $\Box^2 = 36$
c) $\sqrt{\Box} = 24$, denn $24^2 = \Box$
d) $\sqrt{169} = \Box$, denn $\Box^2 = 169$

4 „Hier kann ich die Ergebnisse, ohne zu rechnen, angeben", sagt Carola. Erkläre, warum.

a) $\sqrt{6^2}$ b) $\sqrt{27^2}$ c) $\sqrt{94^2}$

5 Zeige, dass gilt:

a) $\sqrt{1{,}44} = 1{,}2$ d) $\sqrt{9{,}0601} = 3{,}01$
b) $\sqrt{6{,}4009} = 2{,}53$ e) $\sqrt{\dfrac{1}{4}} = \dfrac{1}{2}$
c) $\sqrt{0{,}0441} = 0{,}21$ f) $\sqrt{\dfrac{4}{9}} = \dfrac{2}{3}$

Näherungen für Quadratwurzeln

Nicht jede Quadratwurzel ist so leicht zu bestimmen wie $\sqrt{4} = 2$ oder $\sqrt{36} = 6$. Die meisten Quadratwurzeln sind keine natürlichen Zahlen. Oft genügt es aber zu untersuchen, zwischen welchen natürlichen Zahlen eine Wurzel liegt.

$\sqrt{10}$ zum Beispiel liegt zwischen den natürlichen Zahlen 3 und 4.
Es gilt: $3 < \sqrt{10} < 4$,
denn die Probe durch **Quadrieren** ergibt:
$9 < 10 < 16$

10 liegt zwischen 9 und 16

x	1	4	9	16	25	36 ...
$\sqrt{x}$	1	2	3	4	5	6 ...

$\sqrt{10}$ liegt zwischen 3 und 4

Beispiel 1
a) $1 < \sqrt{2} < 2$, denn die Probe durch *Quadrieren* ergibt $1 < 2 < 4$
b) $2 < \sqrt{5} < 3$, denn die Probe durch *Quadrieren* ergibt $4 < 5 < 9$

Mit dem Taschenrechner können wir die Quadratwurzel genauer bestimmen.

Beispiel 2 Wir berechnen $\sqrt{10}$ mit dem Taschenrechner

Probe

10 $\sqrt{}$ | 3.1622776 | x^2 | 10 |

Dieser Wert ist ein *Näherungswert*. Selbst dann, wenn wir noch viel mehr Stellen nach dem Komma berechnen, erhalten wir nie den genauen Wert. $\sqrt{10}$ ergibt einen Dezimalbruch mit unendlich vielen Stellen hinter dem Komma.

Übungen

1 Schätze zuerst, dann suche durch sinnvolles Probieren weiter.
Beispiel: $\sqrt{729}$
$20^2 = 400, 30^2 = 900; 20 < \sqrt{729} < 30$
$25^2 = 625$ (zu klein), $27^2 = 729; \sqrt{729} = 27$
a) $\sqrt{961}$ c) $\sqrt{1296}$ e) $\sqrt{361}$
b) $\sqrt{529}$ d) $\sqrt{2704}$ f) $\sqrt{1369}$

2 Berechne. Runde auf drei Stellen hinter dem Komma.
a) $\sqrt{14}$ e) $\sqrt{34,25}$ i) $\sqrt{17,421}$
b) $\sqrt{1,4}$ f) $\sqrt{3,425}$ j) $\sqrt{5314}$
c) $\sqrt{140}$ g) $\sqrt{0,078}$ k) $\sqrt{40\,900}$
d) $\sqrt{0,14}$ h) $\sqrt{0,78}$ l) $\sqrt{99\,900}$

3 Zeichne Quadrate mit folgenden Flächeninhalten. Berechne die Seitenlängen mit dem Taschenrechner. Runde sinnvoll.
a) $7,5\,\text{cm}^2$ c) $15\,\text{cm}^2$ e) $32\,\text{cm}^2$
b) $6\,\text{cm}^2$ d) $23\,\text{cm}^2$ f) $38\,\text{cm}^2$

4 Rechne mit dem Taschenrechner. Übertrage die Tabelle in dein Heft und fülle sie für die Quadrate aus:

Flächeninhalt	$85\,\text{cm}^2$	$150\,\text{m}^2$	$600\,\text{km}^2$
Seitenlänge			

5 Vergleiche. Für welche Zahlen ist die Quadratwurzel größer (kleiner) als die Zahl selbst?
a) $\sqrt{16}\,\square\,16$ d) $\sqrt{0,5}\,\square\,0,5$
b) $\sqrt{1,5}\,\square\,1,5$ e) $\sqrt{0,2}\,\square\,0,2$
c) $\sqrt{1,2}\,\square\,1,2$ f) $\sqrt{0,99}\,\square\,0,99$

Potenzen und Wurzeln

Anwendungen

Beispiel

a) Wir berechnen die Seitenlänge a des Quadrates.

Gegeben: $A = 1800 \text{ cm}^2$
Gesucht: Seitenlänge a
Formel: $A = a^2$
Rechnung: $1800 = a^2$
$\quad\quad\quad a = \sqrt{1800}$
$\quad\quad\quad a \approx 42{,}42$

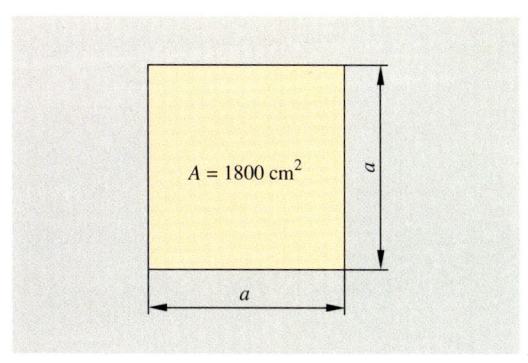

Das Quadrat ist rund 42,4 cm lang.

b) Wir berechnen den Radius r des Kreises.

Gegeben: $A = 230 \text{ cm}^2$
Gesucht: Radius r
Formel: $A = r^2 \cdot \pi$
Rechnung: $230 = r^2 \cdot 3{,}14$
$\quad\quad\quad \frac{230}{3{,}14} = r^2$
$\quad\quad\quad r = \sqrt{\frac{230}{3{,}14}}$
$\quad\quad\quad r \approx 8{,}5585283$

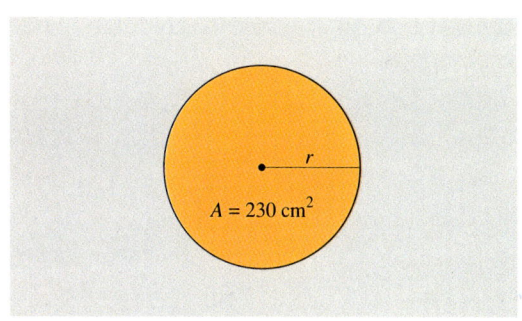

Der Radius beträgt rund 8,6 cm.

Übungen

1 Bestimme die Seitenlänge des Quadrats. Runde sinnvoll.
a) $A = 850 \text{ cm}^2$ c) $A = 3800 \text{ cm}^2$
b) $A = 430 \text{ cm}^2$ d) $A = 2250 \text{ cm}^2$

2 Zeichne ein Rechteck mit $a = 6$ cm und $b = 8$ cm. Zeichne ein Quadrat mit gleichem Flächeninhalt. Bestimme zuerst die Seitenlänge.

3 Berechne den Flächeninhalt des Rechtecks. Bestimme die Seitenlänge des Quadrats mit gleichem Flächeninhalt.
a) $a = 5$ cm, $b = 3$ cm
b) $a = 6{,}5$ cm, $b = 9{,}8$ cm
c) $a = 5$ m, $b = 6{,}2$ m
d) $a = 6{,}8$ m, $b = 3{,}6$ m

4 Berechne den Radius des Kreises. Runde sinnvoll.
a) $A = 46 \text{ cm}^2$ d) $A = 1125 \text{ cm}^2$
b) $A = 624 \text{ cm}^2$ e) $A = 988 \text{ cm}^2$
c) $A = 314 \text{ cm}^2$ f) $A = 1256 \text{ cm}^2$

5 Du kannst den Durchmesser des Kreises direkt berechnen.

Beispiel: $A = 653 \text{ cm}^2$

Formel: $A = \frac{d}{2} \cdot \frac{d}{2} \cdot \pi \quad A = \frac{d^2}{4} \cdot \pi$
$\quad\quad\quad A = \frac{d^2 \cdot 3{,}14}{4} \quad A = d^2 \cdot 0{,}785$

Rechnung: $653 = d^2 \cdot 0{,}785 \quad | : 0{,}785$
$\quad\quad\quad \frac{653}{0{,}785} = d^2$
$\quad\quad\quad d = \sqrt{\frac{653}{0{,}785}}$
$\quad\quad\quad d \approx 28{,}8$

a) $A = 660 \text{ cm}^2$ c) $A = 133 \text{ cm}^2$
b) $A = 1140 \text{ cm}^2$ d) $A = 780 \text{ cm}^2$

Vermischte Aufgaben

1 Berechne im Kopf.
a) $\sqrt{25}$
b) $\sqrt{36}$
c) $\sqrt{64}$
d) $\sqrt{49}$
e) $\sqrt{121}$
f) $\sqrt{225}$
g) $\sqrt{144}$
h) $\sqrt{100}$
i) $\sqrt{169}$

2 Berechne erst die Wurzeln, addiere dann.
a) $\sqrt{4} + \sqrt{4} + \sqrt{4}$
b) $\sqrt{36} + \sqrt{9}$
c) $\sqrt{81} + \sqrt{100}$
d) $\sqrt{121} + \sqrt{16}$
e) $\sqrt{49} + \sqrt{25} + \sqrt{64}$
f) $\sqrt{169} + \sqrt{144} + \sqrt{121}$

3 Berechne. In welcher Reihenfolge musst du eintippen?
a) $12 \cdot \sqrt{225}$
b) $16 \cdot \sqrt{0{,}81}$
c) $9 \cdot \sqrt{15}$
d) $29{,}4 \cdot \sqrt{32}$
e) $\sqrt{1024} \cdot 12$
f) $121 \cdot \sqrt{124}$

4 Berechne. Überschlage vorher. Runde!
a) $\sqrt{48{,}8} + 11{,}5$
b) $119{,}3 + \sqrt{1125{,}2}$
c) $\sqrt{38{,}2} + 1{,}56$
d) $\sqrt{148{,}84} + 0{,}8$
e) $\sqrt{2{,}25} \cdot 1{,}28$
f) $4{,}49 \cdot \sqrt{2{,}11}$
g) $\sqrt{5{,}55} \cdot 1{,}24$
h) $2{,}1 \cdot \sqrt{15{,}21}$

5 Berechne. Runde sinnvoll!
a) $\sqrt{1{,}7} + \sqrt{4{,}8}$
b) $\sqrt{0{,}8} + \sqrt{2{,}7}$
c) $\sqrt{9{,}3} + \sqrt{1{,}1}$
d) $\sqrt{11{,}2} - \sqrt{5{,}8}$
e) $\sqrt{10{,}24} - \sqrt{9{,}61}$
f) $\sqrt{4{,}9} \cdot \sqrt{6{,}7}$
g) $\sqrt{6{,}4} \cdot \sqrt{1{,}3}$
h) $\sqrt{2{,}5} \cdot \sqrt{7{,}2}$
i) $\sqrt{8{,}2} \cdot \sqrt{6{,}3}$
j) $\sqrt{5{,}29} \cdot \sqrt{1{,}69}$

6 a) Die Oberfläche der Erde ist ungefähr 529 Millionen Quadratkilometer groß. Welche Seitenlänge hätte ein Quadrat mit dem gleichen Flächeninhalt?
b) Rechne ebenso für die Mondoberfläche, die $36 \cdot 10^6 \text{ km}^2$ groß ist.

7 Schreibe mit Hilfe von Zehnerpotenzen.
a) Lichtgeschwindigkeit: $300\,000 \frac{\text{km}}{\text{s}}$
b) Länge der Erdbahn: $939\,000\,000$ km

8 Schreibe ausführlich (ohne Zehnerpotenzen).
a) Fläche Afrikas: $3{,}01 \cdot 10^7 \text{ km}^2$
b) Volumen der Erde: $1{,}08 \cdot 10^{12} \text{ km}^3$
c) Geschwindigkeit der Erde auf ihrer Bahn um die Sonne: $3 \cdot 10^4 \frac{\text{m}}{\text{s}}$
d) Ein Lichtjahr (Strecke, die das Licht in einem Jahr zurücklegt): $9{,}46 \cdot 10^{12}$ km

9 Der Fixstern, der unserem Planetensystem im Weltall am nächsten ist, heißt Alpha Centauri. Er ist 4,3 Lichtjahre von der Erde entfernt. Berechne seine Entfernung von der Erde in Kilometern.

10 Übertrage die Tabellen in dein Heft und ergänze die Lücken in der Potenzschreibweise.

a) Längenmaße

km	m	dm	cm	mm
1				
	1			
		1		
			1	
				1

b) Flächenmaße

km²	ha	a	m²	dm²	cm²	mm²
1						
	1					
		1				
			1			
				1		
					1	
						1

Potenzen und Wurzeln 51

11 Die Handelsbilanz eines Landes ist die Gegenüberstellung der Gesamtwerte von Güterimport und -export. Bei positiver Handelsbilanz ist die Ausfuhr (Export) größer, bei negativer Handelsbilanz die Einfuhr (Import). Eine negative Handelsbilanz kann die wirtschaftliche Stabilität eines Landes gefährden.

Handel in der Europäischen Union

Land	Einfuhr	Ausfuhr
BRD	244 999	289 368
Belgien/Lux.	112 952	129 485
Dänemark	30 540	32 987
Finnland	20 388	22 283
Frankreich	195 216	187 941
Griechenland	12 233	4 426
Großbrit.	142 159	137 833
Irland	18 332	27 468
Italien	126 049	138 732
Niederlande	97 193	144 246
Österreich	37 943	27 771
Portugal	25 893	19 073
Schweden	44 870	48 777
Spanien	83 232	68 564

Werte von 1996 in Mio. $

12 a) Die Empfindlichkeit des menschlichen Geruchsorgans.
In 1 Liter Luft sind gerade noch wahrnehmbar
$4{,}0 \cdot 10^{-9}$ g Naphthalin (Schädlingsbekämpfungsmittel)
$1{,}0 \cdot 10^{-10}$ g Essigsäure; $5{,}0 \cdot 10^{-13}$ g Vanillin
$1{,}0 \cdot 10^{-12}$ g Buttersäure
b) Die Empfindlichkeit des Geschmackssinns.
In 10 ml Wasser gelöst sind noch wahrnehmbar

saure Stoffe
	Salzsäure	0,00365 g
	Salpetersäure	0,00033 g
	Schwefelsäure	0,00025 g

süße Stoffe
	Saccharose	0,058 g
	Glukose	0,072 g

bittere Stoffe
	Koffein	0,000023 g
	Strychnin	0,000004 g

salzige Stoffe
	Salz	0,005 g
	Natriumbromid	0,0045 g

13 Berechne die Temperaturunterschiede.

Element	Schmelzp. in °C	Siedep. in °C
Brom	−7,3	58
Chlor	−102	−34
Fluor	−220	−188
Helium	−271	−269
Quecksilber	−39	357
Sauerstoff	−219	−183
Stickstoff	−210	−196

14 Die nachfolgenden Zahlen geben den mittleren Abfluss der Ströme an ihrer Mündung in $\frac{m^3}{s}$ an.

Europa
Wolga	8 060	Donau	6 430
Rhein	2 450	Po	1 720
Rhone	1 240	Weichsel	930
Elbe	710	Seine	520

Asien
Jangtsekiang	32 500	Brahmaputra	20 000

Afrika
Kongo	61 000	Niger	30 000

Amerika
Amazonas	120 000	Mississippi	19 000

Berechne die Abflussmenge pro Minute, Stunde und Jahr. Gib deine Ergebnisse in Potenzschreibweise an.

15 Die Deutsche Gesellschaft für Ernährung empfiehlt folgende tägliche Vitaminzufuhr.

Vitamin	Erwachsene	Kinder (7–9 J.)
A	0,9 mg	0,8 mg
D	2,5 µg	2,5 µg
E	12,0 mg	8,0 mg
B_1	1,5 mg	1,2 mg
B_2	1,9 mg	1,6 mg
B_6	1,7 mg	1,4 mg
C	75,0 mg	75,0 mg

1 µg (= Mikrogramm) = 10^{-6} g
1 mg (= Milligramm) = 10^{-3} g
Berechne den Wochen- und Jahresbedarf. Stelle alle Werte in Gramm in der Potenzschreibweise dar.

Das grenzenlose Universum

Unser Heimatplanet Erde ist nur ein Staubkorn in der unendlichen Weite des Universums. Er gehört mit 8 weiteren Planeten, die in unterschiedlichen Abständen um die Sonne kreisen, zum Sonnensystem, das mit vielen anderen Sonnen eine Milchstraße oder Galaxis bildet. Diese wiederum ist Teil eines Galaxienhaufens von vielleicht 100 Milliarden Sternen. Von solchen Galaxienhaufen gibt es im Universum noch eine Menge.
Trotzdem ist das Universum leer und man kann keine Aussage über seine Größe machen.

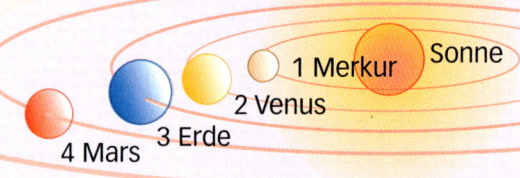

Sonne
1 Merkur
2 Venus
3 Erde
4 Mars
5 Jupiter
6 Saturn
7 Uranus
8 Neptun
9 Pluto

So kannst du dir die Planetenreihenfolge merken:

		Durch-messer (km)	Masse (t) (Erde =1)	Volum. (km³) (Erde =1)	Temperatur °C	Abstand zur Sonne (km)
Mein	**Merkur**	4 878	$M_E \cdot 0{,}06$	$V_E \cdot 0{,}06$	450/-183	58 000 000
Vater	**Venus**	12 102	$M_E \cdot 0{,}82$	$V_E \cdot 0{,}85$	480	108 000 000
Erklärt	**Erde**	12 756	$M_E = 5{,}974 \cdot 10^{21}$	$V_E = 1{,}1 \cdot 10^{12}$	17,5	149 600 000
Mir	**Mars**	6 794	$M_E \cdot 0{,}11$	$V_E \cdot 0{,}15$	-55	228 000 000
Jeden	**Jupiter**	142 948	$M_E \cdot 318$	$V_E \cdot 1319$	-108	778 000 000
Samstag	**Saturn**	120 536	$M_E \cdot 95$	$V_E \cdot 744$	-139	1 347 000 000
Unsere	**Uranus**	51 118	$M_E \cdot 14{,}5$	$V_E \cdot 67$	-197	2 870 000 000
Neun	**Neptun**	49 528	$M_E \cdot 17$	$V_E \cdot 57$	-204	4 500 000 000
Planeten	**Pluto**	2 302	$M_E \cdot 0{,}002$	$V_E \cdot 0{,}005$	-225	5 900 000 000
	Sonne	1 392 000	$M_E \cdot 333 000$	1 304 000	5 500	

Das Sonnensystem

Zu unserem Sonnensystem gehören neun Planeten von unterschiedlicher Größe, die sich mit verschiedenen Geschwindigkeiten um die Sonne bewegen.

Marslandung 1997

Weltraumforschung

Die Astronomen erforschen von der Erde aus den Weltraum mit Fernrohren und Radioteleskopen. Im Weltraum werden Satelliten und Sonden eingesetzt. Bemannte Raumschiffe sind erst bis zum Mond gekommen und werden vielleicht im nächsten Jahrhundert bis zum Mars fliegen.

Satelliten

Satelliten werden von Raketen auf eine Umlaufbahn um die Erde gebracht. Damit sie die Anziehungskraft der Erde aufheben können, müssen sie Geschwindigkeiten von 28 000 $\frac{km}{h}$ erreichen. Satelliten kreisen auf verschiedenen Bahnen um die Erde und erfüllen verschiedene Funktionen:
Wettersatelliten, Fernmeldesatelliten, astronomische Satelliten, um nur einige zu nennen. Die nähere Umgebung der Erde – bis zur Entfernung von rund 36 000 km – ist inzwischen von etwa 2380 Satelliten besetzt. Rund 600 davon gehorchen noch den Steuerbefehlen der Kommandozentralen.

Raumsonden

Flugkörper, die den Anziehungsbereich der Erde verlassen haben, werden Raumsonden genannt. Die dafür erforderliche Geschwindigkeit liegt bei 11 $\frac{km}{s}$, das sind 40 000 $\frac{km}{h}$. Raumsonden können heute punktgenau über Milliarden von Kilometern zum Uranus oder Neptun geschickt werden. Dafür sind umfangreiche und komplizierte Berechnungen nötig. Die Raumsonde Voyager 2 war bis zum Neptun 12 Jahre unterwegs und das Funksignal erreichte die Erde nach 4 Stunden und 6 Minuten bei einer Geschwindigkeit von 300 000 $\frac{km}{s}$. Jede Voyager-Sonde führt eine Bildplatte mit sich, die Sprache, Musik, Geräusche und Bilder der Erde enthält.

Bemannte Raumfahrt

1961 dringt erstmals ein Mensch in den Weltraum vor: der Russe Gagarin.
1965 verlässt ein Russe als erster Mensch seine Kapsel zu einem Weltraumspaziergang.
1969 landen die Amerikaner Armstrong und Aldrin auf dem Mond.
1974 bleiben 3 Amerikaner 3 Monate an Bord der Weltraumstation Skylab.
1986 bleiben russische Astronauten 1 Jahr in der Weltraumstation Mir.

Mathe-Meisterschaft

1 Nenne je 2 positive und negative Zahlen zwischen
a) -3 und $+3$
b) $+1$ und -1
c) $\frac{1}{2}$ und $-\frac{1}{4}$
(4 Punkte)

2 Eine Stadt mit 125 368 Einwohnern verzeichnet folgende Veränderungen:

Einwohner	1. Quartal	2. Quartal	3. Quartal	4. Quartal
Zuzug	126	84	71	95
Wegzug	−91	−112	−142	−127

Berechne die Veränderung pro Quartal und im ganzen Jahr. Wie viele Einwohner hat die Stadt am Ende des Jahres? *(4 Punkte)*

3 Ermittle jeweils den Kontostand.

a)		S 112,27	b)		H 423,61
Ausbildungsvergütung		904,81	Barabhebung		220,00
Barabhebung		150,00	Abbuchung Unfallversicherung		121,60
Abbuchung Mode & Freizeit		86,50	Abbuchung Reisebüro „Alpenland"		591,80

(2 Punkte)

4 a) Schreibe als Zehnerpotenz.
4 260 000 000; 3 Billionen 421 Milliarden

b) Schreibe ausführlich.
$3,75 \cdot 10^{12}$; $1,25 \cdot 10^{-8}$
(4 Punkte)

5 Ergänze im Heft die Tabellen in der Potenzschreibweise.

t	kg	g
		5

km	m	cm
1,84		

(4 Punkte)

6 Ein rechteckiges Baugrundstück mit 38,5 m Länge und 20,8 m Breite soll gegen ein flächeninhaltsgleiches quadratisches Grundstück getauscht werden. Berechne die Seitenlänge der neuen Fläche. *(2 Punkte)*

7 Berechne den Durchmesser eines Kreises mit dem Flächeninhalt 1256 cm². *(2 Punkte)*

8 Berechne
$85,4^2 - 45,8 - 23,7^2 + \sqrt{3136} - \sqrt{\frac{144}{64}}$
(2 Punkte)

Teilnehmer-Urkunde

19,5–15 Punkte

24–20 Punkte

14,5–10 Punkte

Geometrie

Zeichnen und konstruieren

Konstruktionen von Dreiecken

Es gibt viele Bereiche, in denen Seiten oder Winkel eines Dreiecks bestimmt werden müssen, zum Beispiel bei der Landvermessung, bei der Navigation von Schiffen und Flugzeugen, in der Physik und in der Technik.

Beispiel 1

Die Spitze einer Tanne wird unter einem Winkel von 35° anvisiert. Die Entfernung vom Fußpunkt der Tanne beträgt 25 m. Wie hoch ist die Tanne? Löse die Aufgabe mit einer maßstabsgerechten Zeichnung.

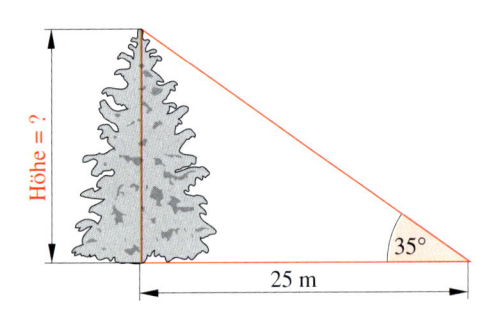

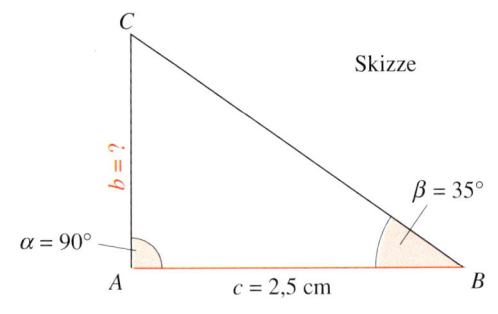

Lösung:

Als Maßstab wählen wir 1 : 1000. 1 cm entspricht dann 10 m (= 1000 cm).
Die Seite c des zu konstruierenden Dreiecks wird dann 2,5 cm lang.

Gegeben: **W**inkel – **S**eite – **W**inkel (Grundkonstruktion wsw):

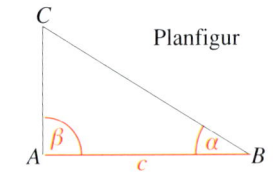

$$\alpha = 90°, \quad c = 2,5 \text{ cm}, \quad \beta = 35°$$

Wir konstruieren:

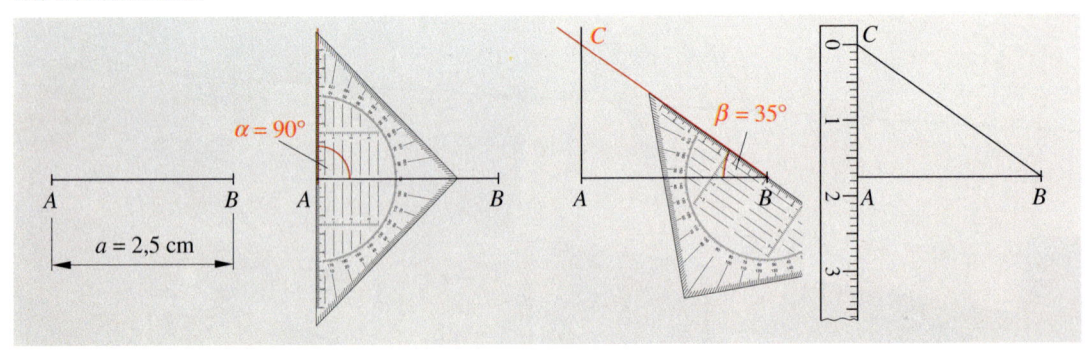

Die Seite AC ist ≈ 1,8 cm lang. Das entspricht 1,8 · 10 m, also 18 m in der Wirklichkeit.

Antwort: Die Tanne ist 18 m hoch.

Ein Dreieck, von dem eine Seite und die zwei anliegenden Winkel bekannt sind, kann eindeutig konstruiert werden (wsw).

Zeichnen und konstruieren _____ **57**

Beispiel 2

Eine 6 m lange Leiter wird aufgestellt. Am Erdboden ist sie 1,6 m von der (senkrecht stehenden) Wand entfernt. Wie groß ist der Anstellwinkel α? Löse zeichnerisch.

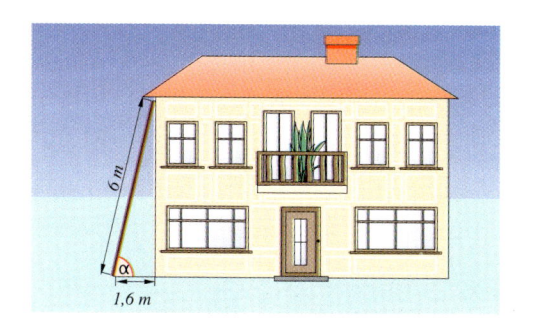

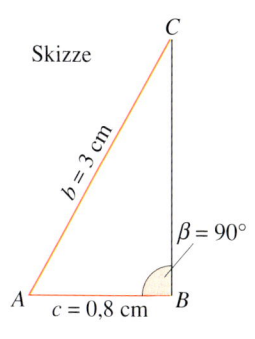

Lösung:

Wir konstruieren im Maßstab 1:200. Die Seite b des zu konstruierenden Dreiecks ist dann 3 cm lang, die Seite c ist dann 0,8 cm lang.

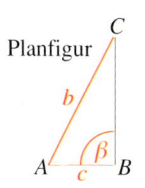

Gegeben:
Seite – **S**eite – nicht-eingeschlossener **W**inkel (Grundkonstruktion ssw):

$$b = 3 \text{ cm}, \quad c = 0,8 \text{ cm}, \quad \beta = 90°$$

Wir konstruieren:

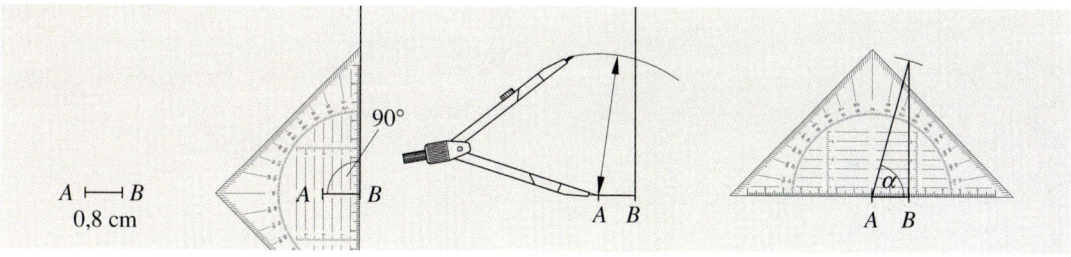

Antwort: Der Anstellwinkel α beträgt 75°.

Beispiel 3

Bei zwei gegebenen Seiten und dem nicht-eingeschlossenen Winkel lassen sich manchmal zwei verschiedene Dreiecke, manchmal lässt sich aber auch kein Dreieck konstruieren.

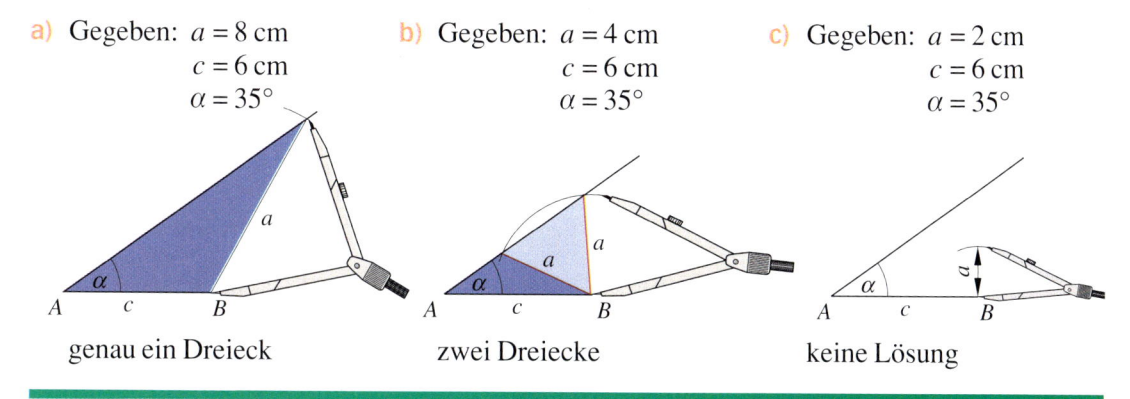

a) Gegeben: $a = 8$ cm
 $c = 6$ cm
 $\alpha = 35°$

 genau ein Dreieck

b) Gegeben: $a = 4$ cm
 $c = 6$ cm
 $\alpha = 35°$

 zwei Dreiecke

c) Gegeben: $a = 2$ cm
 $c = 6$ cm
 $\alpha = 35°$

 keine Lösung

> Ein Dreieck, von dem zwei Seiten und ein nicht-eingeschlossener Winkel bekannt sind, kann eindeutig konstruiert werden, wenn der Winkel der *größeren* Seite gegenüberliegt (ssw).

Übungen

1 Konstruiere die Dreiecke aus dem Beispiel 1 auf Seite 56 und dem Beispiel 2 auf Seite 57. Beschreibe den Konstruktionsweg.

2 Wiederhole die Grundkonstruktionen sss, sws und wsw an den Zeichnungen.

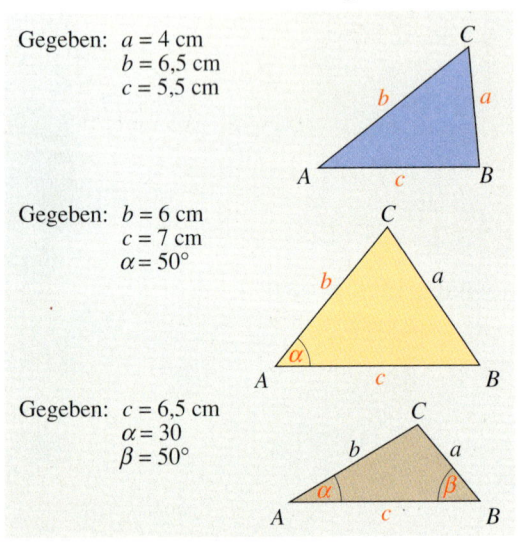

Gegeben: $a = 4$ cm
$b = 6{,}5$ cm
$c = 5{,}5$ cm

Gegeben: $b = 6$ cm
$c = 7$ cm
$\alpha = 50°$

Gegeben: $c = 6{,}5$ cm
$\alpha = 30$
$\beta = 50°$

3 Konstruiere das Dreieck ABC mit
a) $c = 10{,}4$ cm, $\alpha = 47°$, $b = 9{,}6$ cm
b) $a = 8$ cm, $b = 4{,}6$ cm, $c = 5{,}5$ cm
c) $a = 3{,}4$ cm, $\beta = 38°$, $\gamma = 129°$
d) $a = 7{,}7$ cm, $c = 10$ cm, $\gamma = 101°$
e) $c = 8$ cm, $\alpha = 15°$, $\beta = 138°$
f) $a = 3{,}6$ cm, $\gamma = 70°$, $b = 6$ cm
g) $b = 7{,}9$ cm, $a = 3{,}5$ cm, $\beta = 22°$
h) $a = 2{,}9$ cm, $b = 6{,}9$ cm, $c = 8{,}4$ cm

4 Stelle zunächst fest, ob ein eindeutig bestimmtes Dreieck entsteht oder nicht, dann konstruiere.
a) $a = 6{,}2$ cm, $c = 5{,}4$ cm, $\alpha = 35°$
b) $b = 4{,}5$ cm, $c = 5{,}5$ cm, $\beta = 80°$
c) $b = 4{,}5$ cm, $c = 5{,}5$ cm, $\gamma = 50°$
d) $a = 5{,}8$ cm, $c = 7{,}8$ cm, $\alpha = 22°$

5 a) Konstruiere das gleichschenklige Dreieck mit $c = 6$ cm, Basiswinkel $\alpha = \beta = 55°$.
b) Vergrößere die Basiswinkel um jeweils 10° und konstruiere die neuen Dreiecke in die erste Zeichnung. Was kannst du über die Lage der Ecke C aussagen?

6 Um die Wolkenhöhe über einem Flugplatz nachts zu bestimmen, strahlt man von der Erde aus die Wolkendecke mit einem Scheinwerfer an. Von einem Punkt A aus wird der Lichtfleck an der Wolkenunterseite angepeilt. Wie hoch ist die Wolkendecke über der Erde, wenn Strecke $AS = 1$ km lang ist und $\alpha = 26°$ beträgt? Zeichne im Maßstab 1 : 10 000.

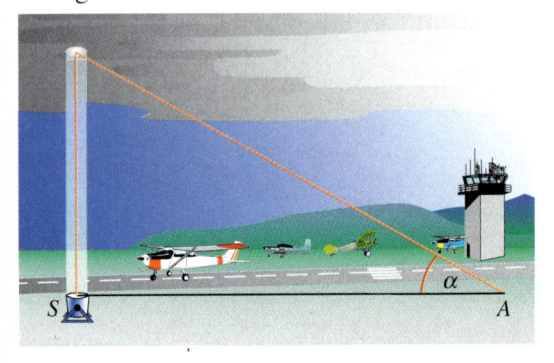

7 Körnige Stoffe, die von oben angehäuft werden, bilden einen Kegel. Der Schüttwinkel α hängt vom Stoff ab. Er ergibt sich automatisch, ist aber, wie die Tabelle zeigt, für die einzelnen Stoffe verschieden.

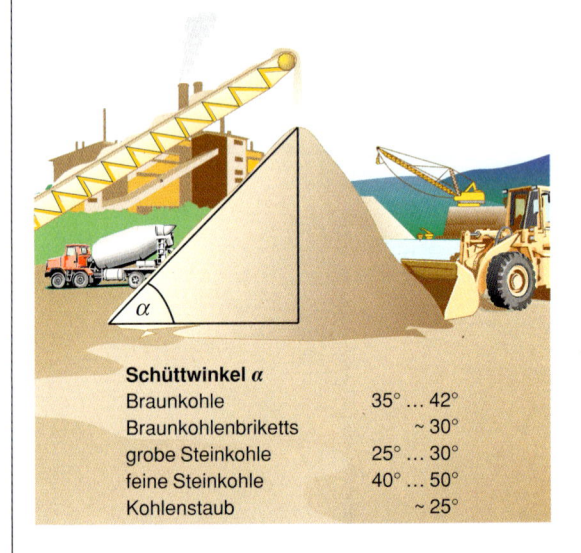

Schüttwinkel α

Braunkohle	35° ... 42°
Braunkohlenbriketts	~ 30°
grobe Steinkohle	25° ... 30°
feine Steinkohle	40° ... 50°
Kohlenstaub	~ 25°

a) Wie breit wird ein 4,5 m hoher Kegel aus Braunkohlenbriketts?
b) Der Grundkreis des Kegels für grobe Steinkohle soll 5,20 m Durchmesser nicht überschreiten. Wie hoch kann aufgeschüttet werden?
c) Stelle weitere Aufgaben und löse sie.

Zeichnen und konstruieren

Konstruktion von Vierecken

Susanne zeigt an einer Serviette, dass Vierecke aus passenden Dreiecken zusammengesetzt werden können. Besonders wichtig sind die Diagonalen im Viereck. Eine Diagonale verbindet zwei gegenüberliegende Eckpunkte. Die Knicklinie in der Serviette ist so eine Diagonale.

Beispiel

Konstruiere das Viereck $ABCD$ mit $a = 4{,}5$ cm, $b = 3{,}2$ cm, $\alpha = 85°$, $\beta = 73°$, $\gamma = 116°$

Lösung:

1. Wir zerlegen das Viereck so durch eine Diagonale in zwei Dreiecke, dass wir eines davon konstruieren können.

2. Das Dreieck ABC können wir konstruieren (Seite a – eingeschlossener Winkel β – Seite b, sws).

3. Jetzt ergänzen wir das Dreieck ABC zum Viereck. Dazu tragen wir den Winkel α im Punkt A an die Seite a an und dann den Winkel γ im Punkt C an b.

Der Schnittpunkt der Schenkel ist D.

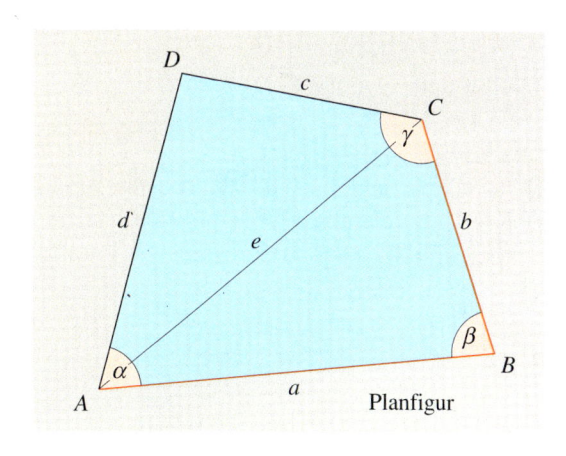

Planfigur

> Zur Konstruktion eines allgemeinen Vierecks benötigen wir fünf Angaben (Winkel oder Seiten).

Übungen

1 a) Konstruiere das im Beispiel beschriebene Viereck. Beschreibe den Konstruktionsweg mit eigenen Worten.
b) Suche andere Konstruktionswege für das Viereck.

2 Konstruiere ein Viereck mit $a = 6$ cm, $b = 3$ cm, $c = 3$ cm; $\gamma = 108°$; $\delta = 84°$.
Gib eine Konstruktionsbeschreibung und ein Konstruktionsprotokoll an.

3 Konstruiere Vierecke mit:
a) $a = c = 5{,}2$ cm, $d = 4{,}4$ cm, $\alpha = 87°$, $\delta = 93°$.
b) $a = 9$ cm, $b = 5$ cm, $c = 6$ cm, $\gamma = 103°$, $\delta = 111°$.
c) $c = d = 3{,}6$ cm, $\alpha = 74°$, $\beta = 84°$, $\gamma = 99°$.
d) $b = 4{,}3$ cm, $c = 5{,}8$ cm, $d = 4{,}9$ cm, $\beta = 109°$, $\gamma = 124°$.
Gib die Konstruktionsbeschreibungen oder die Konstruktionsprotokolle an.

4 Konstruiere Rechtecke mit folgenden Abmessungen.
a) $a = 5$ cm, $b = 7,5$ cm
b) $a = 6,8$ cm, $b = 5,3$ cm
c) $a = 6,2$ cm, $b = 6,2$ cm
d) $a = 4,2$ cm, $b = 4,5$ cm
Schreibe Konstruktionsprotokolle auf.
Warum genügen hier zwei Angaben zur Konstruktion?

5 Konstruiere das Viereck nach dem Konstruktionsprotokoll.
1. $\overline{AB} = 4,2$ cm.
2. $\sphericalangle \alpha = 90°$.
3. $\odot A, r = 4,7$ cm.
Schnittpunkt $\odot A$ mit freien Schenkel von $\sphericalangle \alpha$ ergibt D.
4. $\odot B, r = 5,4$ cm.
5. $\odot D, r = 4,2$ cm.
Schnittpunkt $\odot A$ und $\odot D$ ergibt C.
6. $\square ABCD$.

6 Warum ist ein Quadrat bereits durch eine Seitenlänge eindeutig festgelegt? Erkläre und zeichne Beispiele. Beschreibe den Konstruktionsweg.

7 Konstruiere ein Quadrat mit der Seitenlänge
a) $a = 4,2$ cm b) $a = 5,7$ cm
Beschreibe jeweils den Konstruktionsweg.

8 Verfahre wie in Aufgabe 5. Wie heißt der Vierecktyp?
1. $\overline{AB} = 5$ cm.
2. $\sphericalangle \beta = 100°$.
3. $\odot B, r = 3,5$ cm.
Schnittpunkt $\odot B$ mit freien Schenkel von $\sphericalangle \beta$ ergibt C.
4. $\odot C, r = 5$ cm.
5. $\odot A, r = 3,5$ cm.
6. Schnittpunkt $\odot A$ und $\odot C$ ergibt D.
7. Verbinde AD und CD.
8. $\square ABCD$.

9 a) Konstruiere nach der Bilderfolge ein Parallelogramm mit $a = 2$ cm, $d = 1,7$ cm, $\alpha = 60°$.
b) Konstruiere ein Parallelogramm mit $a = 4$ cm, $\beta = 110°$, $b = 3,5$ cm.
c) Beschreibe zu der Bilderfolge, wie Parallelogramme konstruiert werden.

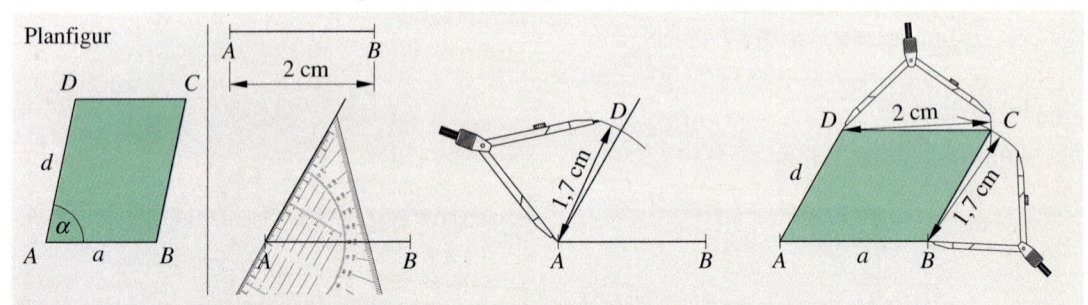

10 a) Das Trapez mit $a = 2,5$ cm, $b = 2$ cm, $c = 1$ cm, $\beta = 80°$ soll gezeichnet werden.
Zeichne eine Planfigur, in der die gegebenen Stücke gekennzeichnet sind.
b) Konstruiere das Trapez nach der Bilderfolge.
c) Beschreibe, wie in der Bilderfolge das Trapez konstruiert wurde.

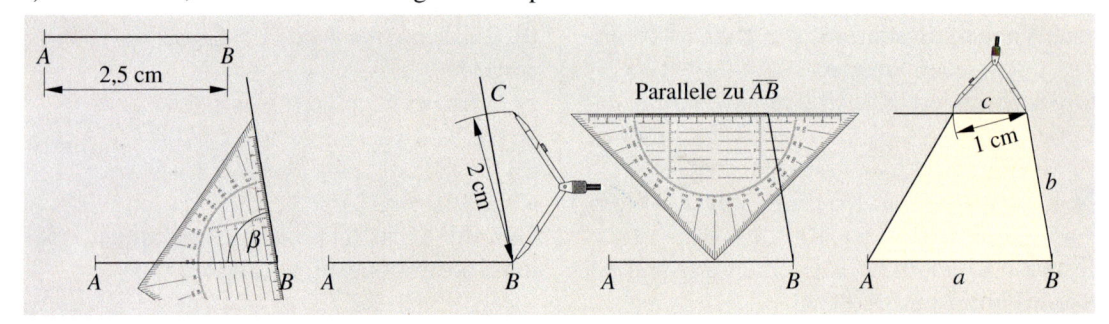

Vermischte Aufgaben

1 Konstruiere ein Dreieck ABC mit $a = 10$ cm, $b = 10$ cm und $c = 12$ cm.
a) Spiegele an einer Dreieckseite, so dass als Gesamtfigur eine Raute entsteht.
b) Berechne den Umfang u und den Flächeninhalt A des Dreiecks und der Raute.
c) Konstruiere innerhalb des Dreiecks ABC zur Seite c die Parallele in einem Abstand von 4 cm.
d) Wie lang ist die Höhe h_c im neuen Dreieck? Welchem Bruchteil des Flächeninhaltes vom ursprünglichen Dreieck und von der Raute entspricht der Flächeninhalt des neuen Dreiecks.

2 Konstruiere ein Dreieck ABC mit $\alpha = 55°$, $b = 7,6$ cm und $c = 6,5$ cm.
a) Zeichne durch B die Parallele zu b und durch C die Parallele zu c. Welche neue geometrische Figur ist entstanden?
b) Bestimme h_c und berechne den Flächeninhalt des Dreiecks und des Vierecks.

3 a) Antonio und Gylay wollen einen Drachen bauen, der trapezförmig sein soll. Was meinst du dazu? Lässt sich so etwas verwirklichen? Müssen bestimmte Symmetrieeigenschaften erfüllt sein?
b) Baue einen solchen Drachen und teste seine Flugeigenschaften.

4 a) Zeichne zweimal dasselbe Dreieck mit $a = 3$ cm, $b = 4$ cm und $c = 5$ cm auf Karton und schneide sie aus.
b) Wie viele verschiedene Dreiecke kannst du damit zusammensetzen?
c) Wie viele verschiedene Vierecke kannst du damit zusammensetzen? Welchen Flächeninhalt hat jede der zusammengesetzten Figuren?
d) Führe die Aufträge b und c auch für zwei gleichseitige Dreiecke aus, die jeweils 4 cm lang sind.

5 Konstruiere ein Quadrat mit einer Diagonalen von 7 cm Länge.

6 Zeichne in ein Koordinatensystem Quadrate, deren Seiten sich jeweils um 1 cm unterscheiden (siehe Skizze).

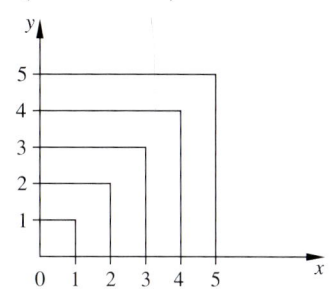

a) Beginne mit $a = 1$ cm. Um wie viel cm² wächst jeweils der Flächeninhalt?
b) Sage voraus, um wie viel cm² der Flächeninhalt gegenüber dem vorherigen nach der zwölften Vergrößerung wächst.

7 a) Cornelia legt aus gleich großen quadratischen Plättchen größere Quadrate zusammen. Gib für die ersten 5 möglichen Quadrate die Anzahl der Plättchen an, aus denen sie zusammengelegt sind.
b) Aus wie vielen Plättchen muss das zehnte mögliche Quadrat zusammengelegt werden?

8 Konstruiere Vierecke mit:
a) $a = 9$ cm, $b = 5$ cm, $c = 6$ cm, $\gamma = 103°$, $\delta = 111°$
b) $a = d = 3,6$ cm, $\alpha = 74°$, $\beta = 84°$, $\gamma = 99°$
c) $a = c = 5,2$ cm, $d = 4,4$ cm, $\alpha = 87°$, $\delta = 93°$
Beschreibe den Konstruktionsweg.

9 Konstruiere Vierecke, bei denen die Länge von Diagonalen oder besondere Winkel gegeben sind. 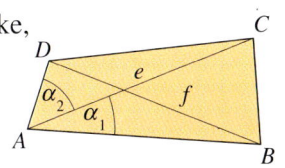
a) $a = 6,2$ cm, $b = 3,7$ cm, $c = 4,4$ cm, $e = 5,8$ cm, $\alpha = 84°$
b) $a = 5,9$ cm, $e = 5,8$ cm, $f = 5,7$ cm, $\alpha = 78°$, $\delta = 95°$
c) $e = 6,8$ cm, $\alpha_1 = 35°$, $\alpha_2 = 48°$, $\beta = 62°$, $\gamma = 112°$

Konstruktion von regelmäßigen Vielecken

In **regelmäßigen Vielecken** sind alle Seiten gleich lang und alle Winkel gleich groß. Die Eckpunkte der regelmäßigen Vielecke liegen immer auf einem Kreis, dem **Umkreis**.

Regelmäßige Vielecke konstruiert man oft so, dass man wie in der Abbildung zuerst den Umkreis und dann ein **Bestimmungsdreieck** zeichnet.

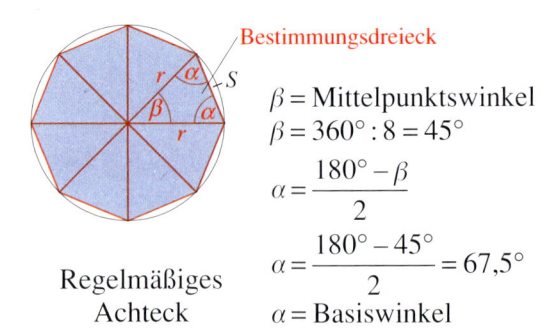

Bestimmungsdreieck

Regelmäßiges Achteck

β = Mittelpunktswinkel
$\beta = 360° : 8 = 45°$

$\alpha = \dfrac{180° - \beta}{2}$

$\alpha = \dfrac{180° - 45°}{2} = 67{,}5°$

α = Basiswinkel

Übungen

1 Konstruiere folgende regelmäßige Vielecke. Berechne zuerst den Mittelpunktswinkel β.
a) Achteck (Umkreisradius $r = 4$ cm)
b) Fünfeck (Umkreisradius $r = 4{,}2$ cm)

2 Konstruiere folgende regelmäßige Vielecke. Berechne zuerst den Basiswinkel α.
a) Sechseck mit der Seitenlänge $s = 3{,}8$ cm
b) Achteck mit der Seitenlänge $s = 2{,}3$ cm

3 Nach welchen Grundkonstruktionen sind die Bestimmungsdreiecke von regelmäßigen Vielecken mit gegebener Eckenzahl eindeutig zu konstruieren:
a) Wenn der Umkreisradius r bekannt ist?
b) Wenn die Seitenlänge s bekannt ist?

4 a) Berechne für regelmäßige Sechsecke die Winkel α und β im Bestimmungsdreieck. Zeichne ein regelmäßiges Sechseck mit der Seitenlänge $s = 5$ cm. Zeichne auf Transparentpapier ein zweites Sechseck mit dem Umkreisradius $r = 5$ cm. Lege beide Sechsecke aufeinander und vergleiche.
b) Verfahre ebenso mit einem regelmäßigen Fünfeck mit der Seitenlänge $s = 5$ cm und einem mit dem Umkreisradius $r = 5$ cm.

5 Zeichne ein regelmäßiges Fünfeck mit $r = 4{,}5$ cm. Zeichne in das Fünfeck die Diagonalen ein. Die entstehende Figur heißt *Pentagramm*.

6 a) Wie kann man ein regelmäßiges Dreieck (ein regelmäßiges Viereck) konstruieren, ohne den Winkelmesser zu benutzen?
b) Trage auf einer Kreislinie mit dem Radius $r = 4$ cm sechsmal hintereinander den Radius 4 cm mit dem Zirkel ab. Verbinde die entstandenen Schnittpunkte zu einem Sechseck. Ergibt sich ein regelmäßiges Sechseck?

7 a) Zeichne mehrere regelmäßige Sechsecke mit dem Umkreisradius $r = 3{,}5$ cm auf Zeichenkarton und schneide sie aus. Prüfe, ob man diese Sechsecke in der Ebene lückenlos zusammenlegen kann.
b) Welche anderen regelmäßigen Vielecke kann man in der Ebene lückenlos zusammenlegen?

8 Übertrage die technische Zeichnung der Schraubenmutter in dein Heft.

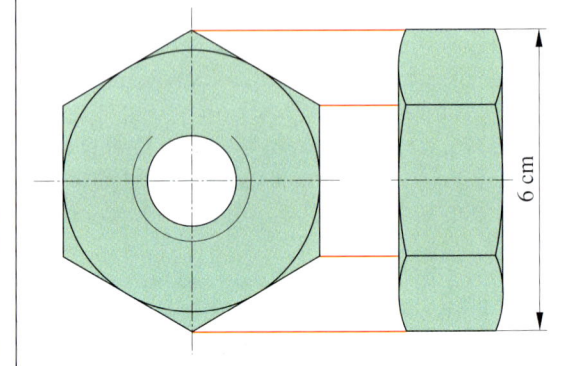

9 Zeichne in ein Quadrat ein möglichst großes regelmäßiges Achteck.

Konstruktion und Berechnung regelmäßiger Vielecke

Bei der Konstruktion von regelmäßigen Vielecken mit Hilfe von Bestimmungsdreiecken ergeben sich bei ungenauer Abtragung der Außenseite *s* oder der Winkel rasch Fehlerquoten.

Eine für alle regelmäßige Vielecke gültige, verhältnismäßig genaue Konstruktion ist in dem nebenstehenden Beispiel für ein regelmäßiges Siebeneck dargestellt:

Zeichne den Kreis mit waagrechtem und senkrechtem Durchmesser. Zunächst wird der Durchmesser $\overline{AB}$ in sieben gleiche Teile aufgeteilt. Dazu zeichnet man eine leicht in sieben Teile aufzugliedernde Strecke $\overline{AA'}$, verbindet A' mit B und erhält durch Parallelverschiebung die übrigen Teilungspunkte auf $\overline{AB}$.

Ein Kreisbogen mit $r = \overline{AB}$ um B schneidet die Verlängerung des senkrechten Durchmessers in C. Von dort zeichnet man Strahlen (rote Linien) durch die Teilungspunkte mit den *geraden* Zahlen auf den unteren Halbkreis und von dort aus die Senkrechten (blaue Linien) auf den oberen Halbkreis. Die Verbindung der so gefundenen Punkte einschließlich A auf der Kreislinie sind Eckpunkte des Vielecks.

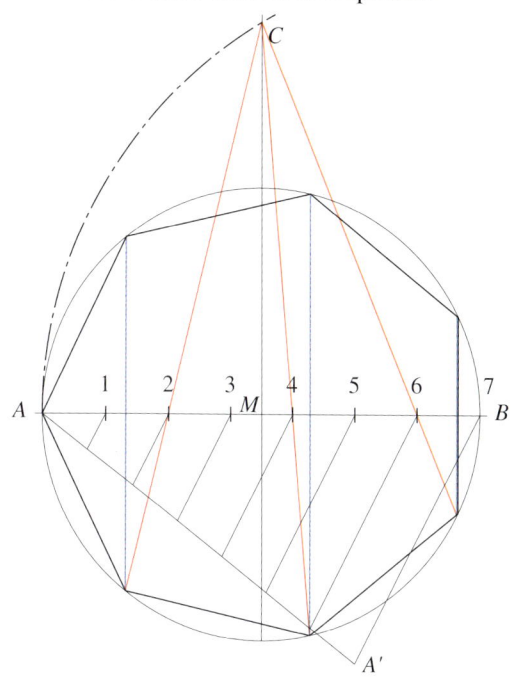

Übungen

1 Führe diese Konstruktion für beliebige regelmäßige Vielecke durch. Wähle für den Radius mindestens 5 cm.

2 Konstruiere regelmäßige Fünf-, Sieben-, Acht- und Neunecke jeweils in einen Kreis von 10 cm Durchmesser auf Karton. Zeichne die Bestimmungsdreiecke ein und zerschneide das regelmäßige Vieleck in seine Bestimmungsdreiecke. Lege verschiedene Flächen.

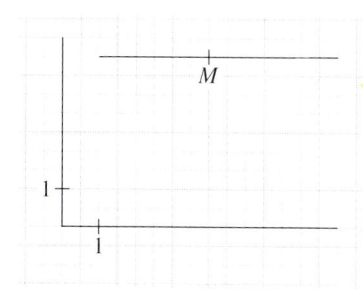

3 Übertrage die Zeichnung in dein Heft und zeichne nach dem durchdachten Eintrag von drei weiteren Durchmessern ein regelmäßiges Achteck.

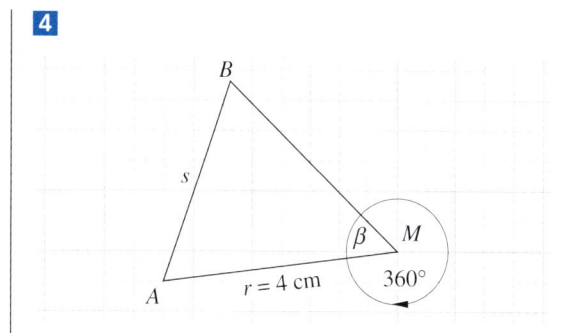

4

a) Berechne den Mittelpunktswinkel β für ein regelmäßiges Siebeneck.
b) Übertrage das Bestimmungsdreieck AMB in dein Heft und ergänze die Zeichnung zu einem regelmäßigen Siebeneck.

5 Konstruiere ein regelmäßiges Dreieck mit $s = 10$ cm.
Nach Konstruktion der Mittelsenkrechten und des Umkreises kannst du rasch ein regelmäßiges Sechs- und danach auch ein regelmäßiges Zwölfeck zeichnen.

Umfang und Flächeninhalt regelmäßiger Vielecke

Der Grundriss für die Tanzfläche in einer Diskothek hat die Form eines regelmäßigen Sechsecks.

Die Tanzfläche soll einen neuen Belag erhalten und am Rand soll ein indirekte Beleuchtung angebracht werden.

Berechnung des Flächeninhalts
$s = 5,2$ m
$h_s = 4,5$ m (aus einer Maßstabszeichnung entnommen)
$A = A_{\text{Bestimmungsdreieck}} \cdot 6$
$A = \dfrac{5,2 \cdot 4,5}{2} \text{ m}^2 \cdot 6$
$A = 70,6 \text{ m}^2$

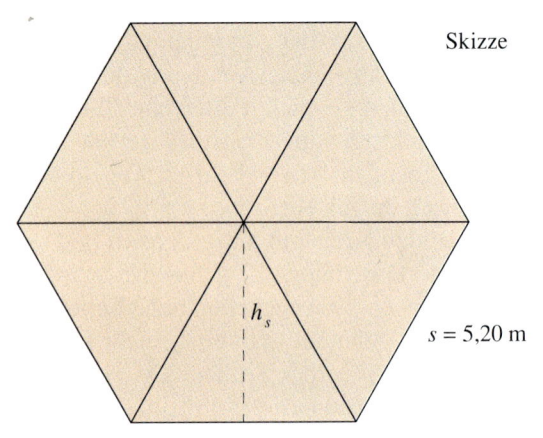

Skizze

$s = 5{,}20$ m

Berechnung des Umfangs
$s = 5,2$ m
$u = s \cdot 6$
$u = 5,2 \text{ m} \cdot 6$
$u = 31,20$ m

Für die Berechnung eines regelmäßigen Vielecks, auch n-Eck genannt, gilt:

$$A = A_{\text{Bestimmungsdreieck}} \cdot n \qquad u = s \cdot n$$

Übungen

1 Berechne Umfang und Flächeninhalt regelmäßiger Vielecke.
a) Siebeneck: $s = 4$ m; $h_s = 4,15$ m
b) Zehneck: $s = 9$ m; $h_s = 13,84$ m
c) Zwölfeck: $s = 5,6$ dm; $h_s = 10,45$ dm

2 Ein regelmäßiges Sechseck besteht aus zwei kongruenten Trapezen.

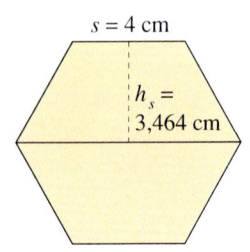

$s = 4$ cm
$h_s = 3,464$ cm

a) Berechne nach der Trapezformel den Flächeninhalt des Sechsecks.
b) Vergleiche mit der Berechnung nach der obigen Formel.

3 Berechne den rot eingefärbten Flächeninhalt nach verschiedenen Möglichkeiten.

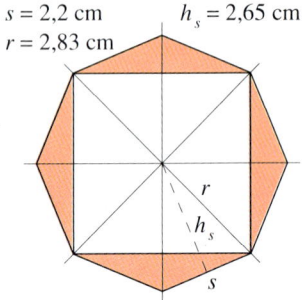

$s = 2,2$ cm; $h_s = 2,65$ cm; $r = 2,83$ cm

4 a) Zeichne in einen Kreis mit 4 cm Radius ein regelmäßiges Sechseck.
b) Entnimm die notwendigen Maße deiner Zeichnung und berechne Flächeninhalt und Umfang des Sechsecks.
c) Wenn du die Mittelsenkrechten in den Bestimmungsdreiecken konstruierst und zur Kreislinie verlängerst, erhältst du die Eckpunkte für ein regelmäßiges Zwölfeck.
d) Berechne auch für das Zwölfeck Umfang und Flächeninhalt.
e) Vergleiche diese mit Umfang und Flächeninhalt des Umkreises.

Vergrößern und Verkleinern von Figuren/ Ähnliche Figuren

Hier ist der Buchstabe A in verschiedenen Schrifttypen und Größen abgebildet.

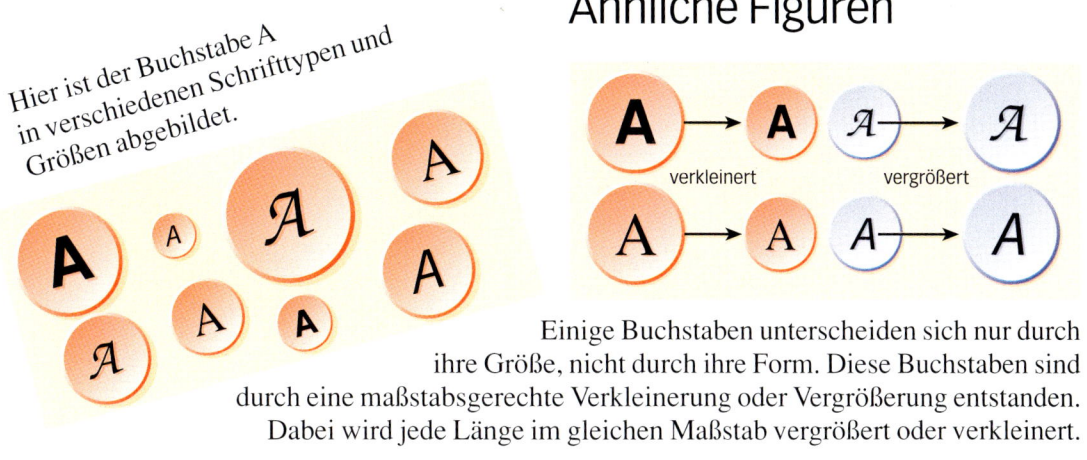

verkleinert   vergrößert

Einige Buchstaben unterscheiden sich nur durch ihre Größe, nicht durch ihre Form. Diese Buchstaben sind durch eine maßstabsgerechte Verkleinerung oder Vergrößerung entstanden. Dabei wird jede Länge im gleichen Maßstab vergrößert oder verkleinert.

Figuren, die durch Verkleinern oder Vergrößern entstehen, sind dem Original **ähnlich**.

Übungen

1 Verkleinere die folgenden Buchstaben auf halbe Größe (Maßstab 1:2).

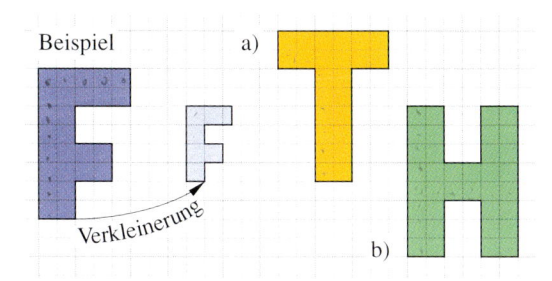

Beispiel a) b)

Verkleinerung

2 Vergrößere die Buchstaben aus Aufgabe 1 im Maßstab 2:1.

3 Sind die Figuren zueinander ähnlich oder nicht? Begründe.

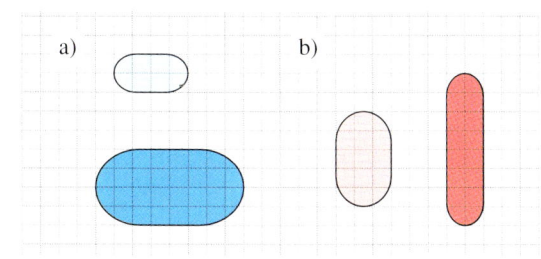

a)   b)

4 Zeichne ähnliche Figuren nebeneinander in dein Heft.

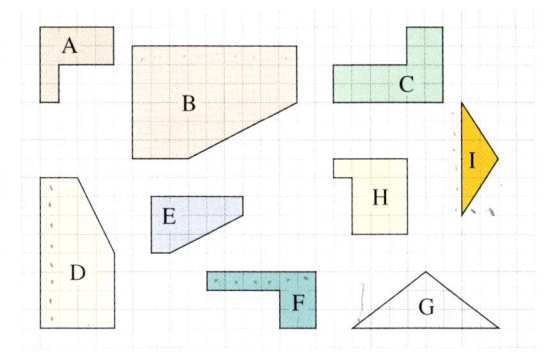

5 Übertrage diese Figuren in dein Heft. Vergrößere die Seiten so auf doppelte Längen, dass sich der Punkt Z auch in der großen Figur an der gleichen Stelle befindet.

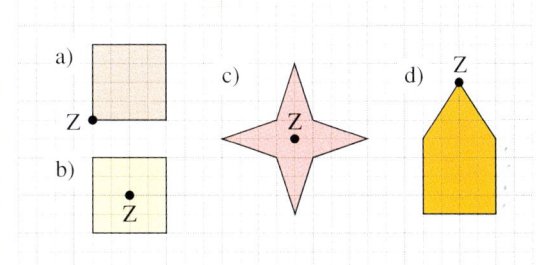

a)   b)   c)   d)

Vergrößern und Verkleinern im Maßstab

Einfache Maßstabszeichnungen haben wir schon vorgenommen. Zeichnungen werden oft vergrößert oder verkleinert. Die Form und die Winkel bleiben erhalten, damit die Figuren ähnlich sind. Die Längen werden einheitlich vergrößert oder verkleinert.

Beispiel   Vergrößern eines Dreiecks um den Vergrößerungsfaktor $k = 2$.

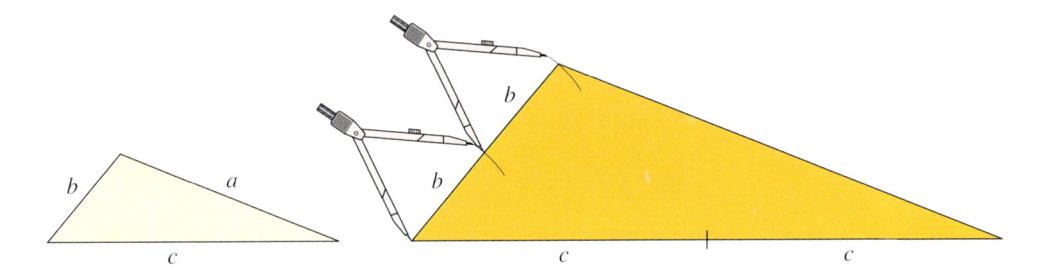

Durch Nachmessen vergewissern wir uns, dass auch die Seite a verdoppelt wurde.

> Werden bei einer Figur sämtliche Längen mit dem Faktor k multipliziert, wird die Figur vergrößert oder verkleinert. Zeichnung im Maßstab $1:k$ heißt: Aus 1 cm werden k cm.
>
> $k < 1$: Verkleinerung $k > 1$: Vergrößerung

Übungen

1 Zeichne ein Quadrat mit einer Seitenlänge 3,4 cm. Vergrößere es im Maßstab
a) 1:2   b) 1:2,5
Wie groß sind die Flächeninhalte?

2 Zeichne ein gleichseitiges Dreieck mit der Seitenlänge 2,9 cm. Vergrößere es im Maßstab 1:3. Miss die Höhen.

3 Zeichne einen Kreis mit dem Radius 4,2 cm. Vergrößere bzw. verkleinere ihn im Maßstab
a) 1:2,4   c) 1:0,4
b) 1:1,5   d) 1:0,8

4 Ein Rechteck ist im Maßstab 1:5,6 vergrößert worden. Es hat jetzt die Seitenlängen 16,8 dm und 28 dm. Welche Maße hatte es vorher?

5 Vergrößere im Maßstab 1:3,2 und zeichne.

6 Miss nach. In welchem Maßstab ist vergrößert worden?

Zeichnen und konstruieren

Geometrische Ähnlichkeit

Obwohl alle Strecken des rechten Kopfes im Bild halb so groß sind wie die entsprechenden Strecken des linken Kopfes, sind die Figuren nicht ähnlich, denn die Winkel am Kinn sind in beiden Figuren nicht gleich groß.

Der rechte Kopf ist keine Verkleinerung des linken Kopfes.

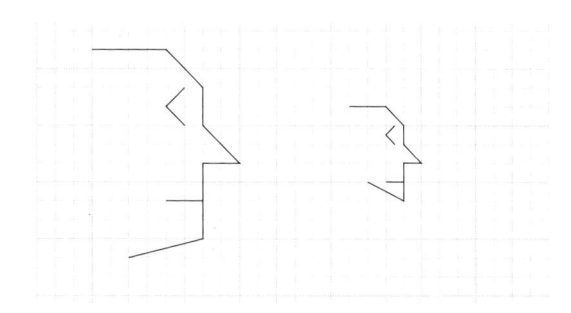

Figuren heißen **ähnlich**, wenn alle entsprechenden Winkel gleich sind und es für alle entsprechenden Strecken einen gemeinsamen Faktor k gibt.

Beispiel

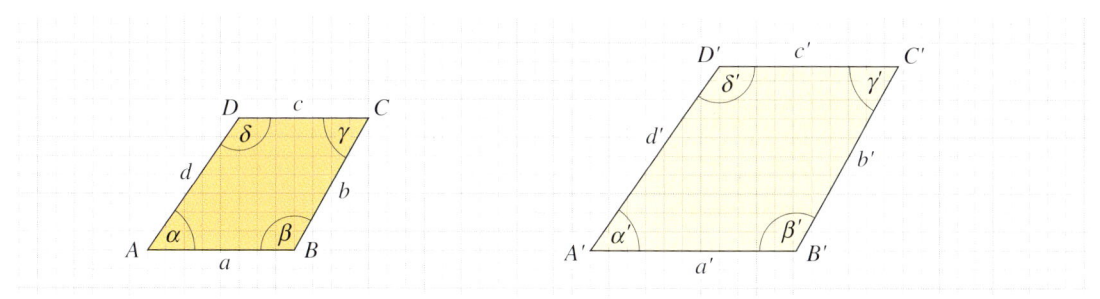

Die Trapeze $ABCD$ und $A'B'C'D'$ sind ähnlich, weil beide Bedingungen erfüllt sind.

1. Alle entsprechenden Winkel sind gleich groß:

   $\alpha = \alpha'$, $\beta = \beta'$, $\gamma = \gamma'$, $\delta = \delta'$

2. Die entsprechenden Seiten haben einen gemeinsamen Faktor $k = 1{,}4$.

Übungen

1 Sind die beiden Figuren ähnlich? Prüfe, ob die beiden Bedingungen erfüllt sind.

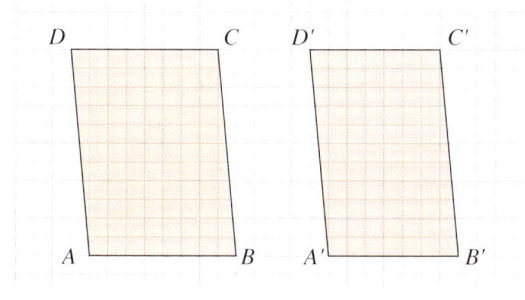

2 Sind die Figuren ähnlich? Begründe deine Aussage.

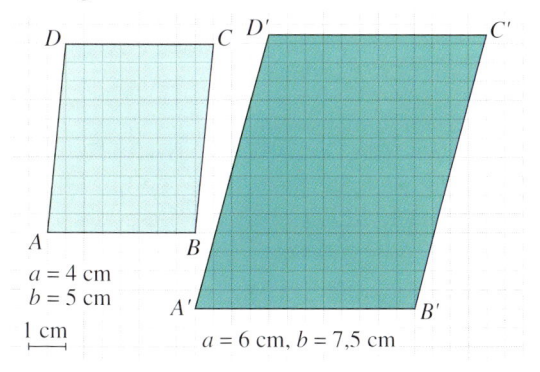

$a = 4$ cm
$b = 5$ cm

1 cm

$a = 6$ cm, $b = 7{,}5$ cm

Übungen

1 Übertrage die folgenden Zeichnungen vergrößert in dein Heft, indem du den Faktor $k = 2$ wählst.

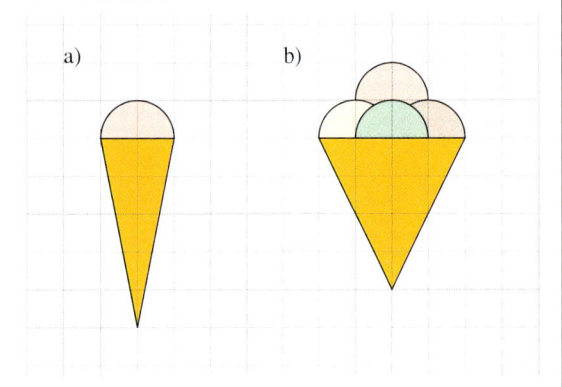

a)   b)

2 Übertrage die Zeichnung verkleinert in dein Heft, indem du für die Verkleinerung den Faktor $k = 0,5$ wählst.

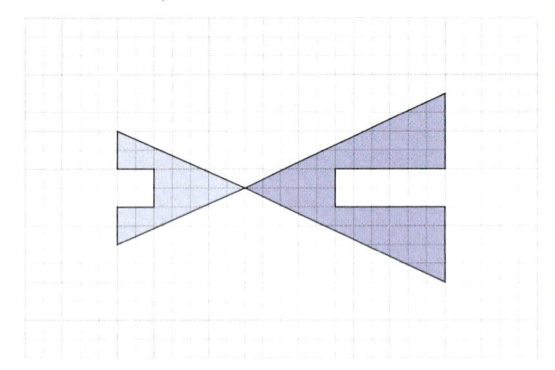

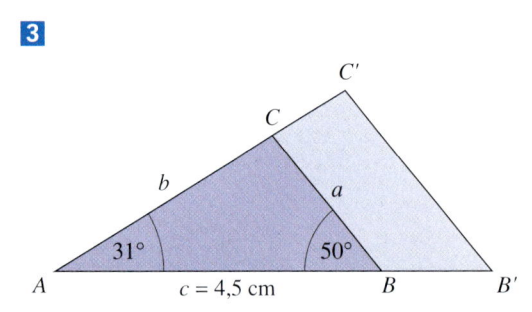

3

$c = 4,5$ cm

a) Zeichne das Dreieck ABC in dein Heft.
b) Verlängere die Seite c um 1,5 cm über B hinaus nach B'. Zeichne die Parallele zu a durch B' und verlängere b bis zum Schnittpunkt C'.
c) Sind die Dreiecke ABC und A'B'C' ähnlich? Begründe!

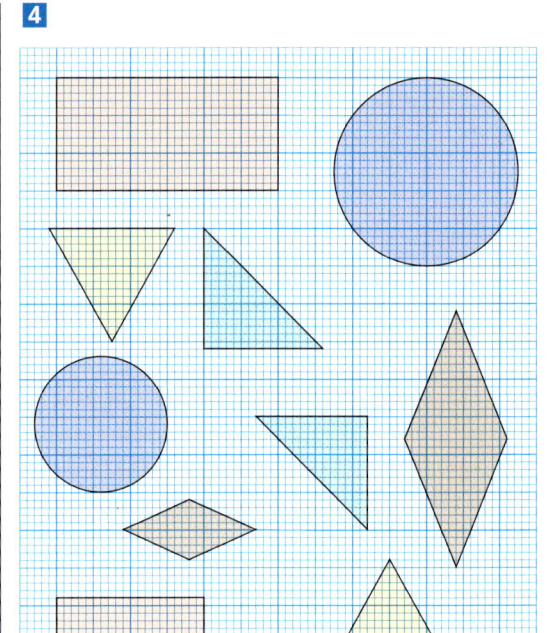

4

a) Bestimme den Faktor k (Ähnlichkeitsfaktor) für ähnliche Figuren.
b) Einige Figuren müssen durch Drehung erst in eine Ähnlichkeitslage gebracht werden, damit entsprechende Strecken parallel zueinander verlaufen.
Zeichne nach entsprechender Drehung ähnliche Figuren in dein Heft.

5 a) Stelle durch Falten und Ausschneiden aus einem Blatt Papier der Größe DIN A4 die kleineren DIN-Formate her.
b) Lege eine Tabelle in deinem Heft an und miss die jeweiligen Seiten.

Format	a	b
DIN A4 Arbeitsblatt	297 mm	
DIN A5 kleines Heft		
DIN A6 Postkarte		
DIN A7 kleine Karteikarte		

c) Berechne den Ähnlichkeitsfaktor.

Vermischte Aufgaben

1 Konstruiere das Dreieck ABC mit
a) $c = 12$ cm; $\alpha = 50°$; $b = 9{,}6$ cm
b) $a = 3{,}5$ cm; $\beta = 45°$; $\gamma = 110°$
c) $a = 6$ cm; $b = 7$ cm; $c = 9{,}5$ cm
d) $c = 8{,}5$ cm; $\alpha = 15°$; $\gamma = 27°$
e) $a = 6{,}5$ cm; $c = 5$ cm; $\alpha = 40°$
f) $c = 4{,}9$ cm; $\alpha = 71°$; es gilt: $a = b$
g) $a = 8{,}8$ cm; $\alpha = 116°$; es gilt: $b = c$

2 a) Zeichne diese Figur, die aus acht rechtwinkligen Dreiecken besteht. Beginne mit dem kleinsten Dreieck.
b) Wie lang ist die längste Seite im größten Dreieck?

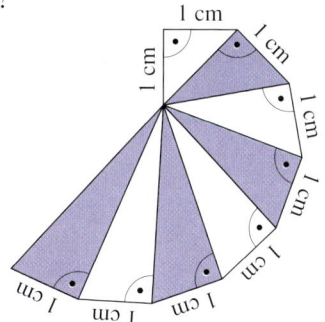

3 a) Konstruiere die beiden regelmäßigen Sechsecke, deren Umkreise den gleichen Mittelpunkt M sowie die Radien $r_1 = 5$ cm und $r_2 = 7$ cm haben.
b) Berechne den Flächeninhalt der sechs rot eingefärbten Trapeze.
Die Höhe der Trapeze kannst du deiner Konstruktion entnehmen.

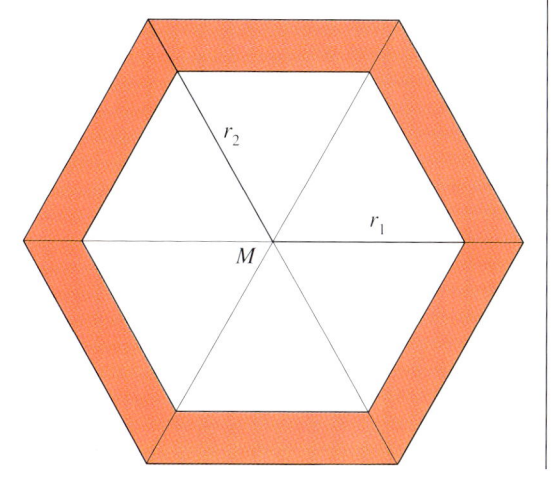

4 Der Dachgiebel eines Hauses besteht aus zwei aufeinandergesetzten Trapezen mit einem aufgesetzten gleichschenkligen Dreieck.

Das untere Trapez ist unten 7 m und oben 6 m lang. Die Winkel an der Grundseite betragen 64°. Das obere Trapez hat eine Höhe von 1,80 m. Die Grundseite des Dreiecks ist 5 m, die Schenkel sind 3,5 m lang. Zeichne den Dachgiebel im Maßstab 1:100. Beachte, dass der Giebel symmetrisch ist. Wie hoch ist der Dachgiebel des Hauses?

5 Ein gleichseitiges Dreieck $s = 4{,}5$ cm wird vergrößert gezeichnet. Das neue Dreieck hat jeweils Seiten von 6 cm.
a) Welcher Ähnlichkeitsfaktor k wurde für die Vergrößerung gewählt?
b) Berechne das Verhältnis der Flächeninhalte. Die notwendigen Dreieckshöhen kannst du deiner Konstruktion entnehmen.

6 a) Konstruiere ein Parallelogramm mit $a = 6$ cm; $\alpha = 50°$ und $b = 5$ cm.
b) Konstruiere dazu eine Vergrößerung mit dem Faktor 1,2 und eine Verkleinerung mit dem Faktor 0,5.

ZÄHLEN UND MESSEN

Ägypter
(ab etwa 3000 v. Chr.)

1	10	100	1000	10 000	100 000	1 000 000
Strich	Fessel	Strick	Lotuspflanze	stehender Finger	Kaulquappe	Gott

Beispiel:

1 021 245

Ab etwa 1990 v. Chr. werden auch Abkürzungen eingeführt: 3 · 1000 = 3000

Ägyptische Wandmalerei (3400 Jahre alt; Abd-el-Qurna)
Schreiber zählen und notieren Getreidemengen

Babylonier
([Sumerer] ab etwa 2000 v. Chr.)

1	10	60

Beispiel:

2 · 60 + 13 = 133

Die Babylonier verwendeten statt des Dezimalsystems (Zehnersystem) 60 als Basiszahl.

Griechen
älteres System:

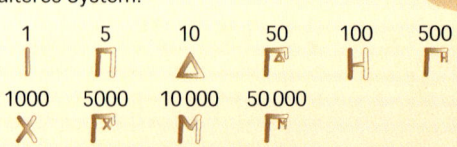

1	5	10	50	100	500
I	Π	Δ		H	

1000	5000	10 000	50 000
X		M	

Beispiel:

1979

Jüngeres System: (ab 450 v. Chr.)

α 1	β 2	γ 3	δ 4	ε 5	ς 6	ζ 7
η 8	ϑ 9	ι 10	κ 20	λ 30	μ 40	ν 50
ξ 60	ο 70	π 80	ϙ 90	ρ 100	σ 200	τ 300
υ 400	φ 500	χ 600	ψ 700	ϖ 800	ϡ 900	

Die Tausender erhalten links einen Strich. Die Zehntausender werden durch M mit darübergeschriebenem Faktor geschrieben. Zur Unterscheidung von den Buchstaben werden Zahlzeichen überstrichen.

Beispiel:

$\frac{\tau\vartheta}{M}, \delta\varphi\xi\gamma$ 3 094 563

Römer

1	5	10	50	100
I	V	X	L	C

500	1000	5000	10000	50000
D	(I)	I))	((I))	I)))

100000	1000000
((I))	$\overline{X}$

	1	2	3	4	5	6	7	8	9	0
Brahmi-Ziffern etwa 350 v. Chr.	—	=	≡	⽊	⼌	6	7	5	?	
Gwalior-Inschrift 870 n. Chr.	۱	2	3	४	५	२	७	⼈	@	०
Ostarabisch 952 n. Chr.	١	٢	٣	٤	ﾃ	V	∧	९	०	
Ostarabisch um 970 n. Chr.	۱	2	3	۴	୫	५	V	१	९	०
Westarabisch 12./13. Jh.	ʃ	2	⼄	⼷	५	6	1	⼋	⼅	০
Westarabisch 14. Jahrhundert	۱	2	3	⼠	⼖	6	⼘	8	⼃	०
Codex Erlangen 11. Jahrhundert	I	⼃	⼰	⼔	⼐	⼏	⼈	8	⼇	⊙
Algorismusschrift vor 1180	ʃ	⼺	⼛	2	5	⼗	⽐	8	⼇	0
Algorismus Ratisbonensis 1450 n. Chr.	1	2	3	2	4	6	∧	8	⼇	⊙
Bamberger Rechenbuch 1483 n. Chr.	1	Z	3	84	54	6	∧	8	⼇	0
Dürer 1525	1	2	3	4	5	6	7	8	9	0

Ägyptische Landmesser („Seilzieher") vermessen mit Knotenschnüren das Land.

Länge einer Strecke bezeichnet die Größe des Abstands zwischen den beiden Endpunkten einer Strecke. Man gibt die Länge in bestimmten Maßeinheiten, den Längenmaßen, an.

A————————B

Längenmaße ist der Sammelbegriff für die Maßeinheiten, mit denen die Längen von Strecken angegeben werden. Bei uns in Mitteleuropa gehören dazu meist Teile oder Vielfache des **Meters (m)**. Dessen Größe war bis 1960 festgelegt durch die Länge eines besonderen Metallstabes, des **Urmeters**, der bei Paris aufbewahrt wird.

Wie Wissenschaftler 1875 festlegten, sollte dies der 40millionste Teil des Erdumfangs sein. Heute wird noch exakter als Festlegung für einen Meter eine Wellenlänge aus der Atomphysik verwandt.
Um größere oder kleinere Längen anzugeben verwendet man:

Millimeter (mm): 1 m = 1 000 mm
Zentimeter (cm): 1 m = 100 cm
Dezimeter (dm): 1 m = 10 dm
Kilometer (km): 1 km = 1 000 m

Selten gebraucht werden Maße wie:

Mikrometer (μm): 1 m = 1 000 000 μm
Hektometer (hm): 1 hm = 100 m
Dekameter (dam): 1 dam = 10 m

Andere, oft ungenaue Längenmaße wurden früher von menschlichen Körperteilen hergeleitet wie **Klafter, Spanne, Elle, Fuß** oder **Schritt**.

Klafter

Spanne | Elle | Fuß | Schritt

In anderen Ländern gelten andere Maßsysteme mit Maßeinheiten wie z. B. **Zoll (")** und **Foot (')** in England (1" = 2,54 cm und 1' = 0,305 m).
Bei der Schiffahrt werden Entfernungen in **Seemeilen (sm)** oder **Kabellängen** gemessen (1 sm = 1,852 km und 1 Kabellänge = 185,2 m).
Für Längenangaben im riesigen Weltraum wird das größte Längenmaß, das **Lichtjahr (L)** verwendet. Es gibt die Entfernung an, die das Licht in einem Jahr zurücklegt und zwar
1 L = 9 460 800 000 000 km.
So ist z. B. der Andromedanebel, unser nächstes Sternensystem, 2,25 Millionen Lichtjahre von der Erde entfernt.

Der Satz des Pythagoras

Das rechtwinklige Dreieck

Vor über 4000 Jahren benutzten die Ägypter Knotenschnüre, wenn sie nach der jährlichen Nilüberschwemmung das Land neu vermessen mussten. Mit den Knotenschnüren konnten sie auch rechtwinklige Dreiecke abstecken.

Auch heute beruht die Landvermessung auf der Festlegung von rechtwinkligen Dreiecken. Die Landvermesser verwenden heute verschiedene technische Geräte, um rechte Winkel festzulegen.

Der Satz des Pythagoras

Besonderheiten bei rechtwinkligen Dreiecken

Zeichne **rechtwinklige Dreiecke** und schneide sie aus.

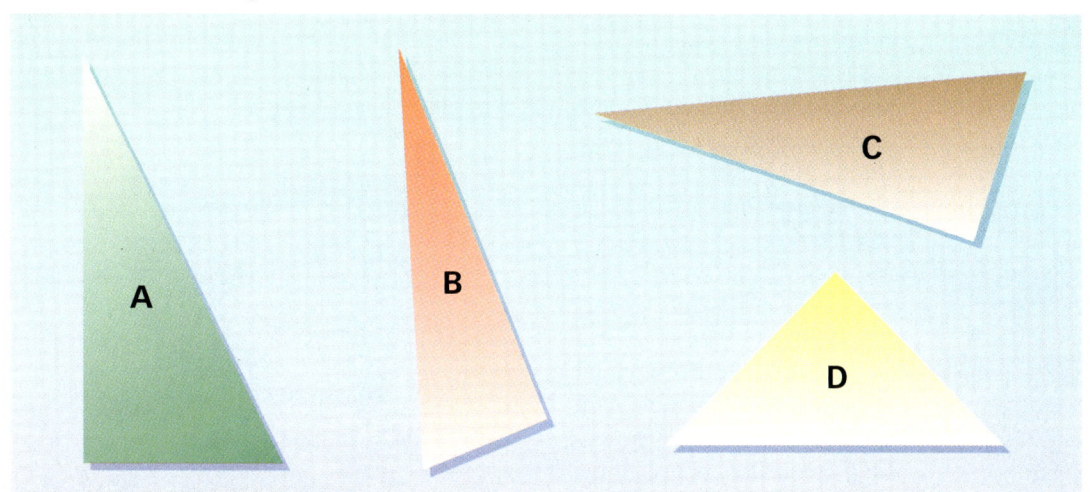

Die Eckpunkte, Seiten und Winkel eines rechtwinkligen Dreiecks bezeichnen wir so wie in der Zeichnung.

Die Seiten, die den rechten Winkel einschließen, nennt man **Katheten**.

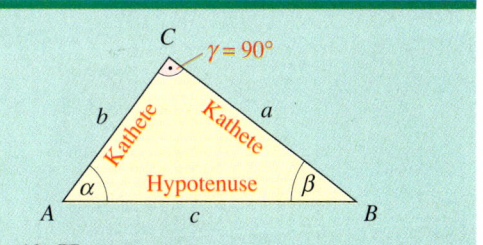

Die Seite, die dem rechten Winkel gegenüberliegt, heißt **Hypotenuse**.
Im rechtwinkligen Dreieck ist die Hypotenuse immer die längste Seite.

Übungen

1 a) Kennzeichne in drei verschiedenen rechtwinkligen Dreiecken, die du ausgeschnitten hast, den rechten Winkel grün, die Katheten blau und die Hypotenuse rot.
b) Miss die Winkel in deinen Dreiecken. Wie lang ist die Hypotenuse? Ist sie die längste Seite?

2 Stelle fest, welche der rechts abgebildeten Dreiecke rechtwinklig sind. Gib zu jedem rechtwinkligen Dreieck die Hypotenusenlänge und die Kathetenlängen an.

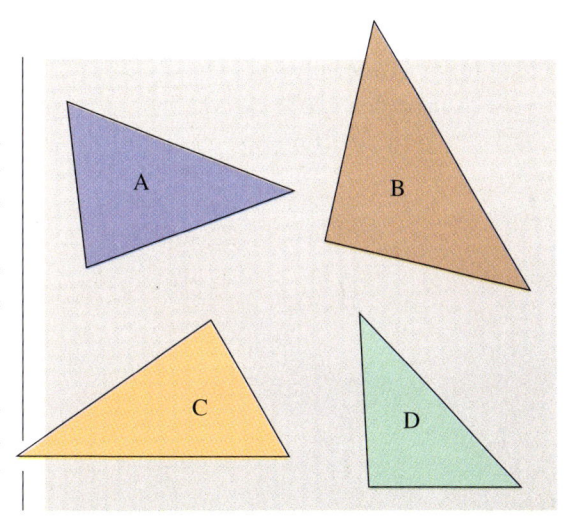

3 Bestimme in den Dreiecken A bis D in dem Bild oben auf der vorangehenden Seite die Längen der Hypotenusen.

4 Konstruiere die folgenden Dreiecke. Welche sind rechtwinklig, welche nicht? Schreibe bei den rechtwinkligen Dreiecken an die entsprechenden Seiten *Kathete* bzw. *Hypotenuse*.
a) $a = 3$ cm, $b = 4$ cm, $c = 5$ cm
b) $a = 3$ cm, $b = 5$ cm, $c = 6$ cm
c) $a = 3{,}4$ cm, $b = 4{,}5$ cm, $c = 4{,}8$ cm
d) $a = 2{,}4$ cm, $b = 4{,}5$ cm, $c = 5{,}1$ cm
e) $a = 4$ cm, $b = 4{,}2$ cm, $c = 5{,}8$ cm

5 In den Knotenschnüren, die die Ägypter benutzten, waren in gleichen Abständen zwölf Knoten geknüpft. Stelle eine solche Knotenschnur her (Abstand zwischen den Knoten 5 cm). Anstelle der Knoten kannst du auch farbige Markierungen anbringen. Stecke wie in den Abbildungen ein rechtwinkliges Dreieck ab.

Wie viel Knotenabstände sind die beiden Katheten und die Hypotenuse lang?

6 Ein rechtwinkliges Dreieck bei dem die Zahlenwerte der Seitenlängen natürliche Zahlen sind, heißt nach dem griechischen Mathematiker Pythagoras *pythagoreisches Dreieck*; die drei Zahlenwerte heißen *pythagoreische Zahlen*. Die Zahlen 3, 4 und 5 sind solche pythagoreischen Zahlen.

Miss bei Dreiecken mit folgenden Seitenlängen nach, ob sie rechtwinklig sind.
a) 8 cm, 6 cm, 10 cm   c) 8 cm, 15 cm, 17 cm
b) 5 cm, 12 cm, 13 cm   d) 7 cm, 24 cm, 25 cm

7 a) Stelle eine Knotenschnur aus einer Wäscheleine her. Stecke im Freien verschiedene Dreiecke ab. Untersuche, wann das Dreieck rechtwinklig, stumpfwinklig oder spitzwinklig ist. Schreibe dazu eine Tabelle.
b) Übertrage das rechtwinklige Dreieck im Maßstab 1 : 100 in dein Heft.

8 a) Ein Dreieck mit $a = 3$ cm, $b = 4$ cm und $c = 5$ cm ist rechtwinklig. Gilt das auch für Dreiecke mit
$a = 6$ cm, $b = 8$ cm, $c = 10$ cm   und
$a = 3{,}6$ cm, $b = 4{,}8$ cm, $c = 6$ cm?
b) Wie sind diese Dreiecke aus dem ersten Dreieck entstanden?

9 a) Zeige mit einer Zeichnung, dass ein Dreieck mit $a = 2{,}5$ cm, $b = 6$ cm und $c = 6{,}5$ cm rechtwinklig ist.
b) Du kannst weitere rechtwinklige Dreiecke angeben, indem du die Seitenlängen des Dreiecks von Aufgabe a) verdoppelst, verdreifachst, halbierst usw. Prüfe nach.

Der Lehrsatz des Pythagoras

Übertrage die Dreiecke in dein Heft und zeichne die Quadrate über den Dreiecksseiten. Vergleiche die Flächeninhalte der Quadrate miteinander.

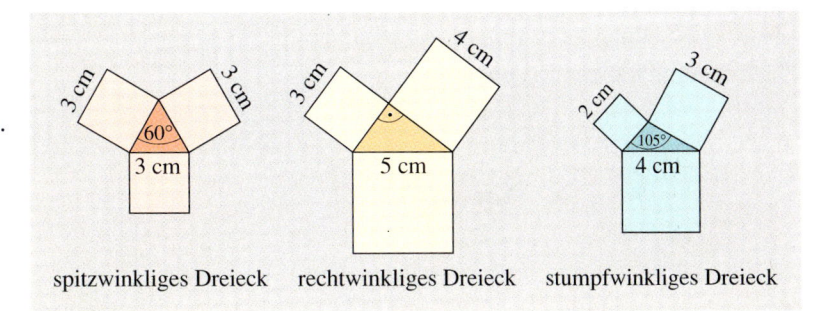

spitzwinkliges Dreieck   rechtwinkliges Dreieck   stumpfwinkliges Dreieck

Wir können die Flächeninhalte vergleichen, indem wir Einheitsquadrate einzeichnen.

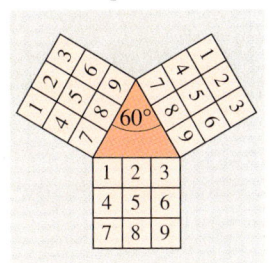

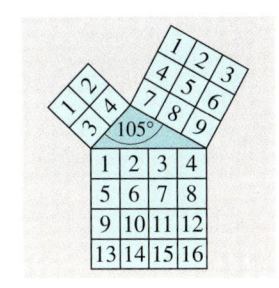

Beim **rechtwinkligen Dreieck** haben die Quadrate über den Katheten zusammen genauso viele Einheits-

Quadrat	spitzwinkliges Dreieck	rechtwinkliges Dreieck	stumpfwinkliges Dreieck
über der Seite a	9 cm²	16 cm²	9 cm²
über der Seite b	9 cm²	9 cm²	4 cm²
über der Seite c	9 cm²	25 cm²	16 cm²

quadrate wie das Hypotenusenquadrat, denn 9 cm² + 16 cm² = 25 cm². Für nicht-rechtwinklige Dreiecke gilt das nicht. Diese Beziehung, die für alle rechtwinkligen Dreiecke gilt, wird als **Satz des Pythagoras** bezeichnet.

> **Satz des Pythagoras:** In jedem rechtwinkligen Dreieck haben die beiden Quadrate über den Katheten zusammen denselben Flächeninhalt wie das Quadrat über der Hypotenuse.

Mit Hilfe der Quadratschreibweise können wir den Satz des Pythagoras als Formel schreiben:

> **Satz des Pythagoras:**
> In jedem rechtwinkligen Dreieck gilt für die Hypotenuse c und für die beiden Katheten a und b: $c^2 = a^2 + b^2$

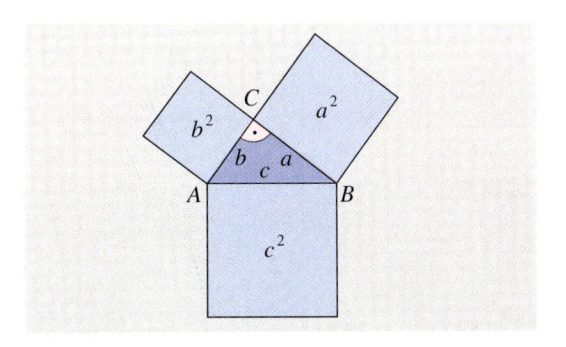

Übungen

1 Übertrage die Figuren in dein Heft und ergänze die fehlenden Quadrate. Welchen Flächeninhalt haben die Quadrate?

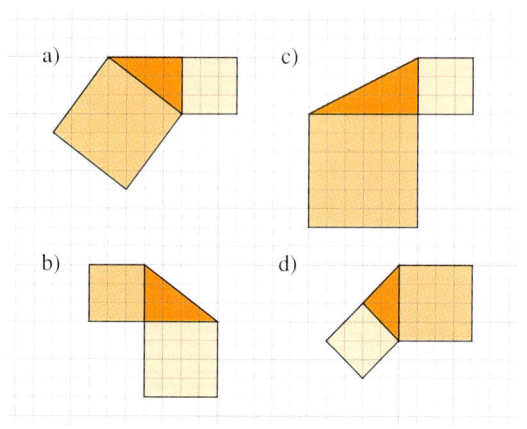

a) b) c) d)

2 Berechne die fehlenden Flächeninhalte.

1. Kathetenquadrat	2. Kathetenquadrat	Hypotenusenquadrat
16 cm²	9 cm²	
25 cm²	25 cm²	
70 cm²		120 cm²
50 cm²		98 cm²
	9,5 cm²	22 cm²
	17,8 cm²	33,5 cm²
144 cm²	81 cm²	
225 cm²		289 cm²

3 Zeichne drei verschiedene rechtwinklige Dreiecke und überprüfe durch Nachmessen und Rechnen den Satz des Pythagoras. Bezeichne die Hypotenuse mit c, die beiden Katheten mit a und b. Trage die Ergebnisse in eine Tabelle ein.
Auch wenn du sehr sorgfältig zeichnest, gibt es kleine Messungenauigkeiten. Sie führen zu kleinen Unterschieden zwischen c^2 und $a^2 + b^2$ in der Rechnung. Erst wenn du sinnvoll gerundet hast, können beide Werte gleich sein.

4 Zeichne je zwei spitzwinklige, stumpfwinklige und rechtwinklige Dreiecke. Miss die Seitenlänge, zeige, dass der Satz des Pythagoras nur für rechtwinklige Dreiecke gilt.

5 Für rechtwinklige Dreiecke mit der Hypotenuse c und den Katheten a und b gelten auch die Formeln

$$a^2 = c^2 - b^2 \quad \text{und} \quad b^2 = c^2 - a^2$$

a) Wie leiten sich diese Formeln aus dem Satz des Pythagoras ab?
b) Berechne die Hypotenuse eines rechtwinkligen Dreiecks mit $a = 2{,}5$ cm und $b = 6$ cm. Zeige daran die Richtigkeit der Formeln.

6 Übertrage die Zeichnung in dein Heft. Begründe mit dem Satz des Pythagoras, dass das Quadrat $ABCD$ genau doppelt so groß ist wie eines der blauen Quadrate. Für welches Dreieck ist der Satz des Pythagoras anzuwenden?

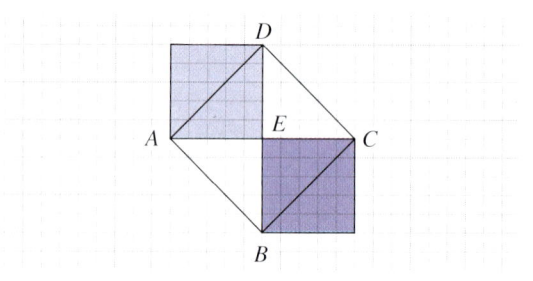

7 Übertrage die Zeichnung in dein Heft. Konstruiere ein Quadrat, das denselben Flächeninhalt hat wie die beiden Quadrate zusammen.

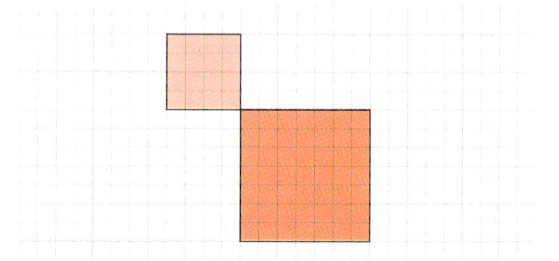

Beispiel:

a	b	c	a^2	b^2	c^2	$a^2 + b^2$
5 cm	4,9 cm	7 cm	25 cm²	24,01 cm²	49 cm²	49,01 cm² ≈ 49 cm²

Beweise für den Satz des Pythagoras

Für den Nachweis des pythagoreischen Lehrsatzes $c^2 = a^2 + b^2$ gibt es eine Vielzahl an Beweisideen und praktischen Anwendungen.

Durch Einzeichnen einer Parallelen und einer Senkrechten zur Hypotenuse durch den Mittelpunkt des größeren Kathetenquadrates entstehen vier kongruente unregelmäßige Vierecke. Diese füllen gemeinsam mit dem kleinen Kathetenquadrat das Hypotenusenquadrat.

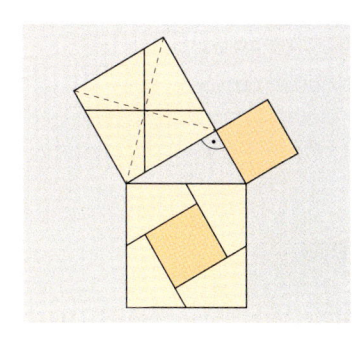

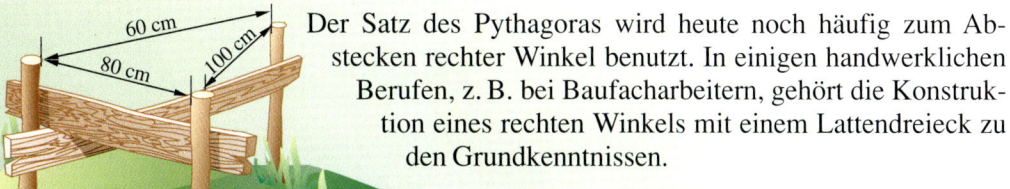

Der Satz des Pythagoras wird heute noch häufig zum Abstecken rechter Winkel benutzt. In einigen handwerklichen Berufen, z. B. bei Baufacharbeitern, gehört die Konstruktion eines rechten Winkels mit einem Lattendreieck zu den Grundkenntnissen.

Mit Hilfe einer 60 cm, 80 cm und 100 cm langen Schnur kann auf dem Bau ein rechtwinkliges „Maurerdreieck" gebildet werden.

Übungen

1 Konstruiere ein beliebiges rechtwinkliges Dreieck und führe die obige Zerlegung durch.

2 Bildet im Schulgelände mit Hilfe entsprechend langer Schnüre verschiedene rechtwinklige Dreiecke.

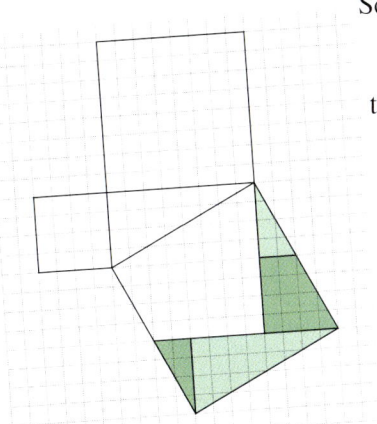

3 Übertrage die Figur auf ein Blatt Papier. Schneide die hier farbigen Teile des Hypotenusenquadrats aus und lege damit die Kathetenquadrate aus.

! Von dem Inder Bhaskara (1150 n. Chr.) stammt folgende Figur, mit der sich der Lehrsatz des Pythagoras einfach beweisen lässt.

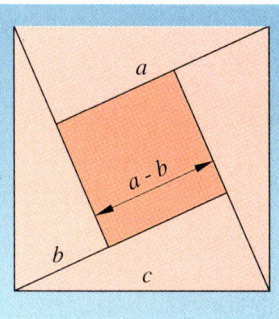

Das große Quadrat hat die Seitenlänge c und die Fläche c^2. Die 4 Dreiecke sind kongruent und haben die Katheten a und b. Der Flächeninhalt jedes der Dreiecke ist $\frac{a \cdot b}{2}$. Das kleine Quadrat hat die Seitenlänge $a - b$ und die Fläche $(a-b)^2$. Man erhält die Fläche des kleinen Quadrates, wenn man vom großen Quadrat die Fläche der vier Dreiecke subtrahiert.

$$(a-b)^2 = c^2 - 4 \cdot \frac{a \cdot b}{2}$$
$$a^2 - 2ab + b^2 = c^2 - 2ab$$
$$a^2 + b^2 = c^2$$

Berechnung von Streckenlängen mit dem Satz des Pythagoras

Wir wenden den Satz des Pythagoras an, um die dritte Seite eines rechtwinkligen Dreiecks zu berechnen, wenn zwei Seiten gegeben sind.

Beispiel

Christine steht auf dem Aussichtsturm. Daniel wartet unten. Wie weit sind die beiden voneinander entfernt?

Lösung:
Zunächst fertigen wir eine Skizze an.

Gegeben: $a = 30$ m, $b = 40$ m

Gesucht: c Formel: $c^2 = a^2 + b^2$

Rechnung: $c^2 = (30\text{ m})^2 + (40\text{ m})^2$
$c^2 = 900\text{ m}^2 + 1600\text{ m}^2$
$c^2 = 2500\text{ m}^2$

c ist eine Zahl, deren Quadrat 2500 ist. Also müssen wir die Wurzel ziehen.

$c = \sqrt{2500}$ m
$c = 50$ m

Antwort: Die beiden Kinder sind 50 m voneinander entfernt.

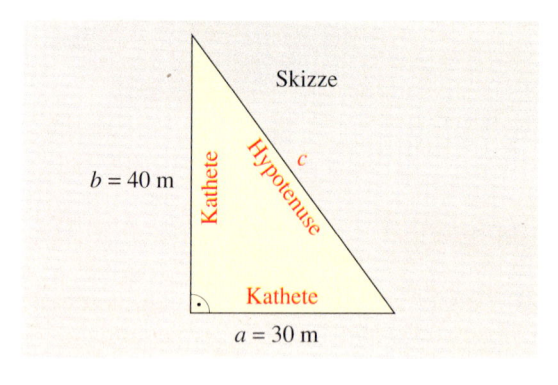

Übungen

1 Berechne die fehlenden Seitenlängen nach dem Satz des Pythagoras.

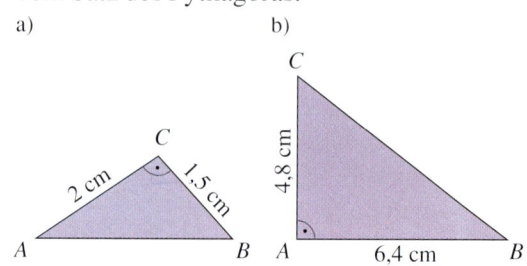

a)   b)

2 Berechne die Hypotenusenlänge c.
a) $a = 6$ cm, $b = 8$ cm
b) $a = 12$ cm, $b = 5$ cm

3 Ein Grundstück hat diesen Grundriss.

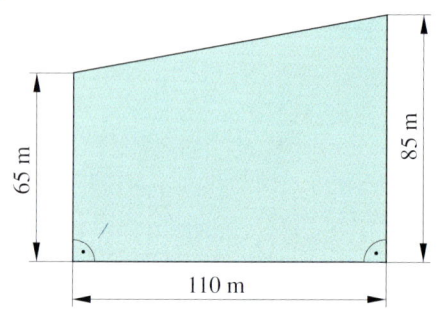

Wie viel Meter Zaun sind für das Grundstück notwendig?

4 Wie lang sind die Diagonalen in einem Rechteck mit $a = 5{,}6$ cm und $b = 9$ cm?

Der Satz des Pythagoras

5 Übertrage die Tabelle in dein Heft und berechne die Hypotenuse c.

a	12 cm	7 cm	15 cm	24 cm	36 cm
b	9 cm	24 cm	8 cm	10 cm	15 cm
c	15 cm				

6 Berechne die Länge der Hypotenuse.
a) $a = 0{,}9$ cm, $b = 1{,}2$ cm
b) $a = 1{,}2$ cm, $b = 1{,}6$ cm

7 Familie Sundermann baut ein Haus. Das Haus hat die in der Zeichnung angegebenen Maße. Wie lang sind die Dachbalken?

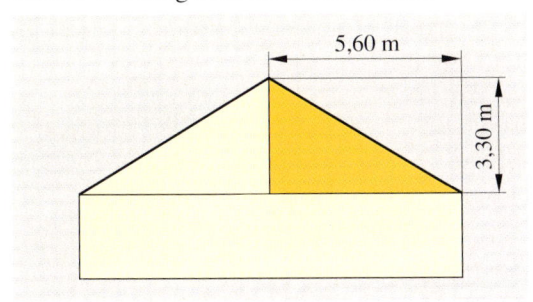

8 Eine Leiter wird an eine Hauswand gelehnt. Am Boden hat sie 2,5 m Abstand von der Hauswand. Die Leiter liegt in 6 m Höhe an der Hauswand an. Wie lang ist die Leiter?

In den folgenden Aufgaben berechnen wir nur Kathetenlängen. Wir können dazu die Formeln

$$a^2 = c^2 - b^2 \qquad b^2 = c^2 - a^2$$

verwenden.

9 In einem rechtwinkligen Dreieck ist die Kathete $a = 6{,}4$ cm, die Hypotenuse $c = 8$ cm.
a) Berechne den Flächeninhalt des Quadrates über der Kathete a und des Quadrates über der Hypotenuse c.
b) Welchen Flächeninhalt hat das Quadrat über der Kathete b?
c) Berechne die Kathetenlänge b.

10 Berechne die Länge der zweiten Kathete im rechtwinkligen Dreieck mit:
a) $b = 15$ cm, $c = 17$ cm
b) $b = 0{,}25$ m, $c = 0{,}65$ m

11 Ein Rechteck hat eine Breite von $b = 4{,}5$ cm. Die Länge der Diagonale beträgt 5,3 cm. Wie lang ist die Seite a?

12 Christane und Daniel lassen einen Drachen steigen. Daniel hält die Drachenschnur, sie ist 100 m lang abgewickelt und wird vom Wind straff gespannt. Christiane stellt sich genau unter den Drachen. Sie ist nun 80 m von Daniel entfernt. Wie hoch steht der Drachen?

13 Ein Funkmast wird durch 82 m lange Spannseile gesichert; die Spannseile sind 18 m vom Fußpunkt des Funkmastes im Erdboden verankert. In welcher Höhe sind die Spannseile am Funkmast befestigt?

14 Die Drehleiter eines Feuerwehrautos steht 10 m von einem Haus entfernt. Die Feuerwehrleiter wird auf 26 m ausgefahren. In welcher Höhe liegt die Feuerwehrleiter an der Hauswand an?

15 In der Abbildung wird gezeigt, wie man nacheinander die Quadratwurzeln der natürlichen Zahlen zeichnerisch bestimmen kann. 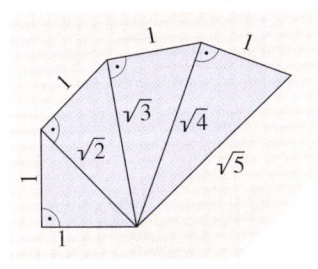
a) Bestimme mit diesem Verfahren die Quadratwurzeln von 1 bis 5. Beginne mit einem Dreieck, bei dem beide Katheten 1 dm lang sind. Benutze ein DIN-A4-Zeichenblatt im Querformat.
b) Prüfe das Verfahren rechnerisch, indem du jeweils die Hypotenusenlänge berechnest.

Vorbereitung auf Prüfungen

So kannst du bei Berechnungen mit dem Lehrsatz des Pythagoras vorgehen:

1. Text genau lesen.

2. Planfigur anfertigen.

3. Rechtwinklige Dreiecke farbig hervorheben. Wo liegt der rechte Winkel?

4. Welche Seiten sind gegeben? (Zwei Katheten oder eine Kathete und die Hypotenuse?)

5. Gegebene Seitenlängen in die Formel des Pythagoras einsetzen.

6. Die gesuchte Seitenlänge ausrechnen. Dabei die Quadratwurzel berechnen (in schwierigen Fällen mit dem Taschenrechner rechnen).

7. Antwortsatz geben.

8. Ergebnis durch eine Überschlagsrechnung überprüfen. Man kann das Ergebnis auch durch eine genaue Zeichnung kontrollieren.

Übungen

1 Berechne die fehlenden Seitenlängen nach dem Satz des Pythagoras.

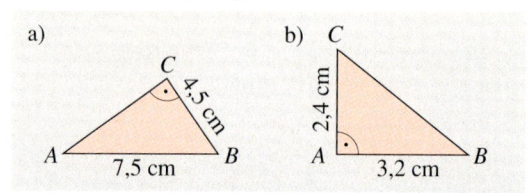

a) Dreieck ABC mit $AB = 7{,}5$ cm, $CB = 4{,}5$ cm, rechter Winkel bei C.

b) Dreieck ABC mit $AB = 3{,}2$ cm, $CB = 2{,}4$ cm, rechter Winkel bei A.

2 a) Berechne die Höhe h des Dammes.
b) Wie groß ist der trapezförmige Querschnitt des Dammes?
c) Wie lang ist die Böschung b?

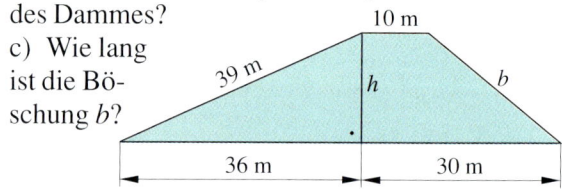

(Damm: obere Breite 10 m, linke Böschung 39 m, untere Breite 36 m + 30 m)

3 Ein gleichseitiges Dreieck hat die Seitenlänge $a = 5{,}5$ cm
a) Berechne die Höhe h. Gib zuerst ein rechtwinkliges Teildreieck an, in dem h als Seite auftritt. Runde sinnvoll.
b) Berechne den Flächeninhalt des gleichseitigen Dreiecks.

4 Bei einem Sägewerk wurde ein rechtwinkliger Balken mit einem Querschnitt von 10×24 cm bestellt. Welchen Durchmesser muss der zum Schneiden dieses Balkens ausgewählte Baumstamm mindestens haben? Fertige zuerst eine Skizze. (Quali 1974)

5 Der Umfang eines gleichseitigen Dreiecks beträgt 12 cm. An jeder Seite soll ein gleichschenkliges Dreieck angefügt werden, so dass eine sternförmige Fläche entsteht.
Die Höhe des angesetzten Dreiecks ist doppelt so lang wie seine Grundseite.
a) Konstruiere die Figur und trage die gegebenen Maße ein.
b) Berechne Gesamtfläche und Umfang. (Runde jeweils das Teil- und Endergebnis auf 2 Dezimalstellen.) (Quali 1976)

Mathe-Meisterschaft

1. Ein regelmäßiges Achteck hat einen Umfang von 40 cm.
   a) Berechne den Basiswinkel α.
   b) Konstruiere diese Figur. *(3 Punkte)*

2. a) Konstruiere ein Dreieck mit $c = 7$ cm; $\alpha = 60°$ und $\gamma = 70°$.
   b) Konstruiere über jede Dreiecksseite ein gleichseitiges Dreieck, so dass eine annähernd sternförmige Figur entsteht.
   c) Berechne Umfang und Flächeninhalt des Dreiecks über der Seite c. Runde jeweils auf 2 Dezimalstellen. *(5 Punkte)*

3. Die Figur $ABCD$ ist eine Raute, e und f sind die Diagonalen. Berechne die fehlende Größe.
   a) $a = 6$ cm; $e = 9$ cm
   b) $e = 3{,}4$ cm; $f = 4{,}4$ cm
   Runde auf 2 Dezimalstellen. *(5 Punkte)*

4. Berechne den Umfang u dieses gleichschenkligen Trapezes in m. Runde auf 2 Dezimalstellen. *(3 Punkte)*

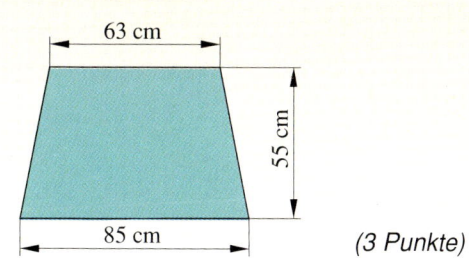

5. Ein Grundstück hat folgende Maße (Skizze):
   a) Berechne den Umfang dieses Grundstücks.
   b) Das Grundstück soll gegen ein rechteckiges mit gleichem Flächeninhalt eingetauscht werden, das 40 m breit ist. Berechne die Länge des neuen Grundstücks.
   c) Um wie viele Meter ist der Umfang des neuen Grundstücks kleiner als der des alten? (Quali 1982) *(8 Punkte)*

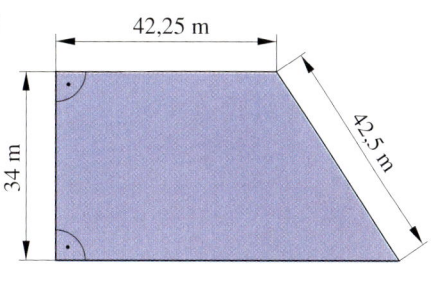

Teilnehmer-Urkunde

19,5–15 Punkte
24–20 Punkte
14,5–10 Punkte

Pyramide, Kegel, zusammengesetzte Körper

In diesem Kapitel werden wir uns mit der zeichnerischen Darstellung von *Pyramiden*, *Kegeln* und *zusammengesetzten Körpern* befassen und ihre Oberflächen und ihre Rauminhalte berechnen. Wir wiederholen dabei auch unsere Kenntnisse über Prismen und Zylinder.

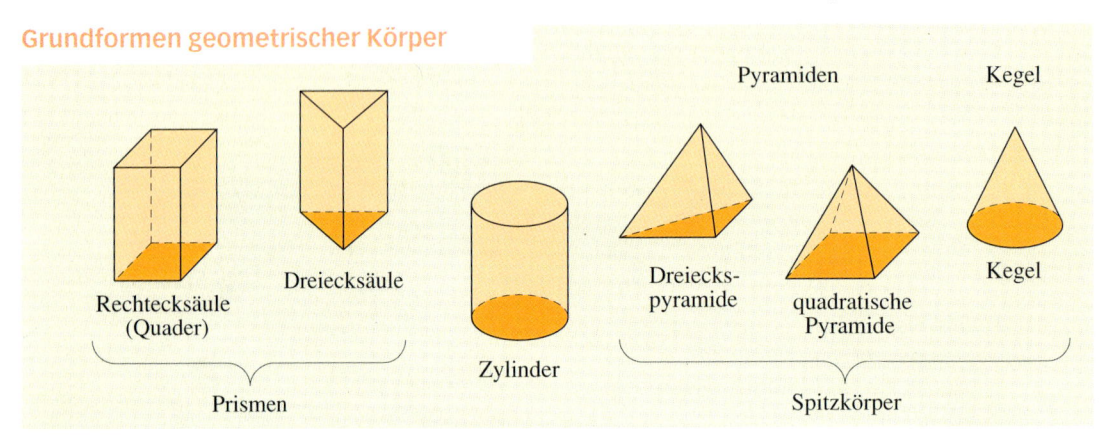

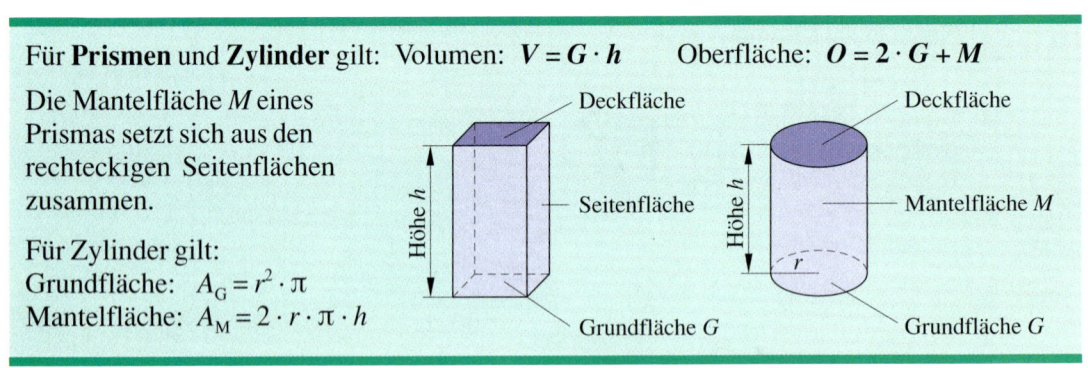

Grundformen geometrischer Körper

Prismen: Rechtecksäule (Quader), Dreiecksäule
Zylinder
Spitzkörper: Pyramiden (Dreieckspyramide, quadratische Pyramide), Kegel

Für **Prismen** und **Zylinder** gilt: Volumen: $V = G \cdot h$ Oberfläche: $O = 2 \cdot G + M$

Die Mantelfläche M eines Prismas setzt sich aus den rechteckigen Seitenflächen zusammen.

Für Zylinder gilt:
Grundfläche: $A_G = r^2 \cdot \pi$
Mantelfläche: $A_M = 2 \cdot r \cdot \pi \cdot h$

Übungen

1 Berechne Oberfläche und Volumen der Quader mit folgenden Kantenlängen:
a) $a = 7$ cm
   $b = 3$ cm
   $c = 4$ cm
b) $a = 85$ cm
   $b = 15$ cm
   $c = 9$ dm
c) $a = 2{,}7$ dm
   $b = 9{,}3$ cm
   $c = 85$ mm

2 Ein Prisma hat eine quadratische Grundfläche mit einer Kantenlänge von 9,5 cm und eine Höhe von 14 cm. Berechne Oberfläche und Volumen.

3 Die Grundfläche eines Prismas ist ein Dreieck, dessen Grundseite 15 cm und dessen Höhe 7,2 cm ist. Die Höhe des Prismas ist 17 cm. Berechne das Volumen.

4 Eine Dose hat 10 cm Durchmesser und 12 cm Höhe. Berechne das Volumen.

5 Ein Prisma aus Glas hat als Grund- und Deckfläche ein gleichschenklig-rechtwinkliges Dreieck mit der Kathetenlänge 2,5 cm. Das Prisma ist 4 cm hoch. Berechne Oberfläche und Volumen.

6 Ein zylinderförmiges Glas ist 14 cm hoch; es ist mit 800 cm³ Wasser gefüllt. Wie groß ist der Durchmesser des Glases?

7 Ein Messzylinder aus Glas hat 4 cm Durchmesser. In welchen Abständen müssen auf dem Zylinder Markierungen für je 10 cm³ Inhalt angebracht werden?

Zeichnerische Darstellung von Körpern

Durch Zusammenklappen des Netzes entsteht der Körper. Wir zeichnen den Körper auch als Schrägbild und vergleichen die beiden Darstellungen. (Angaben in Zentimeter)

Beim **Netz des Körpers** lässt sich die Form jeder Fläche gut erkennen.

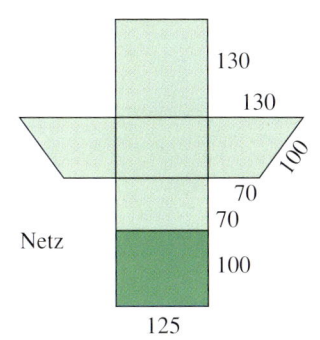

Netz 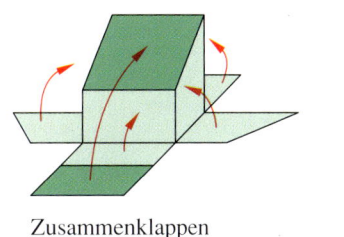 — Zusammenklappen 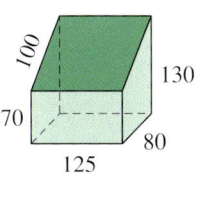 — Schrägbild

Das **Schrägbild** zeigt gut die räumliche Form des Körpers.

- Zeichne das Netz des Körpers im Maßstab 1 : 20 auf dünnen Karton. Schneide das Netz aus und klebe es mithilfe eines Klebefilms zu einem Körper zusammen.
- Zeichne auch das Schrägbild.

Übungen

1 a) Zeichne die Netze von folgenden Körpern. (Maße in Zentimeter.)

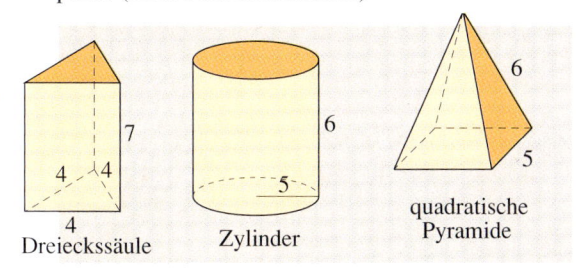

Dreieckssäule — Zylinder — quadratische Pyramide

b) Zeichne die Netze auf dünnen Karton, schneide sie aus und klebe sie zu Körpern zusammen.

2 Zeichne das Netz auf Zeichenkarton, schneide es aus und klebe es zu einem Körper zusammen. Zeichne ein Schrägbild des Körpers. (Maße in Zentimeter.)

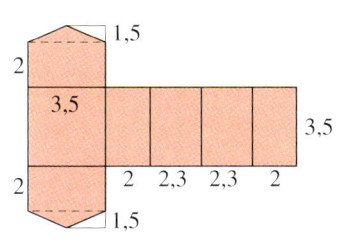

3 Zeichne zu jedem Körper ein Netz. (Maße in Zentimeter)

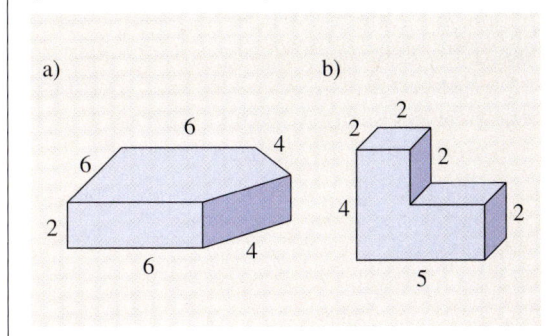

a) b)

4 Zeichne zu jedem Körper möglichst mehrere Netze. (Maße in Zentimeter.)

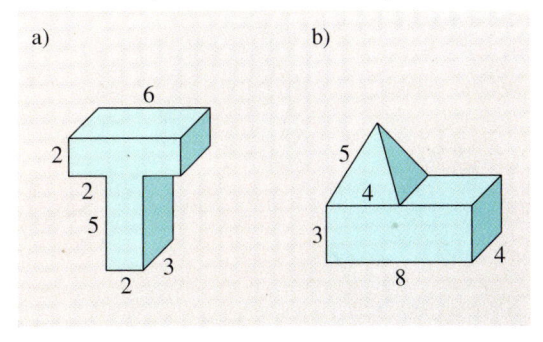

a) b)

Ansichten von Körpern

In einem Schrägbild lassen sich nicht alle wahren Maße messen. Deshalb ist es zweckmäßig, von demselben Körper verschiedene **Ansichten** zu zeichnen.

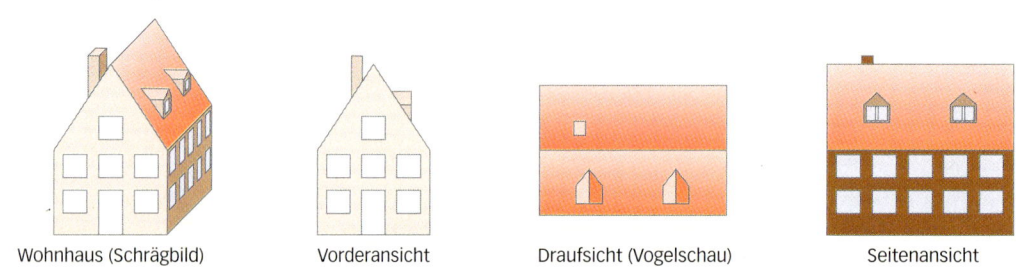

Wohnhaus (Schrägbild) — Vorderansicht — Draufsicht (Vogelschau) — Seitenansicht

Beim Zeichnen einer Ansicht wird nur eine Seite des Körpers abgebildet. Verschiedene geometrische Körper können dabei die gleiche Ansicht besitzen. Zum Beispiel haben die folgenden Körper die gleiche Vorderansicht, man spricht auch vom Aufriss.

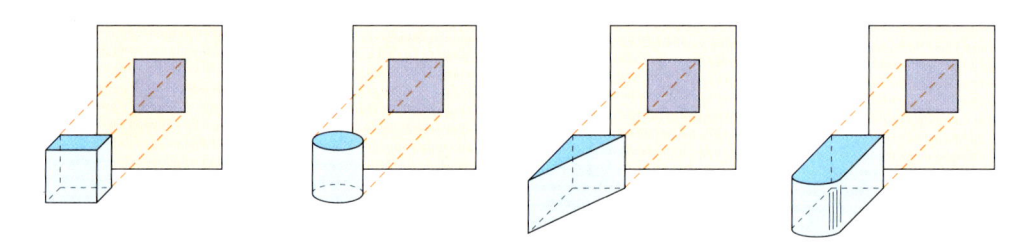

Um die Form der Körper festzulegen, braucht man daher noch weitere **Ansichten** bzw. **Risse**. Dazu stellt man den Körper – original oder gedanklich – so vor sich hin, dass man senkrecht auf seine **Vorderseite** blickt. Diese zeichnet man evtl. auch verkleinert auf und nennt das so gewonnene Bild **Vorderansicht oder Aufriss**. Dann betrachtet man den Körper von **links** und zeichnet seine **Seitenansicht oder den Seitenriss**.

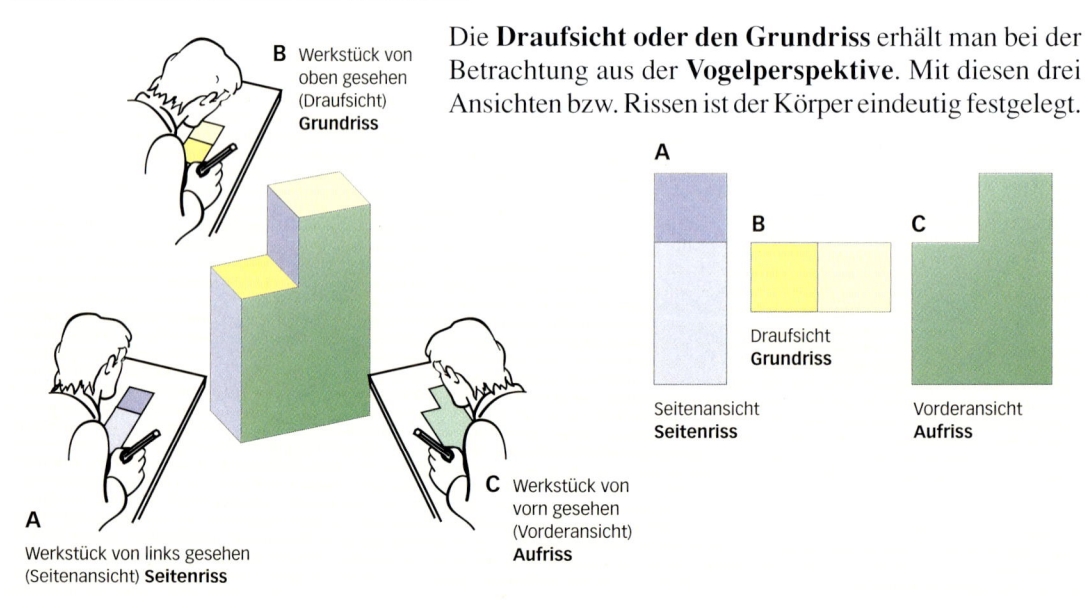

Die **Draufsicht oder den Grundriss** erhält man bei der Betrachtung aus der **Vogelperspektive**. Mit diesen drei Ansichten bzw. Rissen ist der Körper eindeutig festgelegt.

B Werkstück von oben gesehen (Draufsicht) **Grundriss**

C Werkstück von vorn gesehen (Vorderansicht) **Aufriss**

A Werkstück von links gesehen (Seitenansicht) **Seitenriss**

A Seitenansicht **Seitenriss**

B Draufsicht **Grundriss**

C Vorderansicht **Aufriss**

Pyramide, Kegel, zusammengesetzte Körper 85

Übungen

1 a) Zeichne die Vorderansicht/Aufriss folgender Körper. (Maße in Zentimeter.)

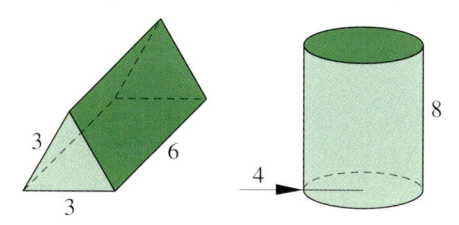

b) Zeichne auch die Seitenansicht/den Seitenriss der Körper.
c) Zeichne auch die Draufsicht/den Grundriss der Körper.

2 Zeichne die drei Risse eines Quaders mit den Kantenlängen
$a = 5$ cm, $b = 2$ cm, $c = 8$ cm.

3 Zeichne die drei Risse folgender Körper. (Maße in Zentimeter.)

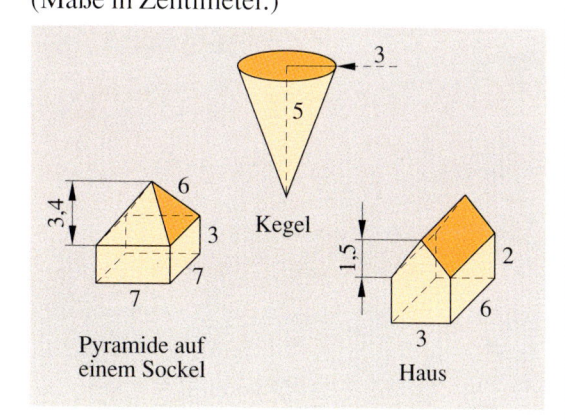

Pyramide auf einem Sockel   Kegel   Haus

4 Die Ecken vom Kantenmodell des Hauses sind mit den Buchstaben A, B, ..., K bezeichnet.

Kantenmodell eines Hauses (Maße in cm)

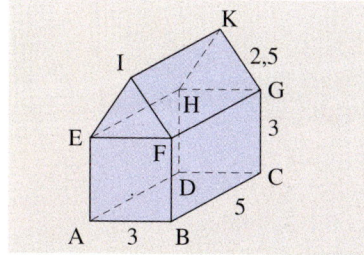

a) Zeichne die drei Risse des Hauses.
b) Gib an, welche Ecken bei den einzelnen Ansichten sichtbar sind.

5 Zeichne im Maßstab 1:100 für das dargestellte Zelt die Vorderansicht, die Seitenansicht und die Draufsicht bzw. die drei Risse.

6 Zeichne Vorderansicht, Seitenansicht und Draufsicht der Körper. (Maße in Zentimeter.) Welche Vorteile hat das Schrägbild? Welche Vorteile hat die Darstellung in verschiedenen Ansichten?

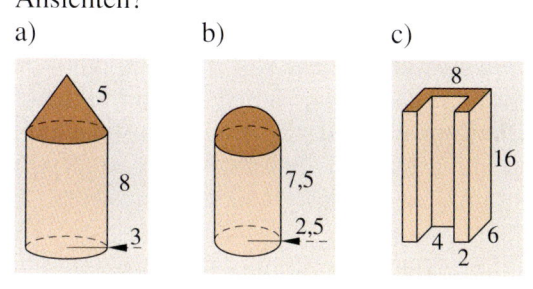

a)   b)   c)

7 Zeichne von den Werkstücken Vorderansicht, Seitenansicht und Draufsicht. Beschreibe Anschaulichkeit und Maßgenauigkeit der verschiedenen Darstellungen.

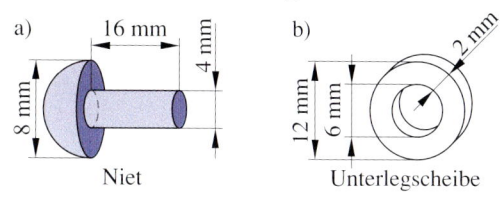

a) Niet   b) Unterlegscheibe

8 a) Zeichne das Schrägbild, das Netz und die drei Ansichten einer liegenden Dreieckssäule. (Maße in Zentimeter)

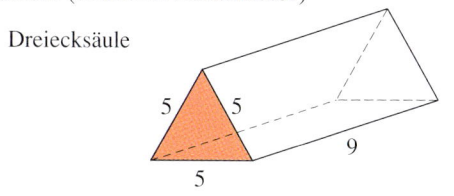

Dreiecksäule

b) In welcher Darstellung lassen sich alle Maße durch Messen feststellen? Welche Maße lassen sich auch bei den anderen Darstellungen durch Messen feststellen, welche nicht?
c) Welche der drei Darstellungen gibt das Aussehen des geometrischen Körpers am deutlichsten wieder?

Formbetrachtung und Darstellung von Pyramiden und Kegeln

Außer den bekannten Königspyramiden in Ägypten gibt es auch Pyramiden mit Grundflächen, die aus Vielecken bestehen. Kirchturmdächer besitzen oft die Form von regelmäßigen Pyramiden.

Mathematisch beschäftigt man sich meist mit **regelmäßigen Pyramiden**, deren Grundflächen regelmäßige Vielecke sind. Die Körperhöhe h ist die Senkrechte von der Spitze auf die Grundfläche. Steht die Körperhöhe auf der Mitte der Grundfläche, so ist dies eine **gerade Pyramide**. Die Kanten von der Spitze zu den Eckpunkten der Grundfläche heißen **Seitenkanten** s. Die Seitenkanten sind nur bei wenigen geraden Pyramiden alle gleich lang. In der Zeichnung siehst du einzelne gerade Pyramiden dargestellt.

Dreieckspyramide   Rechteckspyramide   Fünfeckspyramide   Sechseckpyramide

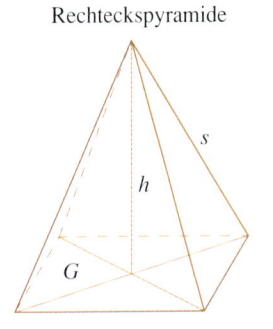

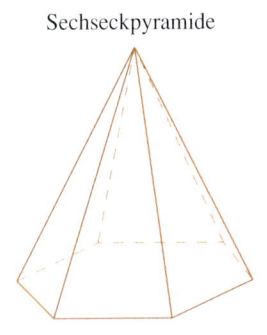

Am 19. 6. 1992 wurde die Bundeskunsthalle in Bonn eröffnet. Drei Kegel-Lichttürme sind ihr Wahrzeichen. Ihre Spitzen sind aus Metall, der obere Teil ist verglast, der untere Teil ist mit blauen Kacheln verkleidet.

Die Grundfläche der Pyramide ist ein Vieleck. Verdoppelt man schrittweise die Eckenzahl eines regelmäßigen Vielecks, so nähert sich dieses Vieleck einem Kreis. Man kann sich vorstellen, dass durch dieses Verfahren aus einer Pyramide ein Kegel entsteht.

Pyramiden und Kegel gehören zur Gruppe der Spitzkörper.

Pyramide, Kegel, zusammengesetzte Körper

Schrägbilder von Pyramiden und Kegeln können mithilfe von Prismen und Zylindern gezeichnet werden. Dabei wird die Höhe der Pyramide bzw. des Kegels genau im Mittelpunkt der Grundfläche des Prismas oder des Zylinders als Hilfslinie in wahrer Länge eingezeichnet.

Es gibt verschiedene Möglichkeiten, Schrägbilder zu zeichnen. Wir gehen so vor:

Der Körper steht vor der Zeichenebene.

1. Die Strecken, die parallel zur Zeichenebene verlaufen, werden in wahrer Länge gezeichnet.

2. Die Strecken, die in Wirklichkeit senkrecht zur Zeichenebene verlaufen, werden schräg und „nach hinten" verkürzt gezeichnet. Wir verkürzen diese Strecken stets auf die Hälfte und tragen sie im Winkel $\alpha = 45°$ an.

3. Alle anderen Strecken können durch Verbindung der so konstruierten Punkte gezeichnet werden.

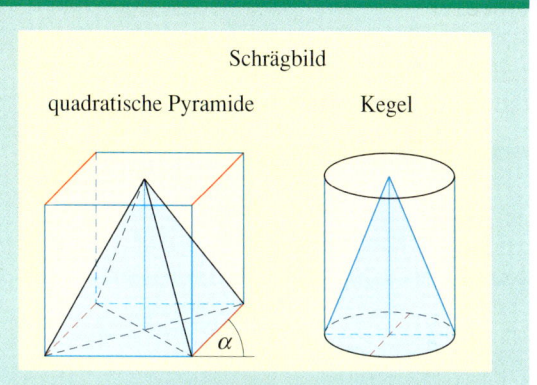

Schrägbild
quadratische Pyramide   Kegel

blau: wahre Länge
rot: halbe Länge; $\alpha = 45°$
schwarz: verzerrt

Übungen

Pyramiden und Kegel

1 a) Stelle aus einem Plastelin- oder Tonblock eine Pyramide und einen Kegel her.
b) Bestimme die Länge aller Kanten. Die Körperhöhe kannst du auf verschiedene Arten bestimmen.

2 Zeichne das Netz der quadratischen Pyramide und baue das Flächenmodell.

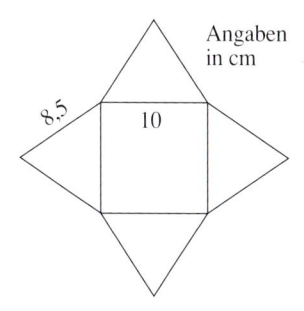

Angaben in cm
8,5   10

Kegel

3 Schütte Vogelsand zu einem möglichst hohen Kegel auf. Bestimme den Durchmesser und die Körperhöhe.

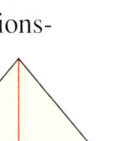

4 Durch rasche Drehung eines rechtwinklig-gleichschenkligen Dreiecks entsteht scheinbar ein Körper, ein so genannter Rotationskegel. 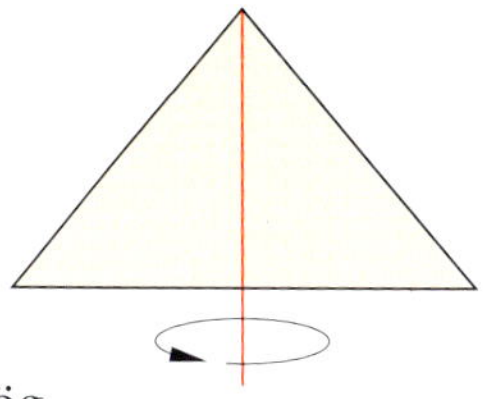
a) Baue und erzeuge einen Rotationskegel aus Karton und einen Rundstab.
b) Bestimme Durchmesser und Körperhöhe.
c) Es gibt noch eine weitere Möglichkeit zur Erzeugung eines Rotationskegels.

Schrägbilder

5 Zeichne das Schrägbild
a) einer quadratischen Pyramide mit $a = 6$ cm und $h = 7$ cm;
b) eines Kegels mit $r = 3{,}6$ cm und $h = 8$ cm.
(Zeichne die Grundfläche freihändig.)

6 Zeichne das Schrägbild einer Pyramide. Die Grundfläche der Pyramide ist ein Rechteck mit $a = 4{,}5$ cm und $b = 6$ cm. Die Höhe der Pyramide ist $h = 4{,}8$ cm.

7 Zeichne das Schrägbild eines Kegels mit Durchmesser $d = 7{,}2$ cm und Höhe $h = 4{,}5$ cm.

Oberfläche von Pyramiden

Thomas will eine quadratische Pyramide basteln. Zunächst zeichnet er das Netz der Pyramide mit der Grundfläche und den Seitenflächen. Die Seitenflächen sind gleichschenklige Dreiecke. Sie bilden zusammen die Mantelfläche der Pyramide.

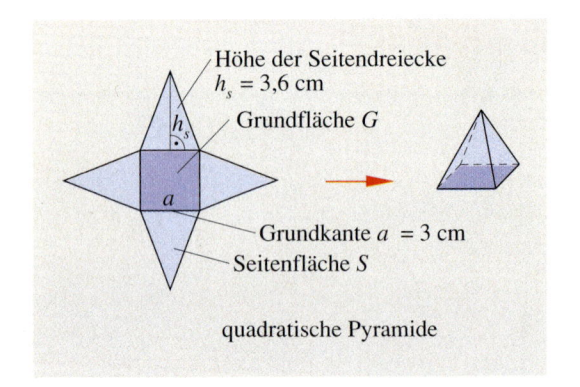

> Die Oberfläche O der Pyramide setzt sich zusammen aus der Grundfläche und der Mantelfläche. $O = G + M$

Höhe der Seitendreiecke $h_s = 3{,}6$ cm
Grundfläche G
Grundkante $a = 3$ cm
Seitenfläche S

quadratische Pyramide

Thomas rechnet:

Seitenfläche: $\quad S = \dfrac{a \cdot h_s}{2} \quad\quad S = \dfrac{3 \cdot 3{,}6}{2}\,\text{cm}^2 \quad\quad S = 5{,}4\,\text{cm}^2$

Mantelfläche: $\quad M = 4 \cdot S \quad\quad M = 4 \cdot 5{,}4\,\text{cm}^2 \quad\quad M = 21{,}6\,\text{cm}^2$

Grundfläche: $\quad G = a \cdot a \quad\quad G = 3 \cdot 3\,\text{cm}^2 \quad\quad G = 9\,\text{cm}^2$

Oberfläche der Pyramide: $\quad O = G + M \quad\quad O = 9\,\text{cm}^2 + 21{,}6\,\text{cm}^2 \quad\quad O = 30{,}6\,\text{cm}^2$

Übungen

1 Zeichne das Netz einer quadratischen Pyramide mit $a = 5$ cm und $h_s = 6{,}5$ cm. Berechne die Oberfläche.

2 Zeichne das Netz einer quadratischen Pyramide. Die Grundkanten sind 3,5 cm lang, die Höhe der Seitendreiecke beträgt 4 cm. Berechne die Oberfläche der Pyramide.

3 Berechne die Oberfläche (Maße in cm).

4 Ein **Tetraeder** ist eine Pyramide, deren Grundfläche und Seitenflächen gleichseitige Dreiecke sind. Zeichne das Netz eines Tetraeders ($a = 5$ cm). Miss benötigte Maße und berechne die Oberfläche.

5 Ein pyramidenförmiges Turmdach mit quadratischem Grundriss soll mit Kupferplatten gedeckt werden. Die Grundkante ist 4,8 m lang, die Höhe der Seitendreiecke beträgt 3,6 cm. Wie viel Quadratmeter Kupfer sind erforderlich, wenn für Verschnitt 4% hinzuzurechnen sind?

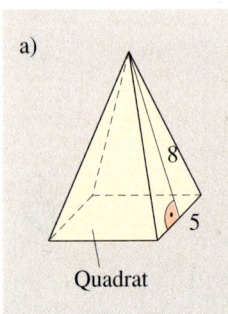

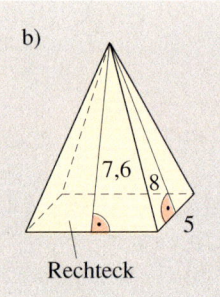

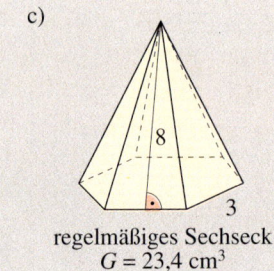

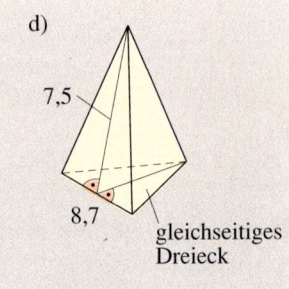

a) Quadrat; 8; 5
b) Rechteck; 7,6; 8; 5
c) regelmäßiges Sechseck $G = 23{,}4\,\text{cm}^3$; 8; 3
d) gleichseitiges Dreieck; 7,5; 8,7

Pyramide, Kegel, zusammengesetzte Körper

Das Volumen der Pyramide

Das Pyramidenmodell und das Prismenmodell haben die *gleiche Grundfläche G* und die *gleiche Höhe h*. Sabine misst durch Umfüllen von Wasser, wie oft der Rauminhalt der Pyramide in den Rauminhalt des Prismas passt.
Sie stellt fest: Drei Pyramiden voll Wasser füllen das Prisma.

Das Volumen des Prismas ist $G \cdot h$. Daraus ergibt sich:

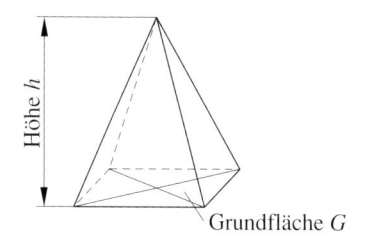

Für das Volumen V der Pyramide gilt: $V = \frac{1}{3} \cdot G \cdot h$

Beispiel Wir berechnen das Volumen der Cheopspyramide.

Gesucht: 1. $G = a^2$
$G = (230{,}38)^2 \text{ m}^2$
$G = 53\,074{,}9444 \text{ m}^2$
2. $V = \frac{1}{3} G \cdot h$
$V = \frac{1}{3} \cdot 53\,074{,}9444 \cdot 146{,}6 \text{ m}^3$
$V = 2\,593\,595{,}6 \text{ m}^3$

Gegeben: Grundkante $a = 230{,}38$ m
Höhe $h = 146{,}6$ m
oder:
Gesucht: Volumen V
$V = \frac{1}{3} \cdot a^2 \cdot h$
$V = \frac{1}{3} \cdot 230{,}38^2 \cdot 146{,}6 \text{ m}^3$
$V = 2\,593\,595{,}6 \text{ m}^3$

Das Volumen der Cheopspyramide beträgt $2\,593\,395{,}6 \text{ m}^3$.

Übungen

1 Fertige aus Pappe eine Pyramide mit beliebiger Grundfläche und Höhe sowie das zugehörige Prisma an. Miss mit Sand aus, wie oft der Inhalt der Pyramide in das hohle Prisma geschüttet werden kann.

2 Wie könnte man durch Wiegen das Volumen einer Pyramide mit dem Volumen eines zugehörigen Prismas vergleichen?

3 Übertrage die Tabelle in dein Heft und berechne die fehlenden Angaben der Pyramiden.

Volumen V	Höhe h	Fläche G	Seite a
	9,3 cm		5,6 cm
	12,4 m	23,04 m²	
237,16 dm³			7,7 dm
62,658 cm³		34,81 cm²	
	7,2 m		21,8 m
1536 cm³		256 cm²	

Die Oberfläche des Kegels

Die Oberfläche O des Kegels besteht aus der kreisförmigen Grundfläche G und der Mantelfläche M.

> Für die Oberfläche O des Kegels gilt:
> $$O = G + M$$

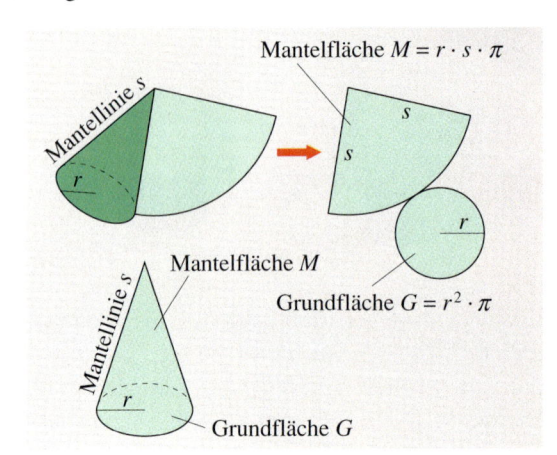

Die Grundfläche G hat den Radius r.
Also gilt: $\quad G = r^2 \cdot \pi$

Die Mantelfläche M (Kreisausschnitt) wird als Dreieck mit gekrümmter Grundlinie angesehen. Also $M = \frac{g \cdot h}{2}$, wobei $g = b = u_{\text{Grundfläche}}$ und $h = s$; $u = 2 \cdot r \cdot \pi$.
$M = \frac{2 \cdot r \cdot \pi \cdot s}{2}$
$M = r \cdot \pi \cdot s$

Mantelfläche $M = r \cdot s \cdot \pi$
Mantelfläche M
Grundfläche $G = r^2 \cdot \pi$
Grundfläche G

Beispiel

Stefan hat aus dünnem Zeichenkarton einen Kegel gebastelt. Wie viel Zeichenkarton hat er dann gebraucht? Der Radius r der Grundfläche beträgt 3,5 cm, die Mantellinie s ist 17 cm lang.

Grundfläche: $\quad G = r^2 \cdot \pi$
$G = (3,5)^2 \cdot 3,14 \text{ cm}^2; \quad G = 38,465 \text{ cm}^2$
$\qquad\qquad\qquad\qquad\qquad \approx 38 \text{ cm}^2$

Mantelfläche: $\quad M = r \cdot s \cdot \pi$
$M = 3,5 \cdot 17 \cdot 3,14 \text{ cm}^2; \quad M = 186,83 \text{ cm}^2$
$\qquad\qquad\qquad\qquad\qquad \approx 187 \text{ cm}^2$

Oberfläche: $\quad O = G + M$
$O = 38 \text{ cm}^2 + 187 \text{ cm}^2 \qquad = \underline{\underline{225 \text{ cm}^2}}$

Die Oberfläche des Kegels beträgt 225 cm²; so viel Zeichenkarton hat Stefan gebraucht.

Übungen

1 Berechne die Oberfläche der Kegel.

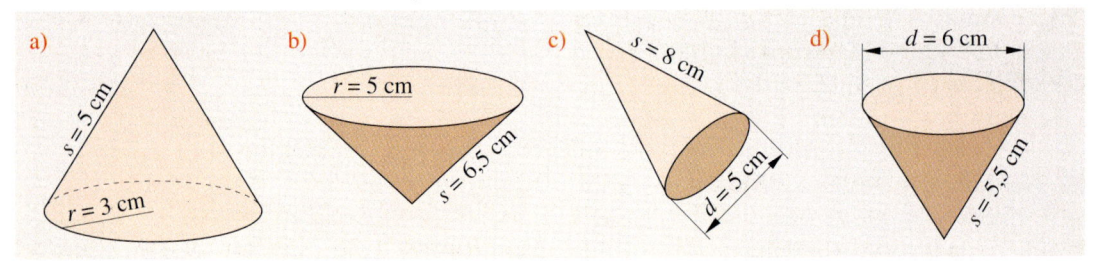

a) $s = 5$ cm, $r = 3$ cm
b) $r = 5$ cm, $s = 6,5$ cm
c) $s = 8$ cm, $d = 5$ cm
d) $d = 6$ cm, $s = 5,5$ cm

Pyramide, Kegel, zusammengesetzte Körper

2 Übertrage die Tabelle in dein Heft. Berechne die Oberfläche der Kegel.
Rechne mit π = 3,14.

Radius r	Mantellinie s	Oberfläche O
4 cm	13 cm	≈ 214 cm²
6 cm	15 cm	
2,4 cm	6,2 cm	
5,2 cm	8,2 cm	
2,5 cm	4,3 cm	
5,1 dm	9,4 dm	
2 m	4,3 m	
0,7 m	24 dm	

3 Berechne Mantelfläche und Oberfläche folgender Kegel.
a) r = 5 cm, s = 12 cm
b) r = 3 dm, s = 7 dm
c) d = 8 cm, s = 1,7 dm

4 Berechne die Oberfläche der Kegel.
a) r = 25 cm, s = 40 cm
b) r = 23 dm, s = 47,5 dm
c) d = 38 cm, s = 4,2 dm

5 Der Burgturm hat die Form eines Zylinders, dessen Durchmesser 12 m beträgt. Auf den Turm soll ein kegelförmiges Dach aufgesetzt werden (Mantellinie s = 13 m). Das Dach soll mit Schindeln gedeckt werden. Wie viel Quadratmeter sind zu decken?

6 Holger hat einen Kegel aus Zeichenkarton gebastelt. Wie groß ist die Mantelfläche, wenn der Radius r = 8 cm und die Mantellinie s = 12 cm ist?

7 Die Mantelfläche M und der Radius r eines Kegels sind gegeben. Berechne wie im Beispiel die Mantellinie s. Danach bestimme auch die Oberfläche O.

Beispiel: M = 452,16 cm², r = 8 cm
Rechnung: M = r · s · π
452,16 = 8 · s · 3,14
s = 18
Die Mantellinie s ist 18 cm lang.

a) M = 94,2 cm², r = 4 cm
b) M = 87,92 cm², r = 3,5 cm
c) M = 125,6 cm², r = 5 cm
d) M = 376,8 cm², r = 8 cm

8 Berechne die Oberfläche O bzw. die Mantellinie s.

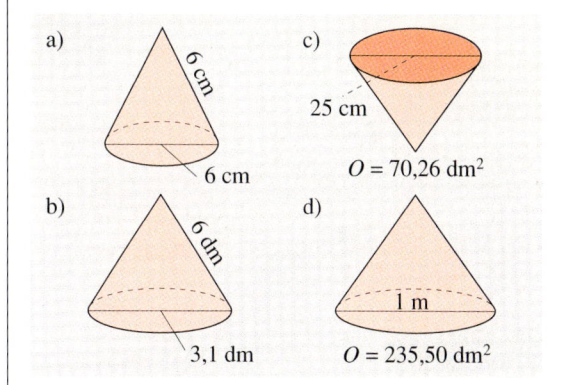

a) 6 cm, 6 cm
b) 6 dm, 3,1 dm
c) 25 cm, O = 70,26 dm²
d) 1 m, O = 235,50 dm²

9 a) Zeichne die Kreisausschnitte und berechne den Flächeninhalt.

Radius s	7 cm	13 cm	25 cm	25 cm
Winkel α	90°	130°	180°	320°

b) Klebe die Kreisausschnitte zu Kegeln zusammen. Miss die Kegelradien. Berechne die Mantelflächen nach der Formel M = r · s · π und vergleiche.

10 Zeichne einen Kreis mit r = 10 cm. Schneide aus dem Kreis einen Ausschnitt mit dem Mittelpunktswinkel α = 120° aus und klebe den Ausschnitt zu einem Kegel zusammen.
a) Berechne die Länge des Bogens b. Wie groß ist der Umfang des Kegels?
b) Bestimme aus dem Umfang den Radius.
c) Wie groß ist die Mantelfläche?

Das Volumen des Kegels

Wir haben uns auf Seite 86 den Kegel als eine Pyramide mit unendlich vielen Seitenkanten vorgestellt. Daher kann man das Volumen eines Kegels mit der Grundfläche G und der Höhe h ebenso wie bei der Pyramide mit der Formel $V = \frac{1}{3} \cdot G \cdot h$ berechnen. Mit einem Zylinder und einem Kegel von gleicher Höhe und jeweils gleicher Grundfläche kannst du die Formel durch Umschütten nachweisen.

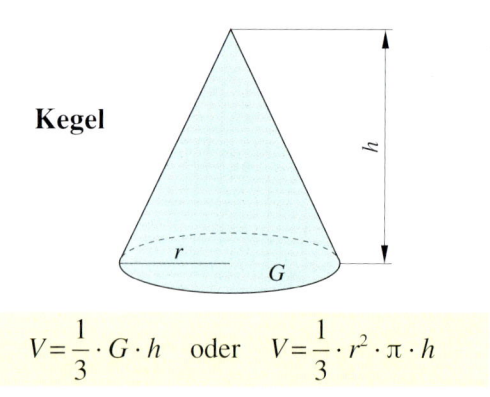

Kegel

$$V = \frac{1}{3} \cdot G \cdot h \quad \text{oder} \quad V = \frac{1}{3} \cdot r^2 \cdot \pi \cdot h$$

Beispiel Wir berechnen das Volumen des Kelchglases.

Gegeben: $r = 3$ cm, $h = 9$ cm
Gesucht: V   Formel: $V = \frac{1}{3} \cdot G \cdot h$,   oder:
                    $G = r^2 \cdot \pi$ $V = \frac{1}{3} \cdot r^2 \cdot \pi \cdot h$

Rechnung: $G = 3^2 \cdot 3{,}14$ cm²
              $= 28{,}26$ cm²
          $V = \frac{1}{3} \cdot 28{,}26 \cdot 9$ cm³ $V = \frac{1}{3} \cdot 3^2 \cdot 3{,}14 \cdot 9$ cm³
              $= 84{,}78$ cm³ $= 84{,}78$ cm³

Das Kelchglas hat einen Rauminhalt von 84,78 cm³, das sind rund 85 cm³.

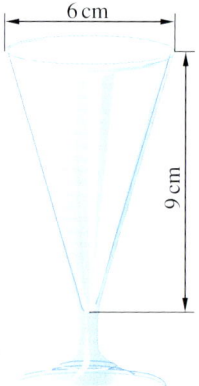

Übungen

1 Übertrage die Tabelle in dein Heft. Berechne das Volumen der Kegel.

Radius r	Höhe h	Rauminhalt V
2,45 m	7,8 m	≈ 49 m³
14 cm	25 cm	
5,4 dm	8 dm	
5,2 cm	15 cm	
12,5 dm	16,2 dm	
3,8 cm	10 cm	

2 Der Grundkreis eines Kegels hat einen Durchmesser von 58 cm. Der Kegel ist 80 cm hoch. Berechne das Volumen des Kegels.

3 Ein kegelförmig aufgeschütteter Sandhaufen hat einen Umfang von 13,814 m und eine Höhe von 2,12 m. Wie groß ist sein Volumen?

4 Kegelförmig aufgeschütteter feiner Sand ($d = 10$ m, $h = 1{,}98$ m) soll zu einer Baustelle transportiert werden. Ein Lastkraftwagen mit einer Ladefläche von 3,50 m Länge und 2,00 m Breite kann 50 cm hoch mit Sand beladen werden.
Wie oft muss der Wagen fahren?

5 Auf einem Bauplatz liegt ein Schüttkegel Sand. Er hat einen Umfang von 32 cm und eine Höhe von 8 m. Berechne das Volumen des Schüttkegels.

6 Übertrage die Tabelle in dein Heft und berechne die fehlenden Angaben.

Volumen V	Höhe h	Radius r
	12 cm	5 cm
34,5 dm³	9,5 dm	
70,4 cm³		4,5 cm
	43 mm	27 mm

Pyramide, Kegel, zusammengesetzte Körper

Oberfläche und Volumen eines zusammengesetzten Körpers

Eine Firma stellt den abgebildeten Heizöltank her.

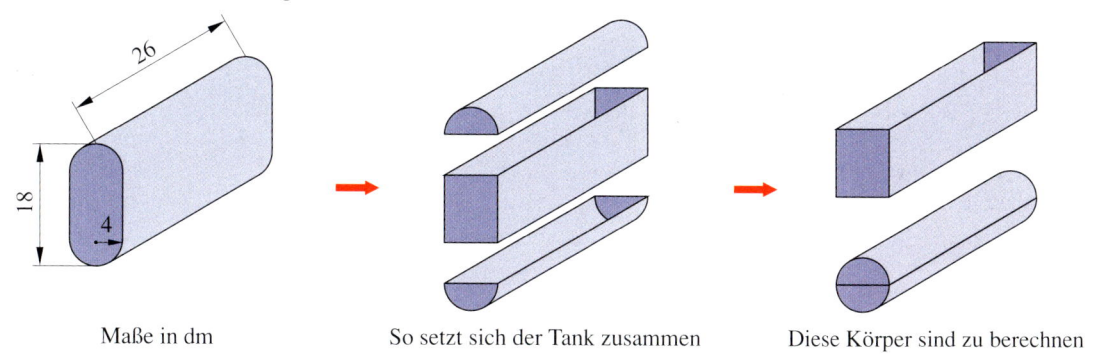

Maße in dm — So setzt sich der Tank zusammen — Diese Körper sind zu berechnen

a) Wie viel Zinkblech ist zur Herstellung des Heizöltanks notwendig?
b) Wie groß ist das Fassungsvermögen des Öltanks?

Überlegungen zum Lösungsweg:

- Der Öltank ist ein zusammengesetzter Körper: halbierter Zylinder – Rechtecksäule – halbierter Zylinder
- Die beiden halbierten Zylinder sind gleich groß und können zu einem ganzen Zylinder zusammengefasst werden ($r = 4$ dm).
- Die Höhe der Rechtecksäule ist: 18 dm $- 2 \cdot 4$ dm $= 10$ dm
- Die Breite der Rechtecksäule ist der Durchmesser des Zylinders: 8 dm

a) Mantelfläche M_R der Rechtecksäule:
$M_R = 2 \cdot S_1 \quad\quad + 2 \cdot S_2$
$M_R = 2 \cdot 8 \cdot 10$ dm$^2 + 2 \cdot 26 \cdot 10$ dm^2
$\quad\ = \quad 160$ dm$^2 \ + \quad 520$ dm^2
$\quad\ = 680$ dm^2

Oberfläche O_Z des Zylinders:
$O_Z = 2 \cdot G \quad\quad\quad + \quad M$
$O_Z = 2 \cdot 4 \cdot 4 \cdot 3{,}14$ dm$^2 + 2 \cdot 4 \cdot 3{,}14 \cdot 26$ dm^2
$\quad\ = \quad 100{,}48$ dm$^2 \ + \quad 653{,}12$ dm^2
$\quad\ = 753{,}6$ dm^2

Oberfläche O des Heizöltanks:
$O = \quad M_R \ + \ O_Z$
$O = 680$ dm$^2 + 753{,}6$ dm^2
$\quad\ = 1433{,}6$ dm^2

Für den Heizöltank braucht man $1433{,}6$ dm^2 Zinkblech, das sind etwa $14{,}3$ m^2.

b) Volumen V_R der Rechtecksäule:
$V_R = \quad G \ \cdot \ h$
$V_R = 8 \cdot 26 \cdot 10$ dm^3
$\quad\ = 2080$ dm^3

Volumen V_Z des Zylinders:
$V_Z = \quad G \ \cdot \ h$
$V_Z = 4 \cdot 4 \cdot 3{,}14 \cdot 26$ dm^3
$\quad\ = 1306{,}24$ dm^3

Volumen V des Heizöltanks:
$V = \quad V_R \ + \ V_Z$
$V = 2080$ dm$^3 + 1306{,}24$ dm^3
$\quad\ = 3386{,}24$ dm^3

Der Tank fasst $3386{,}24$ dm^3 Heizöl, das sind etwa 3386 l.

Übungen

1 Berechne Oberfläche und Volumen jedes zusammengesetzten Körpers (Maße in cm).

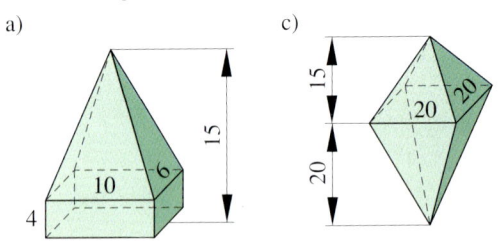

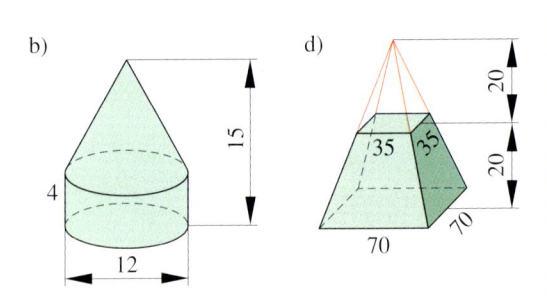

a)

b)

c)

d)

2 Das Bild zeigt den Grundriss eines Zeltes. Das Zelt ist 1,80 m hoch, hat die Form einer dreieckigen Säule und einer halbierten sechseckigen Pyramide. Berechne das Volumen des Zeltes.

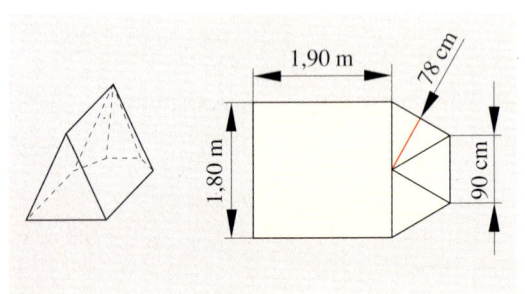

3 Berechne Oberfläche und Volumen des Doppelkegels (Maße in mm).

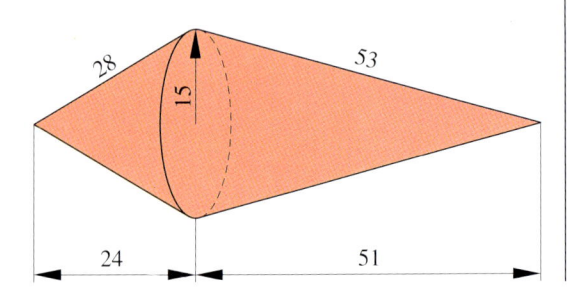

4 Ein Stahlzylinder ist so bearbeitet worden, dass das dargestellte Werkstück entstanden ist.

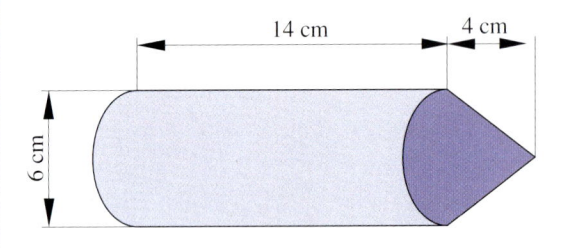

a) Zeichne die Körper, aus denen sich das Werkstück zusammensetzt.
b) Welches Volumen hat das Werkstück?
c) Welches Volumen hatte das Werkstück vor der Bearbeitung, wenn der unbearbeitete Stahlzylinder die gleiche Länge und die gleiche Stärke hatte wie das abgebildete Werkstück?

5 Ein Zylinder hat einen Radius $r = 25$ cm, seine Höhe beträgt 32 cm.
Dem Zylinder wird an beiden Seiten ein Kegel mit dem gleichen Radius und der Höhe $h = 15$ cm aufgesetzt. Berechne das Volumen des zusammengesetzten Körpers schrittweise.

6 Die Skizze zeigt ein Werkstück aus Aluminium. Es besteht aus einer quadratischen Pyramide mit einer kegelförmigen Vertiefung. Die Höhe des Kegels beträgt $\frac{3}{7}$ der Höhe der Pyramide.
a) Wie groß ist das Volumen des Werkstücks? Rechne mit $\pi = 3{,}14$.
b) Berechne die Masse des Werkstücks in Gramm. Dichte von Aluminium: $2{,}7 \frac{g}{cm^3}$.
(aus Quali 1996)

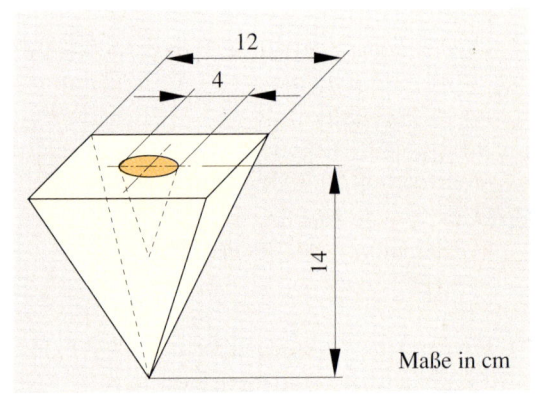

Pyramide, Kegel, zusammengesetzte Körper

Der Satz des Pythagoras bei Berechnungen an Körpern

Wir wenden den Satz des Pythagoras bei Berechnungen an Pyramiden und Kegeln an. Dazu suchen wir geeignete rechtwinklige Dreiecke, für die gilt $c^2 = a^2 + b^2$ oder – angewendet auf das kegelförmige Dach eines Turmes – $s^2 = r^2 + h^2$.

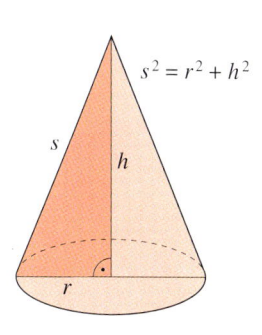

$$s^2 = r^2 + h^2$$

Beispiel

Das kegelförmige Dach eines Turmes muss eine neue Verbindung zum Blitzableiter erhalten. Diese Verbindung verläuft längs einer Mantellinie. Der Radius des Turmes beträgt 4 m, das Turmdach ist 9 m hoch. Wie viel m Draht müssen verlegt werden?

Lösung:
Wir müssen die Länge der Mantellinie s berechnen. Dazu wenden wir für das dunkelrote Dreieck den Satz des Pythagoras an.

Gegeben: $r = 4$ m $\qquad$ Gesucht: s $\qquad$ Rechnung: $s^2 = 16\,\text{m}^2 + 81\,\text{m}^2 = 97\,\text{m}^2$
$\qquad\qquad$ $h = 9$ m $\qquad$ Formel: $s^2 = r^2 + h^2$ $\qquad\qquad\qquad$ $s = \sqrt{97}$ m $\qquad s \approx 9{,}85$ m

Die Mantellinie s ist 9,85 m lang. Es müssen ungefähr 10 m Draht verlegt werden.

Übungen

1 Ein Kegel hat eine Höhe $h = 8$ m und einen Radius $r = 6$ m.
a) Wie lang ist die Mantellinie s?
b) Berechne das Volumen V und die Oberfläche O.

2 Ulrike hat einen Papierkegel mit $r = 8$ cm und $s = 17$ cm gebastelt.
a) Wie hoch ist der Kegel?
b) Berechne die Mantelfläche M.

3 Berechne die Mantellinie des Kegels.
a) $h = 25$ cm $\qquad$ b) $h = 72$ dm
$\quad r = 14$ cm $\qquad\quad r = 46$ dm

4 Berechne die Höhe des Kegels.
$s = 22$ cm $\qquad r = 6$ cm

5 Eine quadratische Pyramide hat die Grundkante $a = 80$ cm und die Höhe $h = 39$ cm.
a) Berechne die Höhe h_s einer Seitenfläche.
b) Berechne die Mantelfläche und die Oberfläche der Pyramide.
c) Verdopple die Grundkante und die Höhe der Pyramide, rechne neu und vergleiche.

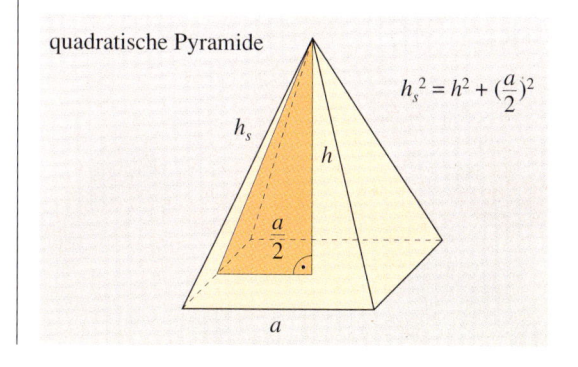

quadratische Pyramide

$$h_s^2 = h^2 + \left(\frac{a}{2}\right)^2$$

6 Berechne Mantelfläche M, Oberfläche O und Volumen V folgender Kegel.
a) $h = 25$ cm, $r = 14$ cm
b) $h = 80$ mm, $r = 54$ mm
c) $h = 15$ cm, $s = 15,9$ cm
d) $h = 42$ mm, $r = 30$ mm
e) $h = 72$ dm, $d = 46$ dm
f) $s = 8$ cm, $d = 12$ cm
g) $s = 3$ m, $u = 6,28$ m
h) $h = 15,2$ cm, $u = 30,5$ cm

7 Berechne das Volumen einer quadratischen Pyramide mit der Grundkante a, der Höhe h, der Seitenkante k und der Diagonale e der Grundfläche.
a) $a = 5,2$ cm
   $k = 9$ cm
b) $a = 7,5$ cm
   $k = 12,4$ cm
c) $e = 6$ cm
   $k = 10,6$ cm
d) $e = 8,1$ cm
   $k = 15$ cm
e) $h = 8,2$ cm
   $k = 9,7$ cm
f) $h = 4,7$ cm
   $k = 7,6$ cm

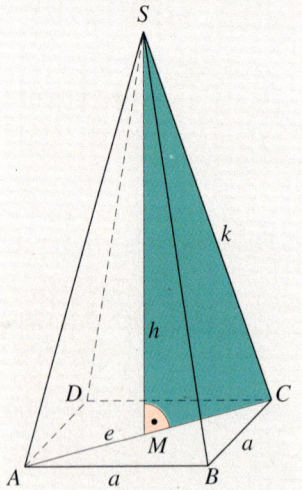

8 Der kegelförmige aufgeschüttete Sandhaufen hat 22 m Durchmesser und 7,40 m Höhe.
a) Wie viel Kubikmeter Sand wurden aufgeschüttet?
b) Wie viel Quadratmeter Plane braucht man zur Abdeckung des Sandhaufens?

9 Berechne die Oberfläche von quadratischen Pyramiden mit:
a) $a = 16$ cm
   $h = 15$ cm
b) $a = 2,4$ dm
   $h = 3,5$ dm
c) $a = 6,60$ m
   $h = 5,60$ m
d) $a = 15,2$ cm
   $h = 45$ cm

10 Eine Pyramide mit quadratischer Grundfläche hat eine Grundkante $a = 40$ cm und eine Höhe $h = 21$ cm.
a) Berechne die Höhe h_s einer Seitenfläche.
b) Berechne die Oberfläche O der Pyramide.

11 Ein alter Turm hat eine quadratische Grundfläche mit $a = 18$ m. Das pyramidenförmige Dach hat eine Höhe von $h = 12$ m. Das Dach des Turmes soll mit Schindeln gedeckt werden.
a) Berechne die Höhe h_s einer Seitenfläche.
b) Wie groß ist die Dachfläche?
c) Die Dachdeckerfirma berechnet für das Bedecken des Daches 165 DM je Quadratmeter. Wie viel DM kostet die Dacharbeit?

12 Berechne die Mantelfläche und die Oberfläche der Pyramide, die 8 cm hoch ist und deren Grundfläche
a) ein Quadrat mit der Seitenlänge 5 cm ist;
b) ein Quadrat ist, dessen Diagonale 7,1 cm lang ist;
c) ein Rechteck ist, das 4 cm lang und 2,5 cm breit ist;
d) ein regelmäßiges Sechseck mit der Seitenlänge 3,5 cm ist.

13 Berechne die Oberfläche eines Tetraeders mit der Kantenlänge $a = 10$ cm (4 cm, 9 cm).

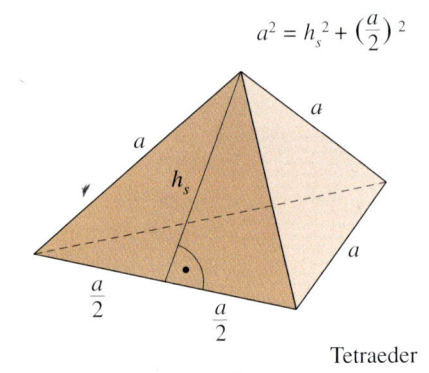

$$a^2 = h_s^2 + \left(\frac{a}{2}\right)^2$$

Tetraeder

Vermischte Aufgaben aus dem Quali-Abschluss

1 Ein Werkstück hat die Form einer Pyramide mit quadratischer Grundfläche. Aus ihm wird ein Zylinder mit einem Volumen von 706,5 cm³ herausgefräst (siehe Skizze).

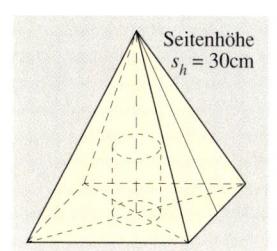

Die Grundfläche der Pyramide hat einen Umfang von 144 cm, die Grundfläche des Zylinders beträgt 353,25 cm².
Seitenhöhe s_h = 30 cm

a) Berechne die Höhe der Pyramide.
b) Wie groß ist das Volumen des fertigen Werkstücks?
c) Wie viel kg hat das fertige Werkstück aus Gusseisen (Dichte: 7,25 $\frac{g}{cm^3}$)?
Runde auf ganze kg.
d) Berechne die Höhe des herausgefrästen Zylinders.

2 Beim Betriebspraktikum im Kindergarten sollen Evi und Ute für ihre Gruppe 22 kegelförmige Spitzhüte außen mit bunter Metallfolie bekleben.

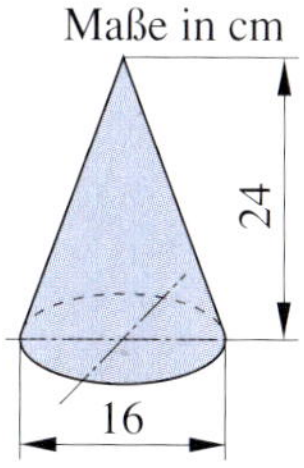

Maße in cm

a) Wie viel m² Folie werden insgesamt benötigt, wenn mit 20% Verschnitt zu rechnen ist? Hinweise: Entnimm die Maße der Skizze. Rechne mit π = 3,14. Runde alle Ergebnisse, auch Zwischenergebnisse, auf zwei Dezimalstellen.
b) Im Geschäft wird die Folie in Bögen von 80 cm Länge und 40 cm Breite angeboten. Jeder Bogen kostet 3,95 DM.
Wie viel müssen Evi und Ute bezahlen?

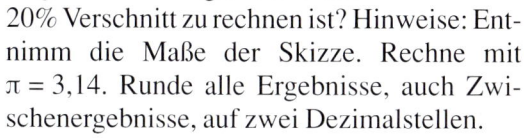

3 Eine Künstlerin vergoldet einen Briefbeschwerer, der die Form einer Pyramide hat, deren Grundfläche ein gleichseitiges Dreieck mit Seitenlänge 6 cm ist. Die übrigen Kanten sind 13 cm lang. (Siehe Skizze!)
Pro Quadratzentimeter der Oberfläche wird für das Vergolden 7,45 DM berechnet. Was kostet das Vergolden? Runde immer auf 2 Stellen nach dem Komma.

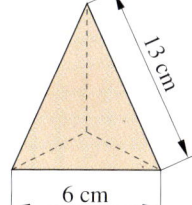

4 In einem Schulgarten soll auf ein kreisförmiges Beet mit einem Durchmesser von 1,60 m ein pyramidenförmiges Gerüst für Kletterpflanzen errichtet werden. Vier Ecken berühren den Rand des Beetes in gleichen Abständen.
Die Pyramide soll doppelt so hoch wie die Länge einer Grundseite sein. Berechne die Gesamtlänge der acht Holzlatten und rechne 10% Verschnitt dazu.
(Runde alle Ergebnisse – auch Zwischenergebnisse – auf drei Kommastellen.)

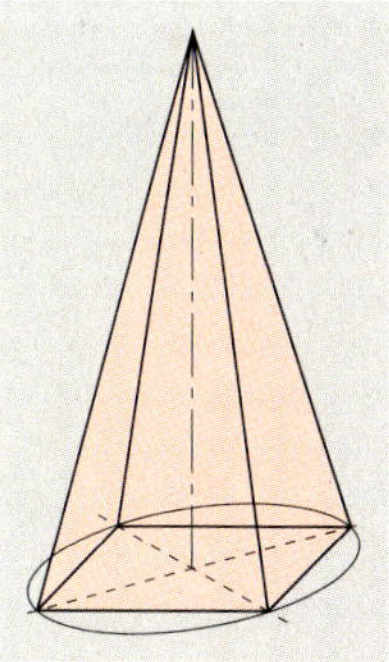

5 Ein Behälter hat die Form einer regelmäßigen Sechsecksäule mit rechteckiger Öffnung (siehe Skizze).

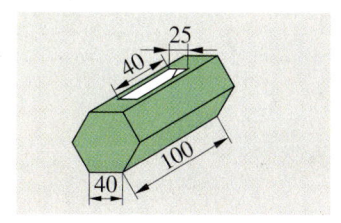

Berechne die äußere Oberfläche des Behälters. Runde die Höhe des Bestimmungsdreiecks auf 2 Dezimalstellen.

6 Für eine Bahnstrecke wird ein Tunnel gebaut. Die Skizze zeigt das Schrägbild.
a) Berechne die Sohlenbreite a des Tunnels.
b) Berechne die Höhe h des Tunnels.
c) Berechne den Rauminhalt des Tunnels.

Hinweise: Rechne mit π = 3,14.
Runde alle Endergebnisse auf eine Dezimalstelle.

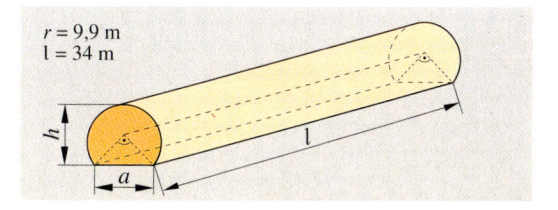

r = 9,9 m
l = 34 m

Aus der Geschichte der Mathematik

Aufgrund von Ausgrabungen und anderen historischen Quellen sind uns die mathematischen Kenntnisse vieler Hochkulturen der Antike bekannt. Babylonische, ägyptische und griechische Gelehrte befassten sich mit mathematischen und geometrischen Problemen. Viele ihrer Lösungen sind heute noch Grundlage unserer Mathematik.

Nach **Thales von Milet** (ca. 600 v. Chr.) wird der Thaleskreis bezeichnet. Danach ist der Winkel der Ecke C auf der Kreislinie stets rechtwinklig, wenn AB der Kreisdurchmesser ist.

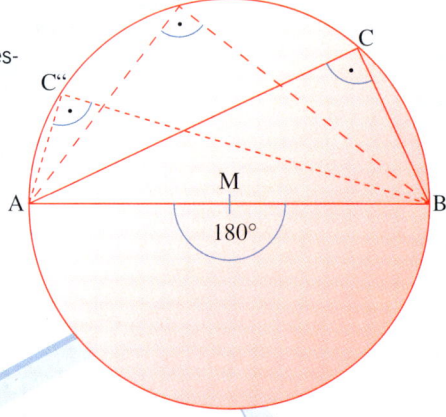

Pythagoras von Samos, bekannt vor allem durch den nach ihm benannten Flächensatz im rechtwinkligen Dreieck, wurde um 580 v. Chr. in Samos geboren und starb um 500 v. Chr. in Metapont (Unteritalien). Gesicherte Erkenntnisse über das Leben des Pythagoras gibt es nicht. Was man über ihn weiß, stammt aus Lebensbeschreibungen, die zum Teil erst im 3./4. Jh. n. Chr. verfasst wurden.

Pythagoras und seine Schüler führten den Beweis in der Mathematik ein und begründeten viele Sätze der Geometrie.

Pythagoras, römische Darstellung aus dem 4. Jh. v. Chr., Nationalmuseum Neapel

Euklid, lebte ca. 365–300 v. Chr., genauere Lebensdaten sind nicht bekannt. Sein Verdienst in der Mathematik, die damals vorwiegend Geometrie war, bestand darin, das mathematische Wissen seiner Zeit zu einem einheitlichen Ganzen zusammengefügt zu haben. Dies bewältigte er mit seinem Hauptwerk „Stoiderna", den „Elementen", das sehr weit verbreitet war und bis ins späte 19. Jh. hinein die Grundlage der Mathematik bildete.

Euklid, dargestellt von Andrea Pisano am Campanile des Domes in Florenz, um 1334/43

Archimedes, Kapitolinisches Museum/Rom

Archimedes, der größte griechische Mathematiker, Physiker und Ingenieur, wurde wahrscheinlich um 287 v. Chr. in Syrakus im heutigen Sizilien geboren und starb 212 v. Chr. auch dort.

Von seinen Werken sind heute 11 Schriften bekannt, die z. T. als verschollen galten. Archimedes beschäftigte sich hierin sowohl mit rein mathematischen Problemen als auch mit der technischen Umsetzung ihrer Lösungen.
Ein Schwerpunkt seiner Forschungen war die Flächenbestimmung bei krummlinigen Figuren, insbesondere bei Kreisen, Parabeln oder deren Teilen. Er wandte dabei Methoden von Streifenflächenberechnungen an, die erst in der Neuzeit bei der Integralrechnung wieder aufgenommen wurden. So gelangte er zur Festlegung der Kreiszahl π zwischen $3\frac{1137}{8069}$ und $3\frac{1335}{9347}$ und berechnete mit erstaunlicher Genauigkeit zahlreiche Wurzelwerte. Er entwickelte und bewies Formeln zu Oberflächen- und Volumenberechnung von Kugeln, Zylindern, Kegeln und anderen Rotationskörpern.

In der Kunst und Architektur werden häufig Rechtecke verwendet, die man als „goldene Rechtecke" bezeichnet. Sie sind nach dem folgenden Muster konstruiert.

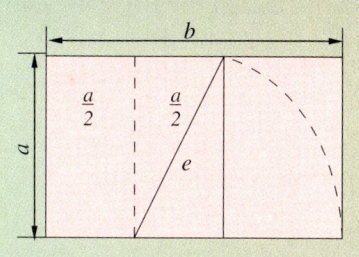

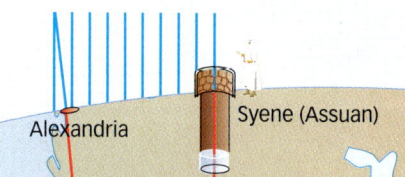

Dass die Erde eine Kugel ist und keine Scheibe, wurde erst im 16. Jahrhundert endgültig bewiesen, als dem Portugiesen Magellan die erste Weltumsegelung gelang. Schon viel früher vermuteten einige Gelehrte, dass die Erde eine Kugel sei. Zu ihnen gehörte der Grieche Eratosthenes (etwa 276 bis 194 v. Chr.). Er wollte sogar wissen, wie groß der Erdumfang ist.
Eratosthenes war berichtet worden, dass sich in Syene an einem bestimmten Tag die Sonne in einem tiefen Brunnen spiegelte. Das konnte nur möglich sein, wenn die Strahlen dort senkrecht einfielen.
Eratosthenes stellte fest, dass zur gleichen Zeit in seiner Heimatstadt Alexandria ein senkrecht stehender Stab einen Schatten unter einem Winkel von 7,2° warf.
Die Entfernung zwischen Alexandria und Syene (dem heutigen Assuan) war ihm bekannt. Sie betrug 5000 Stadien. Das sind etwa 800 Kilometer.
Mit Hilfe einer geometrischen Überlegung zu Stufenwinkeln fand er heraus, dass der Mittelpunktswinkel des Erdbogens zwischen Alexandria und Syene ebenfalls 7,2° betragen muss.
So hat Eratosthenes eine erstaunlich genaue Berechnung von Erdradius und Erdumfang durchgeführt, während die meisten seiner Zeitgenossen noch dachten, die Erde sei eine Scheibe.

Die Umrisse des Parthenons, des Haupttempels der Akropolis in Athen, passen fast genau in ein „goldenes Rechteck". Berechne die Breite des Tempels, wenn seine Höhe 23 m beträgt.

Erdmittelpunkt   7,2°

Mathe-Meisterschaft

1. Zeichne das Schrägbild einer rechteckigen Pyramide mit $a = 6$ cm, $b = 5$ cm und $h = 7$ cm. *(2 Punkte)*

2. a) Zeichne die drei Ansichten eines 8 cm hohen Kreiskegels mit $r = 3$ cm.
   b) Berechne die Länge der Seitenkante s. *(3 Punkte)*

3. Eine ägyptische Pyramide hat eine Grundkantenlänge von 116 m und eine Höhe von 83 m.
   a) Berechne die Höhe h_s einer Seitenfläche der Pyramide.
   b) Berechne die Mantelfläche der Pyramide.
   (Runde auf 2 Dezimalstellen) *(2,5 Punkte)*

4. Ein Turm hat die Form eines Zylinders. Der Umfang des Turmes beträgt 39,25 m. Auf den Turm soll ein kegelförmiges Dach aufgesetzt werden, das 13 m hoch werden soll.
   a) Wie lang müssen die Dachsparren sein?
   b) Wie viel Quadratmeter Dachfläche sind mit Schindeln zu bedecken?
   c) Welchen Rauminhalt hat der kegelförmige Dachraum? *(3,5 Punkte)*

5. Aus einem massiven Eisenzylinder (Höhe 18 cm, Durchmesser 10 cm) soll durch Fräsen ein kegelförmiges Werkstück mit gleicher Grundfläche und gleicher Höhe hergestellt werden.
   a) Fertige eine Skizze und trage die Maße ein.
   b) Berechne die Masse dieses Werkstücks in Gramm, wenn die Dichte von Eisen 7,7 $\frac{g}{cm^3}$ beträgt. (Rechne mit $\pi = 3,14$!)
   c) Aus dem Abfall wird ein Quader gegossen, der 10 cm lang und 5 cm breit sein soll. Berechne seine Höhe. Runde auf 1 Stelle nach dem Komma! *(6 Punkte)*

6. Das kegelförmige Dach eines kreisrunden Pavillons wird mit Kupferblech gedeckt. (Maße siehe Skizze!)
   a) Wie viele m² Kupferblech sind für das Dach notwendig, wenn für Falz und Überlappung mit 17% Mehrbedarf gerechnet wird?
   b) Wie hoch ist der gesamte Pavillon?
   c) Wie viele m² Standfläche benötigt der Pavillon?
   (Hinweis: Rechne mit $\pi = 3,14$!) *(7 Punkte)*

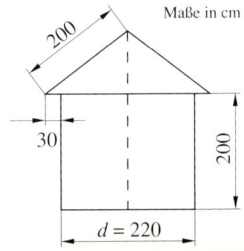

Maße in cm: 200, 30, 200, $d = 220$

Teilnehmer-Urkunde

Gleichungen und Formeln

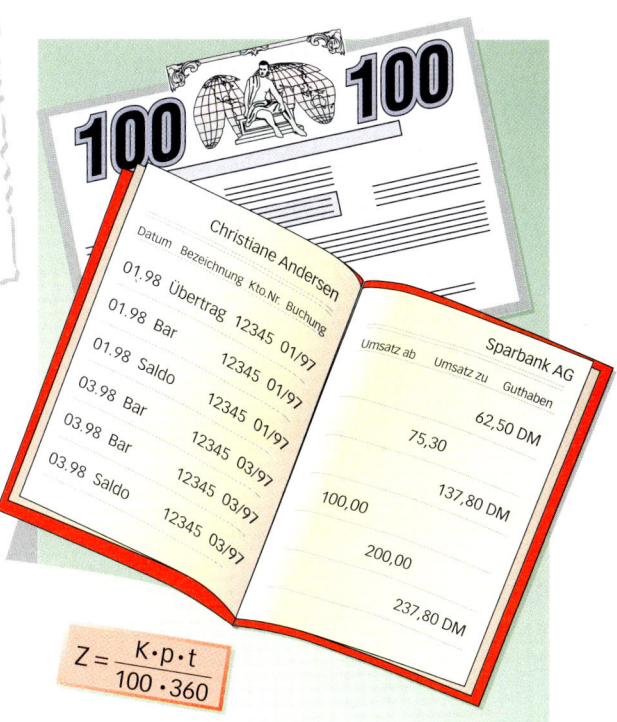

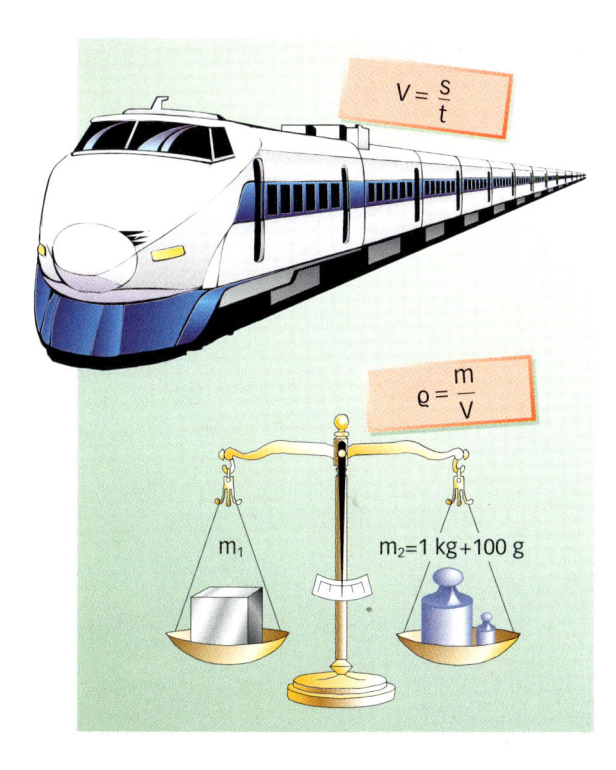

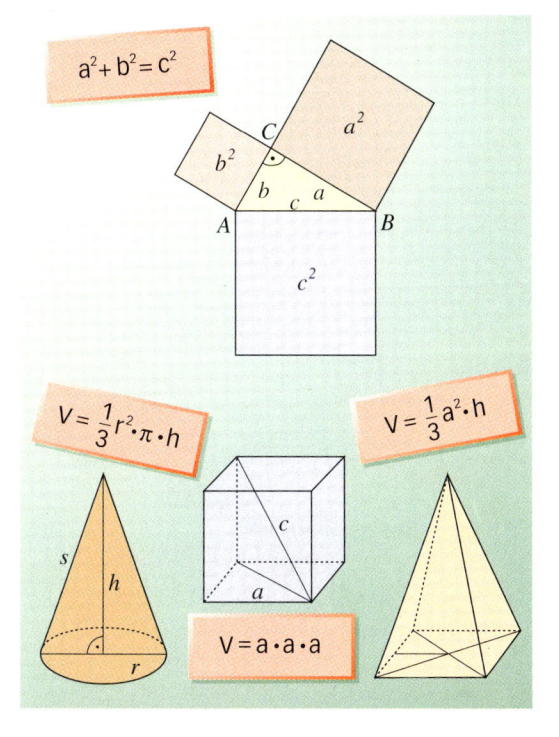

Reifenwechsel sofort!
Montage und Auswuchten **nur** 15,- DM pro Reifen
Winterreifen 104,80 DM **Sommerreifen** 90,80 DM
Lassen Sie die Bremsen vom Fachmann prüfen!
Komplett **nur** 21,80 DM

| Reifen | x DM | x DM | x DM | x DM |

Reifen wechseln: 15 DM | 15 DM | 15 DM | 15 DM

Bremsen überprüfen: 21,80 DM

= 445 DM

$4 \cdot x + 4 \cdot 15 + 21{,}80 = 445$

$Z = \dfrac{K \cdot p \cdot t}{100 \cdot 360}$

$V = \dfrac{s}{t}$

$\varrho = \dfrac{m}{V}$

$m_2 = 1\,\text{kg} + 100\,\text{g}$

$a^2 + b^2 = c^2$

$V = \dfrac{1}{3} r^2 \cdot \pi \cdot h$

$V = \dfrac{1}{3} a^2 \cdot h$

$V = a \cdot a \cdot a$

Umformen und Lösen von Gleichungen

Wir wiederholen, welche Schritte beim Lösen von Gleichungen auszuführen sind.

Beispiel

$$18x + 4 \cdot (2x - 18) = 18 - 4x$$
$$18x + 8x - 72 = 18 - 4x$$
$$26x - 72 = 18 - 4x \quad | +4x$$
$$30x - 72 = 18 \quad | +72$$
$$30x = 90 \quad | :30$$
$$x = 3$$

Probe: $18 \cdot 3 + 4 \cdot (2 \cdot 3 - 18) = 18 - 4 \cdot 3$
$$54 + 4 \cdot (-12) = 18 - 12$$
$$54 - 48 = 16$$
$$6 = 6 \text{ (richtig)}$$

1. Multipliziere die Klammern aus. Beachte die Vorzeichen.
2. Fasse zusammen.
3. Ordne: x-Glieder, Glieder ohne x.
4. Isoliere die Variable.
5. Führe die Probe durch.

Übungen

1 Löse die Gleichung möglichst mündlich.
a) $2x + 7 = 19$
b) $14x + 2 = 100$
c) $4{,}5x - 6{,}5 = 34$
d) $4x + 2{,}5 = 10{,}5$
e) $10x - 20 = 60$
f) $6x + 9 = 81$
g) $5x - 4{,}5 = 61$
h) $9x + 3 = 12$

2 Löse die Gleichungen.
a) $5x + 27 = 12 - 7x$
b) $120x + 42 = 100 - 24x$
c) $-5x - 64 = -50x + 344$
d) $59x + 22{,}5 = 105 - 25x$
e) $200x - 20 = 100x + 60$
f) $2x + 90 = 81 - 4x$

3 Ordne und berechne.
a) $14x - 38 = 8x + 4 + 20$
b) $164x - 328 = 18x + 42$
c) $143x - 38 = 38x + 34$
d) $18x - 48 = 8x + 4 - 5x$
e) $144x - 36 = 8x + 4 - 12$

4 Ordne zuerst, dann löse.
a) $2x + 2 - 3x - 4 + 5x - 6 = 220 - 7x$
b) $8 - 9x - 20 + 22x - 22 = 240 - 23x$
c) $8 - 4x - 2 + 6x - 20 + 26x = -22x$
d) $0{,}5x + 2{,}5 - 5x - 5 + 5x - 0{,}5 = 55{,}5$
e) $x + 4{,}5 - x - 5{,}5 + x - 2 = 20 - 5x$

5 Löse zuerst die Klammern auf, dann löse die Gleichung.
a) $2 \cdot (3x + 4) - 2x + 8 = 0$
b) $4 \cdot (3x - 2) + 3x - 7 = 0$
c) $-6 \cdot (4x + 3) + 4x + 8 = 0$
d) $8 \cdot (6 - 3x) - 2 \cdot (x - 4) = 0$
e) $8 \cdot (x - 1) - 2 \cdot (3x + 4) = 0$

6 Löse die Klammern auf und bestimme x.
a) $8 \cdot (-x - 1) + 2 \cdot (-3x - 2) = 240$
b) $8 \cdot (2 - 4x) - 2 \cdot (11x + 25) = 236$
c) $-5 \cdot (2x + 4) - 2 \cdot (2x + 5) = 0$
d) $-0{,}5 \cdot (9x + 8) - 2 \cdot (2{,}5x + 4) = 63{,}25$
e) $4 \cdot (-0{,}5x - 2) + 4 \cdot (-1 - x) = 20$
f) $4 \cdot (-2x - 2) + 2 \cdot (1 + 2x) = 2$

7 Schreibe mit mathematischen Zeichen:
a) das Doppelte von x um 3 vermehrt,
b) die Hälfte von x um $\frac{1}{2}$ vermindert,
c) das um 4 verkleinerte Dreifache von x,
d) den fünften Teil des Siebenfachen von x,
e) das $\frac{2}{3}$fache von x,
f) das Dreifache eines Fünftels von x.

8 Bestimme die Zahl.
a) Eine Zahl ist fünfmal so groß wie die Hälfte von 22.
b) 48 ist der dritte Teil einer um 48 vergrößerten Zahl.

Umformen und Lösen von Gleichungen

Gleichungen mit Brüchen lösen

> „Und merk dir ein für allemal
> Den wichtigsten von allen Sprüchen:
> Es liegt dir kein Geheimnis in der Zahl,
> Allein ein großes in den Brüchen."

Wir betrachten zunächst Gleichungen mit Bruchtermen.

$$\frac{3}{5} \cdot (x+1) = \frac{1}{2} \cdot (x+3)$$

Wir multiplizieren beide Seiten der Gleichung mit dem Hauptnenner 10:

$$\frac{3 \cdot 10}{5} \cdot (x+1) = \frac{1 \cdot 10}{2} \cdot (x+3)$$
$$6 \cdot (x+1) = 5 \cdot (x+3)$$
$$6 \cdot x + 6 = 5 \cdot x + 15 \quad | -5 \cdot x$$
$$x + 6 = 15 \quad | -6$$
$$x = 9$$

> Gleichungen mit Bruchtermen lösen wir, indem wir die Glieder auf beiden Seiten der Gleichung mit dem Hauptnenner multiplizieren.

Beispiel

a)
$$2x + 10 + \frac{1}{8}x = 3x - \frac{3}{4} \cdot (x-5) \quad | \cdot 8$$
$$16x + 80 + x = 24x - 6 \cdot (x-5)$$
$$17x + 80 = 24x - 6x + 30$$
$$17x + 80 = 18x + 30 \quad | -30$$
$$17x + 50 = 18x \quad | -17x$$
$$50 = x$$

Wir machen die Probe zunächst auf der linken Seite:
$$2 \cdot 50 + 10 + \tfrac{1}{8} \cdot 50 =$$
$$110 + 6\tfrac{1}{4} = 116\tfrac{1}{4}$$

dann auf der rechten Seite:
$$3 \cdot 50 - \tfrac{3}{4}(50-5) =$$
$$150 - \tfrac{3}{4} \cdot 45 =$$
$$150 - 33\tfrac{3}{4} = 116\tfrac{1}{4}$$

b)
$$1 + \frac{1}{2}x + \frac{1}{4}x + \frac{1}{8}x = x \quad | \cdot 8$$
$$8 \cdot 1 + \frac{1 \cdot 8}{2}x + \frac{1 \cdot 8}{4}x + \frac{1 \cdot 8}{8}x = 8x$$
$$8 + 4x + 2x + x = 8x$$
$$8 + 7x = 8x \quad | -7x$$
$$8 = x$$

Probe: linke Seite
$$1 + \tfrac{1}{2} \cdot 8 + \tfrac{1}{4} \cdot 8 + \tfrac{1}{8} \cdot 8 =$$
$$1 + 4 + 2 + 1 = 8$$

rechte Seite:
$$8 = 8$$

Übungen

1 Bestimme die Variable x.

a) $x + \frac{1}{2}x + \frac{1}{3}x = 1$

b) $\frac{x}{2} + \frac{x}{3} + \frac{x}{4} = 13$

c) $\frac{3x}{2} + \frac{4x}{2} - \frac{5x}{2} = 8$

d) $5 + \frac{2}{3}x - \frac{3}{4}x = \frac{1}{12}x - 5$

e) $\frac{12-x}{7} = \frac{x-3}{2}$

f) $\frac{2x-7}{5} = \frac{26-3x}{8}$

g) $\frac{x}{7} = \frac{84-84x}{84}$

2 Bestimme x und mache die Probe.

a) $\frac{1}{2} \cdot (x+3) - \frac{1}{4} \cdot (x+6) = \frac{1}{4} \cdot (8-x)$

b) $3 \cdot (\frac{x}{2} - 5) + \frac{1}{2} \cdot (x-7) = 12 - \frac{1}{2}$

c) $\frac{3}{8} \cdot (x+2) - \frac{1}{4} \cdot (6-x) = \frac{x}{4}$

3 Löse wie in Aufgabe 2.

a) $\frac{7-x}{4} + \frac{21x+11}{9} - 2x = 3 \cdot \frac{9x-3}{3}$

b) $x - 2 \cdot \frac{2x+4}{13} + 3 \cdot \frac{3x+5}{26} - \frac{4-x}{3} = 0$

c) $\frac{7x-6}{3} - \frac{5x-25}{6} = 8 - \frac{9x-47}{4} + \frac{x-1}{2}$

d) $2 \cdot \frac{x+3}{4} - 3 \cdot \frac{x-4}{5} = 5 \cdot \frac{x-7}{2} - 2$

Bruchgleichungen lösen

> Ein Bruch hat den Zähler 5. Wenn ich dazu $\frac{1}{2}$ addiere, erhalte ich $\frac{3}{4}$. Wie heißt der Nenner?

Wir stellen eine Gleichung auf:

$$\frac{5}{x} + \frac{1}{2} = \frac{3}{4}$$

Lösung: Der Hauptnenner ist $4x$

$$\frac{5}{x} + \frac{1}{2} = \frac{3}{4} \quad |\cdot 4x$$

$$\frac{4x \cdot 5}{x} + \frac{4x}{2} = \frac{4x \cdot 3}{4}$$

$$20 + 2x = 3x \quad |-2x$$

$$20 = x$$

Probe: $\frac{5}{20} + \frac{1}{2} =$
$\frac{1}{4} + \frac{1}{2} = \frac{3}{4} \qquad \frac{3}{4} = \frac{3}{4}$

Gleichungen, bei denen die Variable mindestens einmal im Nenner auftritt, nennen wir **Bruchgleichungen.**

Beispiele: $\frac{8}{x} = 2$; $\frac{4}{x} + \frac{7}{x} = 10$; $\frac{5}{x} - 2 = 6$

Bruchgleichungen lösen wir, indem wir sie durch Multiplikation mit dem Hauptnenner in Gleichungen ohne Brüche umwandeln. Dabei wird die Variable wie eine Zahl behandelt.

Beispiel

a) $\frac{5}{x} - 3 = 2 \quad |\cdot x$

$\frac{5 \cdot x}{x} - 3 \cdot x = 2 \cdot x$

$5 - 3x = 2x \quad |+3x$

$5 = 5x \quad |:5$

$1 = x$

Probe: $\frac{5}{1} - 3 = 2$

b) $\frac{14}{x} + \frac{6}{x} = 10$

$\frac{20}{x} = 10 \quad |\cdot x$

$20 = 10 \cdot x \quad |:10$

$2 = x$

Probe: $\frac{14}{2} + \frac{6}{2} =$
$7 + 3 = 10$
$10 = 10$

Übungen

1 Löse die Gleichungen. Welche Gleichungen sind keine Bruchgleichungen?

a) $\frac{9}{x} = 18$
b) $\frac{8}{x} = 3$
c) $\frac{2}{x} = 1$
d) $\frac{120}{x} + 4 = 19$
e) $\frac{2}{7} = \frac{x}{14} + \frac{1}{7}$
f) $8 - \frac{14}{x} = \frac{10}{x}$
g) $\frac{8}{9} = \frac{56}{x}$
h) $\frac{9}{16} = \frac{x}{48}$
i) $\frac{7}{10} = \frac{770}{x}$

2 Löse die Bruchgleichungen (Probe).

a) $\frac{5}{x} + \frac{13}{x} = 9$
b) $\frac{7}{x} - \frac{1}{x} = \frac{1}{2}$
c) $\frac{2}{x} + \frac{7}{x} + \frac{4}{5} = 3$
d) $\frac{11}{x} - \frac{8}{x} = 6$
e) $\frac{9}{x} = \frac{2}{x} + \frac{7}{8}$
f) $\frac{665}{5x} = 19$
g) $\frac{5}{2x} + \frac{7}{4x} = 2$
h) $\frac{4}{3x} - 1 = \frac{6}{5x}$
i) $\frac{x}{2} = \frac{2}{x}$

Löse die folgenden Aufgaben mit einer Bruchgleichung.

3 Wird die Zahl 408 durch eine Zahl dividiert, so ergibt sich 12. Wie heißt die Zahl?

4 Ein Bruch hat den Zähler 120. Wird der Bruch vollständig gekürzt, so ergibt sich $\frac{2}{3}$. Berechne den Nenner.

5 Eine Lottogemeinschaft gewinnt 12 200 DM. Dabei entfallen auf jeden Spieler 1 525 DM. Aus wie vielen Personen besteht die Tippgemeinschaft?

Vermischte Aufgaben

1 Löse mündlich.
a) $\frac{1}{2}x = 2$ d) $\frac{1}{7}x - 4 = -4$ g) $\frac{7}{2x} = 3{,}5$
b) $\frac{3}{4}x = 3$ e) $\frac{2}{3}x = \frac{4}{3}$ h) $\frac{15}{5x} = 1$
c) $\frac{2}{5}x + 2 = 4$ f) $-\frac{1}{2} \cdot x - 2 = -8$

2 Löse wie im Beispiel.

Beispiel:
$$\frac{9}{10}x = \frac{3}{5}x + 15 \quad | \cdot 10$$
$$9x = 6x + 150 \quad | -6x$$
$$3x = 150 \quad | : 3$$
$$x = 50$$

a) $\frac{2}{3}x + 8 = \frac{x}{8} + 34$
b) $\frac{1}{2}x + \frac{2}{3}x = \frac{5}{6}x + 4$
c) $\frac{3}{10}x + \frac{3}{2} = \frac{1}{3}x$
d) $12 + \frac{3}{4}x = 1\frac{1}{4}x$
e) $\frac{3}{4}x + \frac{2}{3}x - 10 = 0$
f) $\frac{1}{2}x + \frac{1}{3}x + \frac{1}{4}x = \frac{1}{2} + \frac{1}{3} + \frac{1}{4}$

3 Findest du die Gleichung?

a) $\quad | \cdot 2$
$\quad x = 8$

b) $\quad | \cdot 4$
$\quad x = 2$

c) $\quad | \cdot 5$
$\quad x = -2$

d) $\quad | \cdot 3$
$\quad | : 2$
$\quad x = 9$

e) $\quad | \cdot 7$
$\quad | : 3$
$\quad x = -6$

f) $\quad | : \frac{2}{3}$
$\quad x = 4$

4 Bestimme x. Mache die Probe.
a) $\frac{1}{2} \cdot (x + 2) + \frac{1}{2} \cdot (x - 8) = 7$
b) $\frac{1}{4} \cdot (5 + x) + \frac{3}{4} \cdot (x + 1) = 2\frac{1}{2}$
c) $\frac{1}{2} \cdot (20x - 15) - \frac{1}{2}x = \frac{1}{2} \cdot (3x + 1)$
d) $3 \cdot (10 - x) + (4x - 2) + 3 = \frac{1}{2}x + 33$
e) $\frac{1}{2} \cdot (10x + 3) - 2 \cdot (x + \frac{1}{2}) = 2x + 1$
f) $\frac{2}{5} \cdot (6x + 8) + 5x - 15 = 7x - 9$
g) $\frac{1}{2} \cdot (x + 3) + \frac{1}{3} \cdot (x - 14) = \frac{1}{4} \cdot (x - 1) + 7$
h) $2 \cdot (3x + 18) - (x + \frac{1}{3}) = 3 \cdot (x - \frac{1}{3}) + 38$

5 Verbinde jeden Term der rechten Spalte mit jedem Term der linken Spalte zu einer Gleichung und löse sie.

$\frac{2}{x} + 3$	$4 - \frac{2}{x}$
$\frac{2}{x} + \frac{3}{x}$	$7 - \frac{9}{x}$
$\frac{5}{x} - \frac{8}{x} + 3$	$-4 - \frac{1{,}5}{x}$
$-5 + \frac{5}{x}$	$5 - \frac{5}{x}$

Die folgenden Aufgaben stammen aus früheren Quali-Jahrgängen.

6
a) $\frac{x}{3} + \frac{6x-2}{5} = x - \frac{3}{5}(x-5)$
b) $13\frac{3}{4} - 2 \cdot (\frac{8}{x} - 6) = \frac{9}{x} + \frac{3}{4}$
c) $\frac{5x}{3} - \frac{3 \cdot (x-3)}{4} - \frac{5x}{6} + \frac{20 - 7x}{18} = 0$
d) $8 \cdot (10x - 32) - (2x - 12) + 16 =$
$\qquad 52x - (4x + 60) + 8$
e) $\frac{3x}{5} - \frac{2 \cdot (x-2)}{3} = 3x - 2 \cdot (x + 2)$
f) $8(x - 0{,}5) - (3x - 2) = 5 \cdot 1{,}3 - 1{,}5 \cdot (11 - 6x)$

7 Bestimme die Variable.
a) $\frac{4 \cdot (x + 10)}{5} - \frac{2 \cdot (x-9)}{3} = 4(\frac{x}{3} - 14\frac{1}{2})$
b) $\frac{9}{x} - 2\frac{2}{5} - \frac{3}{2} \cdot (\frac{9}{x} - 3) = \frac{6}{x}$
c) $\frac{2x + 24}{15} = \frac{3x - 18}{7} - 10$
d) $\frac{4}{5} \cdot (30x - 75) - (x + 27) = \frac{11x - 29}{3}$
e) $4 \cdot (4{,}7x - 14{,}7) - 16 \frac{1{,}075x + 1{,}375}{2} =$
$\qquad 43{,}3 - (37{,}5 - 2{,}5x) \cdot 1{,}8$

8 Löse die Gleichungen.
a) $4 \cdot (\frac{3}{4}x + 10) - (x + 64) = \frac{1}{3}x - \frac{2x - 13}{5} + 23$
b) $(1{,}2x + 1{,}5) \cdot 0{,}7 - (0{,}3 - 1{,}7x) \cdot 1{,}2 =$
$\qquad (21{,}38 - 4{,}24x) \cdot 0{,}5$
c) $7 \cdot (3x + \frac{1}{2}) - 6 \cdot (4x - \frac{1}{3}) - 5 \cdot (5x + \frac{1}{4}) + 2\frac{3}{4} = 0$
d) $\frac{x}{5} - 0{,}7 + \frac{2x + 8}{10} = 0{,}2x + \frac{3x}{18} + 3$
e) $\frac{3}{x} + \frac{75}{25x} = 2$
f) $\frac{12}{5x} - \frac{11}{10x} = 2\frac{3}{5}$
g) $13 - \frac{16}{x} + 12 = \frac{9}{x}$
h) $28 - 2 \cdot (\frac{9}{x} + 4) = \frac{28 + 4}{2x} + \frac{94}{x} - 12$
i) $\frac{49}{x} - 7 \cdot (\frac{4}{x} - \frac{2}{3}) = \frac{63}{x} \cdot 2 - 10\frac{1}{3}$

Gleichungen ansetzen und lösen

An einer Hauptschule wird für die insgesamt 59 Schüler der beiden achten Klassen ein Betriebspraktikum organisiert. Für Berufe der Industrie interessieren sich 12 Schüler weniger als für Handwerksberufe. Die Schüler, die sich für einen Dienstleistungsberuf entscheiden, sind nur halb so viele wie die Praktikumsschüler in der Industrie. Zwei Schüler melden sich für ein Praktikum im Bereich der Urproduktion. Wie viele Schüler praktizieren jeweils in der Industrie, im Handwerk und im Dienstleistungsbereich? Löse die Aufgabe mit Hilfe einer Gleichung.

Handwerk: x
Industrie: $x - 12$
Dienstleistung: $\dfrac{x - 12}{2}$
Urproduktion: 2

59 Schüler			
Handwerk	Industrie	Dienstleistung	Urproduktion

$$x + x - 12 + \frac{x - 12}{2} + 2 = 59$$
$$2x - 10 + \frac{x - 12}{2} = 59 \quad | \cdot 2$$
$$4x - 20 + x - 12 = 118$$
$$5x - 32 = 118 \quad | + 32$$
$$5x = 150 \quad | : 5$$
$$\underline{\underline{x = 30}}$$

Handwerk: 30
Industrie: 18
Dienstleistung: 9
Urproduktion: 2
Probe:
$$30 + 30 - 12 + \frac{30 - 12}{2} + 2 = 59$$
$$30 + 18 + 9 + 2 = 59$$

30 Schüler waren im Handwerk, 18 in der Industrie, 9 im Dienstleistungsbereich und 2 in der Urproduktion.

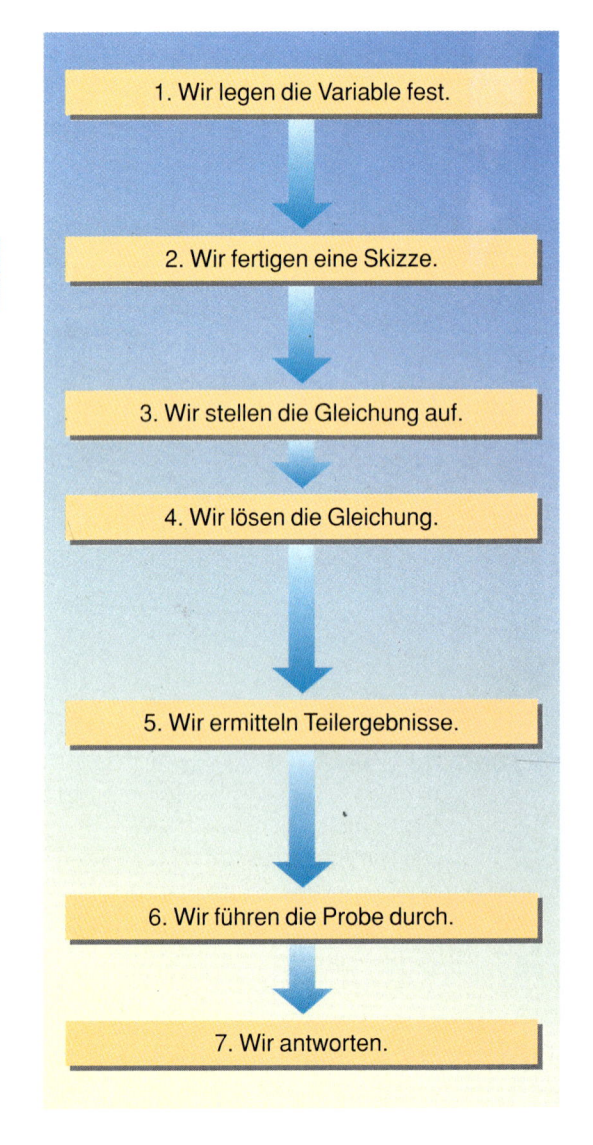

1. Wir legen die Variable fest.
2. Wir fertigen eine Skizze.
3. Wir stellen die Gleichung auf.
4. Wir lösen die Gleichung.
5. Wir ermitteln Teilergebnisse.
6. Wir führen die Probe durch.
7. Wir antworten.

Gleichungen ansetzen und lösen **107**

Übungen

1 Elke kauft für eine Ferienreise nach Italien zwei Negativ-Filme und drei Farbdia-Filme. Ein Negativ-Film kostet 4,20 DM. Insgesamt zahlt Elke 48,90 DM. Wie viel kostet ein Farbdia-Film?

2 Ein rechteckiges Grundstück hat 400 m Umfang. Die längere Rechteckseite ist um 25% größer als die kürzere Seite. Berechne die beiden Seitenlängen.

3 In dem Sparschwein befinden sich 116 DM. Davon soll Babette doppelt so viel wie Markus erhalten. Bettina soll $\frac{13}{10}$ und Norbert soll $1\frac{1}{2}$ von dem Betrag bekommen, den Markus erhält. Wie viel DM bekommt jedes Kind?

4 Für einen dreiwöchigen Aufenthalt im Zeltlager bekam Rolf 350 DM an Taschengeld. In der zweiten Woche gab Rolf die Hälfte mehr aus als in der ersten Woche. In der dritten Woche gab er 125 DM aus. Von den 350 DM brachte Rolf 75 DM wieder mit nach Hause.

5 Eine Gewerkschaft fordert bei Tarifverhandlungen eine Senkung der wöchentlichen Arbeitszeit von 38,5 Stunden auf 36 Stunden bei vollem Lohnausgleich. Herr Langer bekommt einen Stundenlohn von 24,80 DM.
a) Wie hoch müsste der neue Stundenlohn sein?
b) Der Arbeitgeber fordert eine Erhöhung auf 39,5 Stunden.

6 Drei blaue, vier grüne, fünf gelbe Kugeln wiegen insgesamt 181 g. Eine grüne Kugel wiegt 8 g mehr als eine blaue Kugel. Eine gelbe Kugel wiegt 11 g weniger als eine blaue Kugel. Wie viel Gramm wiegt eine blaue Kugel? Wie viel Gramm wiegen die anderen Kugeln?

7 Dividiert man die Summe aus dem 8-fachen einer Zahl und 12 durch 3, so erhält man halb so viel, wie wenn man vom 16-fachen der gesuchten Zahl 8 subtrahiert.
Löse mit Hilfe einer Gleichung.

8 In einem Reifenlager befinden sich insgesamt 910 Autoreifen in vier verschiedenen Größen. Von der Größe II sind zweimal so viel Reifen vorhanden wie von Größe I, von Größe III sind $1\frac{1}{2}$-mal so viel Reifen vorhanden wie von Größe I, und von IV sind $2\frac{1}{2}$-mal so viel vorhanden wie von Größe I.

9 Fünf aufeinanderfolgende Zahlen ergeben den Wert 750. Nenne sie. (Hinweis: Wenn die erste Zahl x ist, ist die zweite $x + 1$ …)

10 Die drei Kaufleute A, B und C gründen ein Geschäft. Das Gründungskapital beträgt 70 000 DM. A legt 5000 DM mehr an als C. B trägt so viel zum Gründungskapital bei wie die Kaufleute A und C zusammen.

11 In einem Kino gibt es Plätze zu 12 DM, zu 16,50 DM und zu 21 DM. Bei einer Vorstellung wurden doppelt so viele Karten der mittleren Preisstufe gekauft wie von der niedrigsten Preisstufe. Von den teuersten Plätzen waren nur halb so viele wie von den preisgünstigsten besetzt. Die Einnahmen betrugen 666 DM.

12 In einer Hauptschulklasse befinden sich 14 Knaben. Von den Mädchen dieser Klasse hatten im März $\frac{1}{4}$ einen Ausbildungsvertrag als Einzelhandelskauffrau, $\frac{1}{3}$ als Friseurin und $\frac{1}{6}$ als Zahnarzthelferin abgeschlossen. 3 Mädchen hatten noch keinen Ausbildungsplatz.
a) Berechne die Anzahl der Mädchen und die Gesamtschülerzahl dieser Klasse.
b) Wie viele Mädchen werden in den einzelnen Ausbildungsplätzen tätig?

13 Herr Stadler, Herr Lampl und Herr Wölfle schließen sich zusammen, um ein Geschäft zu eröffnen. Dazu benötigen sie ein Startkapital von 128 000 DM. Herr Stadler kann dreimal so viel wie Herr Lampl und zusätzlich noch 12 000 DM aufbringen. Herr Wölfle steuert halb so viel wie Herr Stadler zur Geschäftsgründung bei.

Formeln umstellen: Geometrie

Andreas macht ein Praktikum in einer Schreinerwerkstatt und hilft beim Ausschneiden kreisrunder Tischplatten. Wie groß muss der Radius von der Säge eingestellt werden, damit die Platte einen Flächeninhalt von 1,13 m² hat?

Gegeben: $A = 1{,}13 \text{ m}^2$
Gesucht: Radius r
Formel: $A = r^2 \cdot \pi$

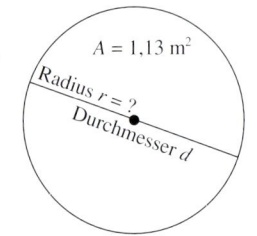

Rechnung: $1{,}13 = r^2 \cdot 3{,}14 \quad |:3{,}14$

$$\frac{1{,}13}{3{,}14} = r^2$$
$$r^2 = 0{,}36$$
$$r \approx \sqrt{0{,}36}$$
$$r = 0{,}6 \text{ [m]}$$

Antwort:
Die Maschine muss auf 0,6 m eingestellt werden.
Du kannst auch die Formel zuerst umstellen und dann die Werte einsetzen. Dabei gehen wir wie beim Umformen von Gleichungen vor.

Gegeben: $A = 1{,}13 \text{ m}^2$
Gesucht: Radius r
Formel: $A = r^2 \cdot \pi \qquad A = r^2 \cdot \pi \quad |:\pi$

$$\frac{A}{\pi} = r^2$$
$$r = \sqrt{\frac{A}{\pi}} \qquad r = \sqrt{\frac{1{,}13}{3{,}14}}$$
$$r \approx 0{,}6 \text{ [m]}$$

Formelsammlung

Am Ende diese Buches findest du eine Zusammenstellung oft benötigter Formeln.
Löse jede Formel, die dir bereits bekannt ist, nach jeder Variablen auf und gib jedesmal ein Zahlenbeispiel an. Trage Formeln und Beispiele in ein Heft ein und stelle so deine eigene Formelsammlung zusammen. In Leistungserhebungen darfst du eine zugelassene Formelsammlung benützen. Mit einer eigenen Formelsammlung kannst du den Umgang mit diesem Hilfsmittel üben.

So könnte eine Seite deiner Formelsammlung aussehen:

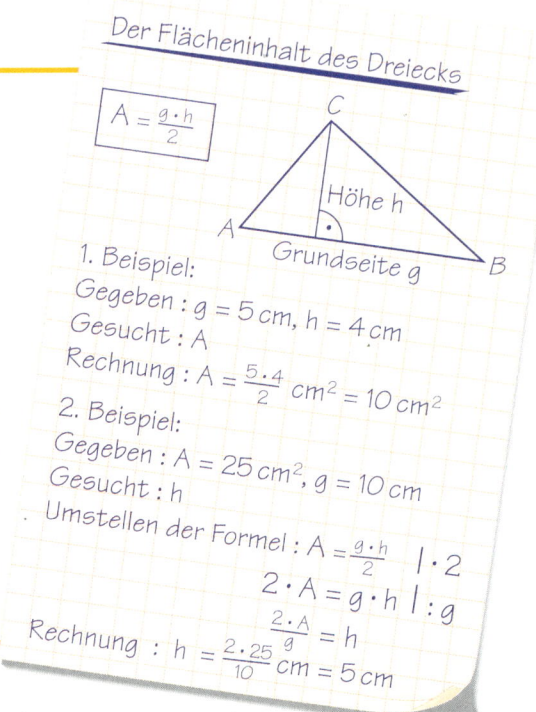

Der Flächeninhalt des Dreiecks

$A = \frac{g \cdot h}{2}$

1. Beispiel:
Gegeben: $g = 5 \text{ cm}, h = 4 \text{ cm}$
Gesucht: A
Rechnung: $A = \frac{5 \cdot 4}{2} \text{ cm}^2 = 10 \text{ cm}^2$

2. Beispiel:
Gegeben: $A = 25 \text{ cm}^2, g = 10 \text{ cm}$
Gesucht: h
Umstellen der Formel: $A = \frac{g \cdot h}{2} \quad |\cdot 2$
$2 \cdot A = g \cdot h \quad |:g$
$\frac{2 \cdot A}{g} = h$
Rechnung: $h = \frac{2 \cdot 25}{10} \text{ cm} = 5 \text{ cm}$

Formeln umstellen: Geometrie

Übungen

1 Stelle die Formel um und berechne.
a) Quadrat: Umfang $u = 4{,}8$ cm, $a = ?$
b) Rechteck: Umfang $u = 48$ cm, $a = 8$ cm, $b = ?$
c) Parallelogramm: Flächeninhalt $A = 36$ cm², $g = 8$ cm, $h = ?$
d) Dreieck: Flächeninhalt $A = 18$ cm², $g = 8$ cm, $h = ?$

2 Berechne die fehlenden Größen.

	Höhe	Grundfläche	Rauminhalt
Prisma	6,5 cm	12 cm²	V
Prisma	h	12 cm²	28 cm³
Zylinder	8 cm	G	1 dm³
Zylinder	h	3,14 dm²	1256 cm³
Würfel	7,5 dm	G	V

3 Schreibe die Formeln für den Umfang und den Flächeninhalt eines Kreises
a) mit dem Radius r,
b) mit dem Durchmesser d.
Leite die Formeln mit dem Durchmesser aus den Formeln mit dem Radius ab.

4 a) Löse die Formel für den Flächeninhalt eines Trapezes nach a, nach c und nach h auf.
b) Berechne die Länge der Seite c eines Trapezes mit $A = 12{,}5$ cm², $a = 3$ cm und $h = 5$ cm.

5 Im US-Staat Arizona ist durch den Einschlag eines Meteors ein fast kreisförmiger Krater entstanden, der Cañon Diablo. Die Krateröffnung hat am Rand einen Umfang von 3925 m.
Berechne die Querschnittsfläche der Krateröffnung. Bestimme zunächst den Radius.
(Rechne mit $\pi = 3{,}14$.)

6 Der innere Querschnitt eines Rohres beträgt 40 cm².
a) Wie groß ist der Durchmesser?
b) Wie viel Liter Wasser befinden sich im Rohr, wenn es 1,83 m lang ist?

7 Die Erde hat rund 40 000 km Umfang.
a) Berechne den Radius r der Erde, indem du die Kreisumfangsformel $u = d \cdot \pi$ umstellst.
b) 300 km über der Erde umkreist ein Satellit die Erde auf einer Kreisbahn. Berechne die Länge der Umlaufbahn des Satelliten um die Erde.
c) Wie lange braucht der Satellit für eine Erdumkreisung, wenn er mit $8 \frac{km}{s}$ fliegt?

8 Für den Oberflächeninhalt der Kugel gilt: $O = 4\pi \cdot r^2$. Berechne den Inhalt der Erdoberfläche.

9 Für die Masse m (in g), den Rauminhalt V (in cm³) und die Dichte ϱ (in $\frac{g}{cm^3}$) gilt $\varrho = \frac{m}{V}$.
a) Stelle die Formel so um, daß du eine Formel für V und eine für m erhältst.
b) Die Dichte der Erde beträgt $\varrho \approx 5{,}5 \frac{g}{cm^3}$, der Rauminhalt $V \approx 1$ Billion km³. Wieviel Billionen Tonnen wiegt die Erde ungefähr?

10 Ein Quader aus Beton (Dichte $2{,}5 \frac{g}{cm^3}$) hat eine quadratische Grundfläche von 2916 cm² und eine Mantelfläche von 4860 cm².
a) Berechne die Körperhöhe.
b) Wie schwer ist der Quader?
(Gib das Ergebnis in kg an.)

11 Eine Mulde besitzt die auf der unteren Zeichnung angegebenen Abmessungen. Die Maße auf der Zeichnung sind in Meter angegeben.

a) Berechne die Höhe der Mulde.
b) Sie fasst 5,61 m³. Wie breit ist sie?
c) Wie viel Tonnen Kies (Dichte = 2,1) können bis zum Rand eingefüllt werden?

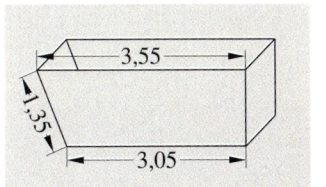

Formeln umstellen: Prozent und Zinsrechnung

Beispiel 1

Eine Satellitenantenne hat ursprünglich 360,– DM gekostet. Sie wird von einem verbesserten Modell abgelöst und deshalb um 63,– DM billiger angeboten.
Berechne den Preisnachlass in Prozent.

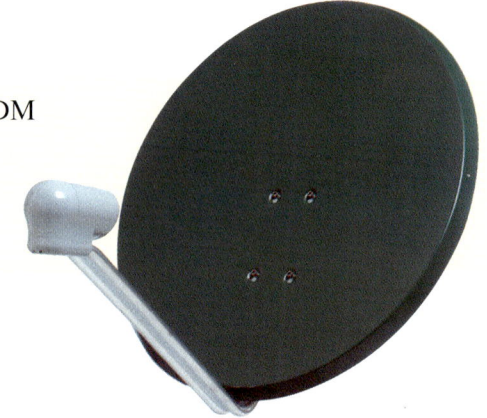

Lösung (zwei Rechenwege)

Gegeben:	$G = 360,-$ DM $\quad P = 63,-$ DM	Gegeben: $\quad G = 360,-$ DM $\quad P = 63,-$ DM
Gesucht:	$p\%$	Gesucht: $\quad p\%$
Formel:	$P = \frac{G \cdot p}{100}$	Formel: $\quad P = \frac{G \cdot p}{100}$
Einsetzen:	$63 = \frac{360 \cdot p}{100} \quad\quad |\cdot 100$	Umstellen: $\quad P = \frac{G \cdot p}{100} \quad\quad |\cdot 100$
Umstellen:	$63 \cdot 100 = 360 \cdot p \quad |:360$	$\quad P \cdot 100 = G \cdot p \quad\quad |:G$
	$\frac{63 \cdot 100}{360} = p$	$\quad \frac{P \cdot 100}{G} = p$
	$p\% = 17,5\%$	Einsetzen: $\quad p = \frac{63 \cdot 100}{360}$
		$\quad p\% = 17,5\%$

Der Preisnachlass beträgt 17,5%.

Beispiel 2

Eine Bank zahlt bei einem Zinssatz von 4,3% in 180 Tagen 53,75 DM Zinsen. Berechne das angelegte Kapital.

Gegeben: $\quad p = 4,3\% \quad t = 180$ Tage $\quad Z = 53,75$ DM
Gesucht: $\quad K$

Die **Lösung** kannst du wieder auf zwei Rechenwegen finden.

Formel:	$Z = \frac{K \cdot p \cdot t}{100 \cdot 360}$	Umstellen: $\quad Z = \frac{K \cdot p \cdot t}{100 \cdot 360} \quad |\cdot 100 \cdot 360$
Einsetzen:	$53,75 = \frac{K \cdot 4,3 \cdot \overset{1}{\cancel{180}}}{100 \cdot \underset{2}{\cancel{360}}}$	$\quad Z \cdot 100 \cdot 360 = K \cdot p \cdot t \quad |:t$
Umstellen:	$53,75 = \frac{K \cdot 4,3}{200} \quad\quad |\cdot 200$	$\quad \frac{Z \cdot 100 \cdot 360}{t} = K \cdot p \quad |:p$
	$53,75 \cdot 200 = K \cdot 4,3 \quad |:4,3$	$\quad \frac{Z \cdot 100 \cdot 360}{t \cdot p} = K$
	$\frac{53,75 \cdot 200}{4,3} = K$	Einsetzen: $\quad K = \frac{53,75 \cdot 100 \cdot 360}{180 \cdot 4,3}$
	$K = 2500$ [DM]	$\quad K = 2500$ [DM]

Das angelegte Kapital beträgt 2500,– DM.

Formeln umstellen: Prozent- und Zinsrechnung

Übungen

1 Übertrage die Tabelle in dein Heft und berechne die fehlenden Angaben.

Grundwert G	Prozentsatz p	Prozentwert P
180 DM		27 DM
785 DM		149,15 DM
	5,5%	3,08 DM
	6,25%	240 DM
375 DM		90 DM
	8,5%	153 DM

2 Übertrage in dein Heft und berechne die fehlenden Angaben.

Kapital K	Prozentsatz p	Zeit	Zinsen Z
	3%	50 Tage	60 DM
1800 DM	4,5%	20 Tage	
900 DM	4%		12 DM
	3%	5 Mon.	7,50 DM
4800 DM		20 Tage	16 DM

3 In den folgenden Zeitungsausschnitten findest du Zahlenmaterial. Stelle damit Aufgaben zusammen und berechne.

Arbeitsplätze

WIESBADEN. Trotz Aufschwungs und Exportbooms herrscht in Deutschland der schlimmste Mangel an Arbeitsplätzen seit der Wiedervereinigung. Wie das Statistische Bundesamt mitteilt, gab es 1997 im Schnitt nur noch 34 Millionen Erwerbstätige, 463 000 Menschen weniger als 1996. Seit 1991 sind mehr als 2,5 Millionen Stellen verlorengegangen. Nur Dienstleistungsfirmen stocken ihr Personal noch auf.

■ Am meisten wurde 1997 in der Industrie gekürzt. Dort fielen 400 000 Arbeitsplätze den Rationalisierungen der Unternehmen zum Opfer – ein Minus von 3,3 Prozent gegenüber dem Vorjahr.

Gab es 1991 noch 14,4 Millionen Beschäftigte im produzierenden Gewerbe, sind es aktuell nur noch 11,5 Millionen. Im Handel und Verkehr verloren 1997 rund 100 000 Menschen (1,5 Prozent) ihren Job, Staat und private Haushalte bauten fast ebenso stark ab.

Diese Stellenverluste konnte der Dienstleistungsbereich nicht ausgleichen. Dort wurden 170 000 Arbeitsplätze neu geschaffen, ein Plus von 2,1 Prozent. Insgesamt verdienen derzeit acht Millionen Beschäftigte ihr Geld mit Serviceleistungen außerhalb von Handel und Verkehr, 1991 waren es erst 6,5 Millionen.

(Fränkischer Tag 14.1.98)

Schülerzahlen

In Bayern steigen die Schülerzahlen seit 1989 kontinuierlich an. Erst ab dem Jahr 2004 werden sie wieder sinken. Auf dem Gipfel der Entwicklung im Jahr 2003 müssen die Schulen nach einer Prognose des Kultusministeriums rund eine Viertelmillion mehr Buben und Mädchen betreuen als noch 15 Jahre zuvor. Die Lehrerzahlen konnten mit diesem Anstieg nicht mithalten.

(Fränkischer Tag 14.1.98)

Die Entwicklung der Gesamtschülerzahl:

Jahr	Zahl
1989	1 279 479
1990	1 297 181
1991	1 312 708
1992	1 333 667
1993	1 355 279
1994	1 379 681
1995	1 407 075
1996	1 433 070
1997	1 459 700
1998	1 482 600
1999	1 501 000
2000	1 513 200
2001	1 520 400
2002	1 527 400
2003	1 531 900

(Bis 1996: Ist-Zahlen der amtlichen Schulstatistik; ab 1997: Schülerprognose.)

Wie viel Geld geben Eltern für ihre Kinder aus?

Kosten einer Familie mit zwei Kindern und mittlerem Einkommen (mind. 1 Kind unter 15 Jahren). Angaben in DM pro Kind und Jahr

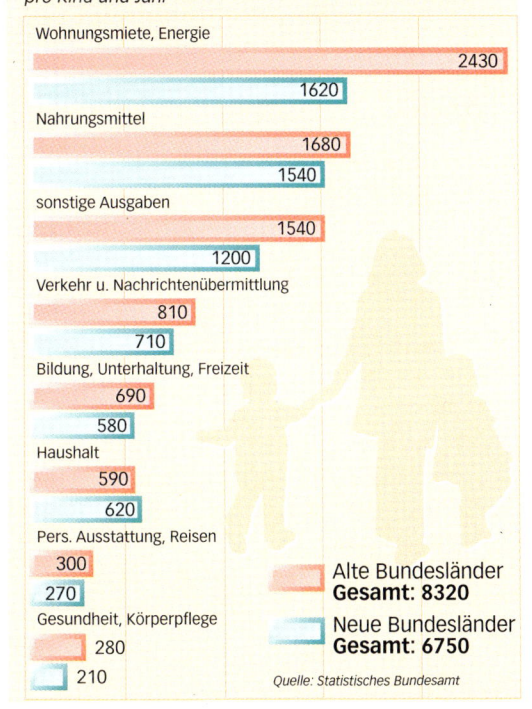

Kategorie	Alte Bundesländer	Neue Bundesländer
Wohnungsmiete, Energie	2430	1620
Nahrungsmittel	1680	1540
sonstige Ausgaben	1540	1200
Verkehr u. Nachrichtenübermittlung	810	710
Bildung, Unterhaltung, Freizeit	690	580
Haushalt	590	620
Pers. Ausstattung, Reisen	300	270
Gesundheit, Körperpflege	280	210

Alte Bundesländer **Gesamt: 8320**
Neue Bundesländer **Gesamt: 6750**

Quelle: Statistisches Bundesamt

Formeln umstellen: Physik – Chemie – Biologie

Die Geschwindigkeit: Wenn man unterschiedlich schnelle Bewegungen vergleichen will, muss man zwei physikalische Größen messen: den **Weg** und die **Zeit**. Aus dem Weg s und der Zeit t kann man dann die **Geschwindigkeit** v berechnen:

$$\text{Geschwindigkeit} = \frac{\text{Weg}}{\text{Zeit}}; \quad v = \frac{s}{t}$$

Die Einheit der Geschwindigkeit ist $\frac{\text{Meter}}{\text{Sekunde}} \left(1\,\frac{m}{s}\right)$

Geschwindigkeiten werden auch in $\frac{\text{Kilometer}}{\text{Stunde}} \left(1\,\frac{km}{h}\right)$ angegeben.

Umrechnung: $1\,\frac{m}{s} \xrightarrow{\cdot 3{,}6} 3{,}6\,\frac{km}{h}$; $\quad 1\,\frac{km}{h} \xrightarrow{:3{,}6} 0{,}28\,\frac{m}{s}$

Beispiel 1

Ein Autofahrer durchfährt innerhalb einer Ortschaft eine Strecke s von 150 m in einer Zeit t von 12 s. Hat der Autofahrer die höchstzulässige Geschwindigkeit von 50 $\frac{km}{h}$ eingehalten? Berechne die Geschwindigkeit nach der Formel $v = \frac{s}{t}$.

Lösung:
Gegeben: $\quad s = 150\,m \quad t = 12\,s$
Gesucht: $\quad v$
Formel: $\quad v = \frac{s}{t}$
Einsetzen: $\quad v = \frac{150}{12}$
$\quad v = 12{,}5$
Umrechnung: $\quad 12{,}5 \cdot 3{,}6 = 45\,[\frac{km}{h}]$

Antwort: Der Autofahrer hat die zulässige Höchstgeschwindigkeit eingehalten.

Der Anhalteweg eines Fahrzeugs setzt sich aus dem **Reaktionsweg** und dem **Bremsweg** zusammen:

Beispiel 2

Ein Autofahrer fährt in einer Tempo-30-Zone exakt die vorgeschriebene Geschwindigkeit von 30 $\frac{km}{h}$. Plötzlich läuft im Abstand von 15 m ein Kind auf die Fahrbahn. Kann er seinen Pkw noch rechtzeitig anhalten? (Als Reaktionszeit nimmt man 1 s an.)

Lösung
Wandle die Geschwindigkeit in $\frac{m}{s}$ um: $30 : 3{,}6 = 8{,}33\,[\frac{m}{s}]$.
Der Autofahrer legt in der Sekunde 8,33 m zurück, d. h. sein *Reaktionsweg* beträgt 8,33 m.
Die „Faustformel" lautet: $s = \frac{v \cdot 3}{10}\,[m]$ eingesetzt: $\frac{30 \cdot 3}{10} = 9\,[m]$

Für den *Bremsweg* gilt die Faustformel: $\frac{\text{Tachoanzeige} \cdot \text{Tachoanzeige}}{100}\,[m]$
eingesetzt: $\frac{30 \cdot 30}{100} = \frac{900}{100} = 9\,[m]$

Anhalteweg = 8,33 m + 9 m = 17,33 m

Antwort: Der Autofahrer kann nicht mehr rechtzeitig anhalten.

Formeln umstellen: Physik – Chemie – Biologie

Übungen

1 Übertrage die Tabelle und fülle sie aus.

$\frac{km}{h}$	25		72		220		6
$\frac{m}{s}$		12		100		8	

2 Löse $v = \frac{s}{t}$ nach allen Variablen auf.

3 Der Weltrekord über 100 m liegt bei 9,8 s. Berechne die Geschwindigkeit des Läufers in $\frac{m}{s}$ und $\frac{km}{h}$.

4 Ein Mofa darf eine Höchstgeschwindigkeit von 24 $\frac{km}{h}$ fahren. Wie lange würdest du so brauchen, um die Erde am Äquator einmal zu umrunden?

5 Ein ICE-Zug braucht für die 199 km lange Strecke von Nürnberg nach München 1 h 40 min. Berechne seine durchschnittliche Geschwindigkeit.
Der Regionalexpress braucht für dieselbe Strecke 2 h 21 min.

6 Zwei Familien fahren in Urlaub an die 680 km entfernte italienische Adria. Während die eine Familie mit einer konstanten Geschwindigkeit von 70 $\frac{km}{h}$ mit dem Wohnmobil unterwegs ist und nur 15 min Rast einlegt, fährt die andere mit dem Pkw mit einer Durchschnittsgeschwindigkeit von 85 $\frac{km}{h}$ und legt zweimal je eine halbe Stunde Pause ein. Wie lange brauchen sie bis zum Ziel?

7 Das Spielfeld im Tennis ist 23,77 m lang. Wie lange braucht ein Tennisball mit 102 $\frac{km}{h}$ Geschwindigkeit von einem Feldrand bis zum anderen?
Betrachte das Ergebnis kritisch.

8 Die Erde legt in der Rotation am Äquator 40 000 km pro Tag zurück.
a) Berechne die Geschwindigkeit in $\frac{km}{h}$ und $\frac{m}{s}$.
b) Auf ihrem Weg um die Sonne bewältigt sie in einem Jahr $9,4 \cdot 10^8$ km. Verfahre wie bei a).

9 Übertrage die Tabelle in dein Heft, ermittle die Ergebnisse in Zehnerschritten bis 100 $\frac{km}{h}$.

Geschwindigkeit ($\frac{km}{h}$)	Reaktionsweg (m)	Bremsweg (m)	Anhalteweg (m)
10			
20			
30			

Betrachte die Entwicklung des Reaktionsweges und des Bremsweges.

10 Ein Sportwagenfahrer nähert sich auf der Autobahn einem Stauende mit 240 $\frac{km}{h}$ und legt eine Vollbremsung ein. Welche Strecke braucht er mindestens, um nicht aufzufahren?

11 Die Oberfläche des Körpers beträgt bei einem 16-jährigen rund 15 000 cm², bei einem 30-jährigen rund 16 000 cm².
Die Berechnung erfolgt nach der Formel
$O = 37 \cdot \frac{G}{L}$ (G = Körpergewicht in Gramm, L = Körperlänge in cm).
a) Berechne deine Körperoberfläche.
b) Wie groß ist die Körperoberfläche eines 50-jährigen Mannes, der 1,80 m groß und 88 kg schwer ist?
c) Wie groß müsste der 16-jährige in der Angabe sein, wenn er 62,5 kg wiegt?

12 Beim Formel-1-Rennen von Silverstone wurden 60 Runden zu je 5,140 km gefahren. Folgende Rundenzeiten wurden gemessen:

Runde	Coulthard	Häkkinen
29	1 : 39,349	1 : 39,495
30	1 : 39,815	1 : 39,009
31	1 : 40,011	1 : 39,059

Die Platzierung am Ende des Rennens
1. M. Schumacher   1 : 47 : 12,450
2. M. Häkkinen   + 12,465 s
3. E. Irvine   + 19,199 s

a) Erkläre die Schreibweise der Zeiten
b) Wer fuhr die schnellste, wer die langsamste Runde?
c) Berechne Durchschnittsgeschwindigkeiten.

Vermischte Aufgaben

1 Löse nach jeder Variablen auf.

a) $A = \frac{g \cdot h}{2}$ e) $A = a \cdot a$

b) $A = r \cdot r \cdot \pi$ f) $Z = \frac{K \cdot p \cdot t}{100 \cdot 360}$

c) $V = G \cdot h$ g) $V = r \cdot r \cdot \pi \cdot h$

d) $V = \frac{1}{3} \cdot G \cdot h$ h) $M = 2 \cdot r \cdot \pi \cdot h$

Welche Formeln sind angegeben? Was bedeuten die Variablen?

2 Der Flächeninhalt des Dreiecks wird mit der Formel $A = \frac{g \cdot h}{2}$ berechnet. Stelle die Formel um, setze die gegebenen Werte ein und berechne die Höhe bzw. Grundlinie.

Beispiel:

Gegeben: $A = 120 \text{ cm}^2$, $g = 12 \text{ cm}$

Gesucht: h

Umstellen nach h: $\frac{g \cdot h}{2} = A$ $| \cdot \frac{2}{g}$

$$h = \frac{2 \cdot A}{g}$$

Einsetzen: $h = \frac{2 \cdot 120}{12}$ cm

$$h = 20 \text{ cm}$$

a) $A = 120 \text{ cm}^2$, $g = 15 \text{ cm}$
b) $A = 120 \text{ cm}^2$, $h = 8 \text{ cm}$
c) $A = 120 \text{ cm}^2$, $g = 32 \text{ cm}$
d) $A = 120 \text{ cm}^2$, $h = 20 \text{ cm}$

3 Der Flächeninhalt der Dreiecke beträgt jeweils 360 cm². Berechne die fehlende Seite.

a) $h = 16 \text{ cm}$ c) $g = 50 \text{ cm}$
b) $h = 12 \text{ cm}$ d) $g = 60 \text{ cm}$

4 Ein Quader hat einen Rauminhalt von $V = 336 \text{ cm}^3$. Die Kantenlängen der Grundseite betragen $a = 12 \text{ cm}$ und $b = 7 \text{ cm}$. Berechne durch Umstellen der Formel die Höhe h des Quaders.

5 Die Grundfläche eines Zylinders hat einen Umfang von 251,2 cm. Das Volumen des Zylinders beträgt 50 240 cm³. Berechne Höhe und Mantelfläche.

6 In einem Betrieb werden Maschinenteile entsprechend der Skizze hergestellt: Die Werkstücke werden aus 45 cm langen Stahlstangen mit quadratischem Querschnitt ($a = 8,5$ cm) gefertigt. 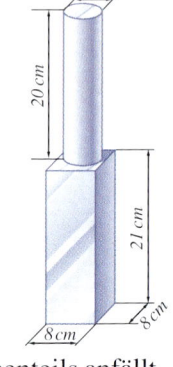
a) Berechne das Volumen des Abfalls, der bei der Herstellung eines solchen Maschinenteils anfällt.
b) Die Dichte von Stahl ist $7,9 \frac{\text{g}}{\text{cm}^3}$. Gib die Menge des Abfalls in Kilogramm an.
c) Wie viel kg wiegt ein Werkstück?
d) Ein LKW hat ein Ladegewicht von 8 t. Wie viele Werkstücke kann dieser LKW höchstens transportieren? Rechne mit $\pi = 3,14$.

7 Wie hoch ist der Eichstrich bei dem abgebildeten Litermaß?

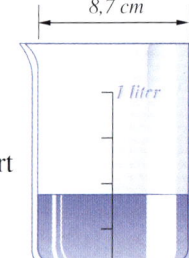

8 Ein Autofahrer durchfährt innerhalb einer Ortschaft eine Strecke s von 100 m in einer Zeit t von 11 s. Hat der Autofahrer die höchstzulässige Geschwindigkeit von 50 $\frac{\text{km}}{\text{h}}$ eingehalten? Berechne die Geschwindigkeit nach der Formel $v = \frac{s}{t}$.

9 Die Dichte eines Stoffes gibt an, wie viel Gramm 1 cm³ dieses Stoffes wiegt; sie wird nach der Formel $\varrho = \frac{m}{V}$ bestimmt („ϱ" ist der griechische Buchstabe „rho"). Berechne die fehlenden Größen.

Stoff	Masse m (in g)	Rauminhalt V in (dm³)	Dichte ϱ (in $\frac{\text{g}}{\text{cm}^3}$)
Silber	126	12	10,5
Gold	173,7	9	
Eisen	249,6		7,8
Kork		12	0,24
Nickel	123,2		8,8
Zinn	1445,4	198	
Gummi		140	0,94

Formeln umstellen

10 a) Die Leistung P eines elektrischen Gerätes kann mit der Formel $P = \frac{U \cdot U}{R}$ berechnet werden. Dabei wird die Leistung P in Watt (W), die Spannung U in Volt (V) und der elektrische Widerstand R in Ohm (Ω) gemessen. Bei uns beträgt die Spannung U im allgemeinen 220 Volt. Berechne die Leistung der folgenden Geräte, deren elektrischer Widerstand R gemessen wurde. Runde sinnvoll.

	elektrischer Widerstand R
Bügeleisen	110 Ω
Rührgerät	350 Ω
Heizlüfter	32 Ω
Kühlschrank	190 Ω
Spülmaschine	20 Ω
Waschmaschine	15 Ω

b) Wie teuer ist eine Betriebsstunde der angegebenen Geräte, wenn 1 Kilowattstunde, d.h. eine Leistungsabgabe von 1000 Watt in einer Stunde, 23,5 Pf kostet? Bei welchen Geräten sind die Kosten sicher geringer, weil sie nicht ständig die volle Leistung bringen müssen?

11 Tobias leiht sich bis zum nächsten Tag von seinem Freund 2,80 DM für eine große Cola. Er gibt 3 DM zurück. Welchen Zinssatz zahlte er?

12 Frau Müller muss ein Darlehen für $2\frac{1}{2}$ Monate zwischenfinanzieren. Die Sparkasse berechnet ihr 12,5% als Zinssatz, das sind 1171,88 DM Zinsen.
Wie hoch war das Darlehen?

13 Rudi überzieht sein Girokonto 19 Tage um 480 DM. Die Bank bucht dafür im nächsten Monat 3,48 DM als Überziehungszinsen ab. Welcher Zinssatz wird berechnet?

14 Herr Marx leiht seinem Freund 5400 DM bei einem Zinssatz von 7,5%. Er erhält 5490 DM zurück. Wie lange hatte er das Geld ausgeliehen?

15 Weltrekordfahrten für Rennwagen werden auf einem ausgetrockneten Salzsee im US-Staat Utah durchgeführt.
Ein Rennwagen durchfährt die Teststrecke s in $t = 0,0125$ h ($= 45$ s) und stellt dabei den Geschwindigkeitsweltrekord von 1080 $\frac{km}{h}$ auf. Stelle die Formel $v = \frac{s}{t}$ nach s um und berechne die Länge der Teststrecke.

16 Die Polizei kontrolliert gelegentlich durch Radarmessungen, ob die vorgeschriebenen Höchstgeschwindigkeiten eingehalten werden (s. Bild).

Das Messprinzip ist einfach zu verstehen: Die Röhren senden Lichtbündel aus. Wird das erste durchbrochen, startet die Uhr, wird das dritte durchbrochen, stoppt sie. Der Abstand zwischen den Röhren beträgt 50 cm. Daraus kann der Computer blitzschnell die zurückgelegte Geschwindigkeit errechnen und evtl. den Fotoapparat auslösen.
a) Welche Zeit zeigt die Uhr an, wenn ein Auto mit 30 $\frac{km}{h}$ (100 $\frac{km}{h}$) durch die Lichtschranke fährt?
b) Welche Geschwindigkeit wird gefahren, wenn die Uhr 0,03 s (0,004 s) anzeigt?

Das solltest du jetzt können – Aufgaben aus den Quali-Abschlüssen

1 Löse die Gleichung:
$2{,}1 \left(\frac{5x}{6} + 1{,}1x\right) - 0{,}76x + \frac{16{,}25x}{18} = \frac{610 - 21{,}35x}{18} - 28{,}5$

2 Erstelle die Gleichung und löse sie.
Multipliziert man die Differenz aus dem Achtfachen einer Zahl und 16 mit $\frac{3}{4}$ und subtrahiert vom Ergebnis die Summe aus der Zahl und 28, so erhält man die Hälfte der Summe aus dem Fünffachen der gesuchten Zahl und 15.

3 Löse folgende Gleichung:
$10(x+3) + \frac{2-40x}{4} = 50\frac{1}{2} - \frac{5x+20}{2}$

4 Ein Sportverein kauft zu Beginn der neuen Saison 18 Volleybälle für 47 DM pro Stück, 14 Handbälle zu je 36 DM und einige Fußbälle, die doppelt so teuer sind wie die Handbälle waren.
Insgesamt bezahlt der Verein 2214 DM.

a) Wie viele Fußbälle wurden gekauft?
Löse mit Hilfe einer Gleichung.
b) Wie viel DM kostete durchschnittlich ein Ball?

5 Löse die Gleichung:
$3{,}5 - 3\left(\frac{3}{4x} - \frac{5}{6x}\right) = \frac{1}{2x} + 1\frac{7}{8} : \frac{3}{4}$

6 Löse folgende Gleichung:
$\frac{3}{8}(12x - 16) - \frac{x}{2} - 12 = \frac{3}{4} - \frac{5}{4}(4-x)$

7 Löse folgende Gleichung:
$\frac{3{,}5}{x} + \frac{4}{x} - 0{,}5 = \frac{1}{4} - 3\left(\frac{1}{x} - 1\right)$

8 Multipliziert man die Differenz aus einer Zahl und 3 mit 6 und vermindert das Produkt um 5, so erhält man die Hälfte der Differenz aus dem Fünffachen der Zahl und 11.

9 In einem Fußballstadion wurden bei einem Länderspiel Karten für insgesamt 1 600 000 DM verkauft.
Die Eintrittspreise betrugen:

Sitzplatz	Haupttribüne	35,00 DM
Sitzplatz	Gegengerade	27,50 DM
Stehplatz		12,50 DM

14 000 Personen kauften Stehplatzkarten, 45 000 Sitzplatzkarten.
a) Wie viele Karten wurden für die Haupttribüne verkauft?
Löse mit Hilfe einer Gleichung.
b) Wie viele Besucher kauften Karten für die Gegengerade?

10 Löse folgende Gleichung:
$1{,}2(16x - 8) - 3{,}6(3x + 9) = 2{,}4(4x - 16) - 9{,}6$

11 Erstelle die Gleichung und löse sie.
Subtrahiert man vom Dreifachen einer Zahl die Differenz aus dem Vierfachen der Zahl und 3, so erhält man ein Drittel der Summe aus der gesuchten Zahl und 1.

12 Löse folgende Gleichung:
$0{,}75(6x - 32) - 5\left(7 - \frac{1}{3}x\right) = \frac{7x - 39}{3}$

Formeln umstellen

13 Für ein Musical-Theater wurden an einem Abend insgesamt 1526 Karten in vier Preisklassen verkauft.
Die Eintrittspreise betrugen:

Preisklasse 1:	160 DM
Preisklasse 2:	140 DM
Preisklasse 3:	111 DM
Preisklasse 4:	88 DM

280 Besucher besaßen Karten zu 88 DM. Von den Karten zu 140 DM wurden zweimal soviel verkauft wie von den teuersten. Die Anzahl der verkauften Karten aus Preisklasse 3 war halb so groß wie die aus Preisklasse 1 und Preisklasse 4 zusammen.

a) Wie viele Karten von jeder Preisklasse wurden verkauft?
Löse mit Hilfe einer Gleichung.
b) Wie hoch war die Gesamteinnahme dieses Abends?

14 Löse folgende Gleichung:
$\frac{6x}{5} - \frac{4(x-2)}{3} - 6x + 4(x+2) = 0$

15 Löse folgende Gleichung:
$2\frac{1}{3}(5x-8) - \frac{x+3}{2} = 1\frac{1}{2} + \frac{1}{3}x$

16 Löse folgende Gleichung:
$\frac{0,5(24+2x)}{x} - \frac{1}{4} \cdot 8 + 6 = \frac{2(5x-1)}{x} + 2$

17 Löse folgende Gleichung:
$\frac{16}{2}(x-0,5) - (3x+2) = 142\frac{1}{2} : 5 - 4 - 1,5(11+6x)$

18 Löse mit Hilfe einer Gleichung:
Wenn man die Summe aus dem sechsten Teil einer gesuchten Zahl und 4 verdreifacht, erhält man den fünften Teil der Differenz aus dem Vierfachen der Zahl und 3.

19 Ein Sportverein meldet zu einer Triathlon-Veranstaltung Frauen, Männer und Jugendliche. Die Anzahl der teilnehmenden Männer ist dabei doppelt so hoch wie die der Frauen. Die Zahl der Jugendlichen ist halb so groß wie die der gemeldeten Erwachsenen. An Meldegebühren zahlen die Erwachsenen 35 DM, die Jugendlichen 20 DM. Der Verein überweist insgesamt 2160 DM. Wie viele Frauen, Männer und Jugendliche wurden gemeldet?
Löse die Aufgabe mit Hilfe einer Gleichung.

20 Löse mit Hilfe einer Gleichung:
Addiert man 9 zum Fünffachen einer Zahl, multipliziert die Summe mit 4 und vermindert das Produkt um 20, so erhält man halb so viel, wie wenn man das Zehnfache der gesuchten Zahl von 82 subtrahiert. Wie lautet die Zahl?

21 Löse folgende Gleichung:
$15\frac{3}{5} - 3(\frac{3}{x} - 5) - 12 = \frac{5}{x} + 8\frac{2}{5} : \frac{2}{3} - \frac{4}{2x}$

22 Löse folgende Gleichung:
$(1,22 + 2,7x) \cdot 2 - (1,5x - 0,525) : 7,5 = 11,01 + 1,5 \cdot (1,1x - 3,3)$

23 Ein Sportgeschäft bietet eine Inline-Ausrüstung (Skates, Knieschoner, Handschützer, Helm) komplett zum Preis von 473,50 DM an. Der Helm kostet 112 DM, die Knieschoner kosten das Eineinhalbfache der Handschützer. Die Skates kosten 162 DM mehr als der Helm und Handschützer zusammen. Berechne die einzelnen Preise von Skates, Knieschonern und Handschützern. Löse mittels Gleichung.

Mathe-Meisterschaft

1. $\dfrac{3}{5} - \dfrac{20}{x} = \dfrac{1}{2}$ (3 Punkte)

2. $\dfrac{6x}{5} - \dfrac{4(x-2)}{3} = 6x - 4(x+2)$ (5 Punkte)

3. Ein Baugelände von 34 410 m² soll unter 4 Erben aufgeteilt werden. B erhält des Doppelte von A, C die Hälfte von A und B zusammen und D so viel wie A und B zusammen. Wie groß sind die einzelnen Grundstücke? (5 Punkte)

4. Für eine Betriebserkundung sollen die Schüler in Gruppen eingeteilt werden. Werden 4er-Gruppen gebildet, bleiben 2 Schüler übrig. Bildet der Lehrer 6er-Gruppen, gibt es 2 Gruppen weniger und es bleiben auch 2 Schüler übrig. Wie viele Schüler hat die Klasse? (5 Punkte)

5. Ein 4 m langer, zylinderförmiger Heizöltank mit einem Durchmesser von 1,6 m ist leck geworden und muss ausgetauscht werden. Zu diesem Zeitpunkt ist er genau zur Hälfte gefüllt. Das Öl wird in einen quaderförmigen Tank von 3,2 m Länge und 1,57 m Breite umgefüllt.
   a) Wie viel Liter Öl müssen umgefüllt werden?
   b) Wie hoch steht das Öl im quaderförmigen Tank?
   c) Aus dem quaderförmigen Tank wird so viel Öl verbraucht, dass der Ölstand um 15 cm absinkt.
   Wie viel Liter Öl sind jetzt noch im Tank?
   Hinweis: Rechne mit $\pi = 3{,}14$ (6 Punkte)

Teilnehmer-Urkunde

Sachrechnen –
Zuordnungen – Statistik

Zuordnungen und beschreibende Statistik

Beispiele für Zuordnungen

Zuordnungen beschreiben Zusammenhänge zwischen verschiedenen Größen.
Zuordnungen können wir in Tabellen und Diagrammen darstellen.

Katrin hat an einem Außenthermometer von 8.00 Uhr bis 18.00 Uhr alle zwei Stunden die Temperatur abgelesen und anschließend eine **Wertetabelle** aufgestellt.

Uhrzeit	8	10	12	14	16	18
Temperatur	5 °C	7 °C	10 °C	11 °C	9 °C	6 °C

In der Wertetabelle ist jedem Zeitpunkt der Messung eine bestimmte Temperatur *eindeutig zugeordnet*. Eine solche Zuordnung heißt **Funktion**.

Die *Wertepaare* können im Koordinatensystem dargestellt werden.

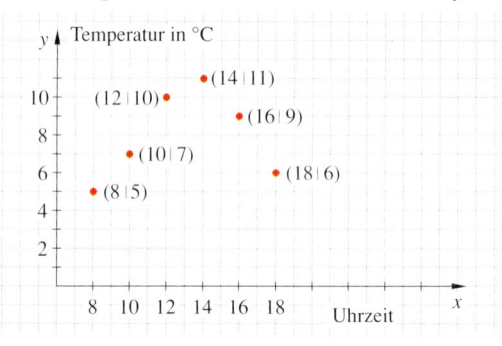

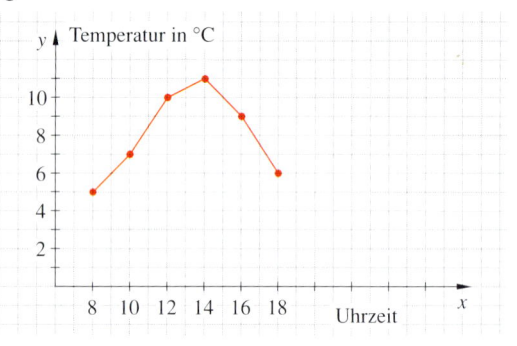

Alle Punkte, die sich ergeben, bilden die graphische Darstellung der Funktion. Um die Anschaulichkeit zu vergrößern, kann man die einzelnen Punkte durch gerade Linien miteinander verbinden.

Übungen

1 Die Wertetabelle zeigt das Ergebnis einer Klassenarbeit.

Note x	1	2	3	4	5	6
Anzahl y der Arbeiten	1	3	6	7	4	2

Veranschauliche nach der Wertetabelle die Zuordnung *Note → Anzahl der Arbeiten* in einem Koordinatensystem.

2 In einer weiteren Klassenarbeit gab es 2 Einser, 4 Zweier, 5 Dreier, 6 Vierer, 3 Fünfer und 3 Sechser.
a) Trage die Werte in das Koordinatensystem von Nr. 1 ein.
b) Lies ab, welche Arbeit besser ausfiel.

Proportionale und umgekehrt-proportionale Zuordnungen

Beispiel

a) Ein Pkw verbraucht auf 100 km 8 Liter Diesel. Herr Schreiner fährt 200 km.

Mit der doppelten Menge kann er doppelt so weit fahren, mit der halben Menge nur halb so weit.

Die Zuordnung ist **proportional**.

Wertetabelle:

Strecke x in km	**100**	200	400	700
Verbrauch y in l pro 100 km	**8**	16	32	56

Im Koordinatensystem entsteht eine Gerade.

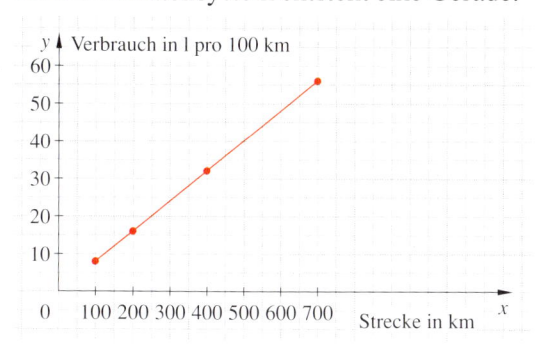

b) Ein Schwimmbecken wird von 3 gleichen Pumpen in 12 Stunden gefüllt. Es können 6 gleiche Pumpen eingesetzt werden.

Die doppelte Anzahl Pumpen braucht die halbe Zeit, die halbe Anzahl die doppelte Zeit.

Die Zuordnung ist **umgekehrt-proportional**.

Wertetabelle:

Anzahl x	1	2	**3**	6	9
Zeit y in h	36	18	**12**	6	4

Im Koordinatensystem entsteht eine Kurve.

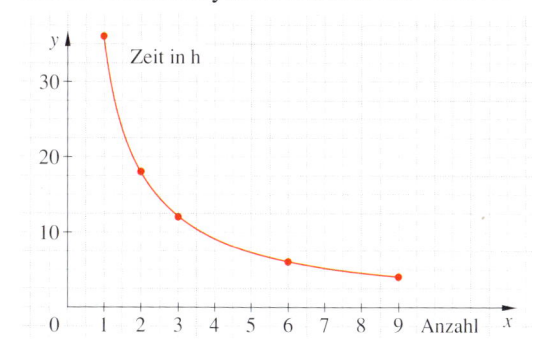

Übungen

1 In einer größeren Druckerei sind vier Offsetdruckmaschinen für einen mehrfarbigen Druckauftrag in einer Schicht 6 Stunden lang im Einsatz.
Wie lange brauchen 6 bzw. 3 Maschinen? Löse mit einer Wertetabelle.

2 Löse grafisch:
a) Ein Lkw verbraucht auf 100 km 30 l Diesel. Der Tank fasst 350 l. Wie weit kann der Lkw fahren?
b) Ein neueres Modell dieses Lkw verbraucht nur 25 l Diesel auf 100 km. Er hat das gleiche Tankvolumen. Stelle die Reichweite in der gleichen Grafik dar.

Übungen

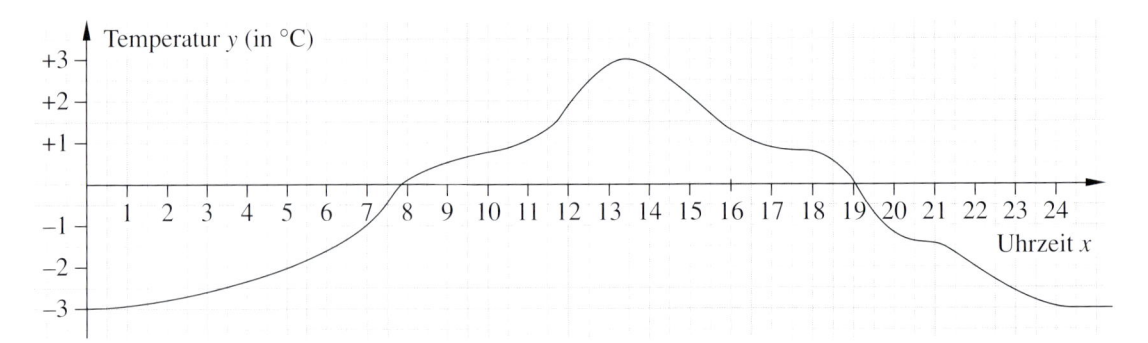

1 Der Temperaturschreiber einer Wetterwarte hat den Temperaturverlauf aufgezeichnet.
a) Schreibe eine Wertetabelle und trage ein, welche Temperaturen um 1.00 Uhr, 3.00 Uhr, 5.00 Uhr, …, 19.00 Uhr, 21.00 Uhr, 23.00 Uhr aufgezeichnet wurden.
b) Wann war die Temperatur am höchsten, wann am niedrigsten?
c) Welche Vorteile bietet die Temperaturkurve gegenüber einer Wertetabelle?

2 Die Wertetabelle gibt die mittleren monatlichen Niederschläge und die mittleren monatlichen Temperaturen in Bonn für ein Jahr an.

Monat	Niederschläge (in mm)	Temperatur (in °C)
Januar	45	−3
Februar	40	−1
März	34	3
April	40	8
Mai	60	13
Juni	82	16
Juli	93	18
August	74	17
September	52	14
Oktober	44	8
November	39	3
Dezember	42	−2

a) Veranschauliche auf Millimeterpapier die Funktion *Monat → Niederschläge*. Verbinde die Punkte durch gerade Linien.
b) Zeichne in gleicher Weise das Schaubild der Funktion *Monat → Temperatur*.

3 a) Ein Rechteck hat eine Fläche von 72 cm^2. Stelle eine Wertetabelle für die Längen und die entsprechenden Breiten auf und zeichne die Zuordnung *Länge → Breite* in ein Koordinatensystem.

4 In einem Nordseehafen wurde stündlich der Wasserstand gemessen. Ab 7.00 Uhr wurden folgende Wasserstände (in m) festgestellt: 0,2; 1,2; 1,8; 2,5; 3,0; 3,2; 3,0; 2,7; 1,8; 0,9; 0,0; 0,1; 0,5; 1,1; 1,6; 2,3; 2,9; 3,1; 3,1; 2,5; 2,0; 0,9; 0,2; 0,1.
a) Zeichne das Schaubild der Funktion *Zeitpunkt → Wasserstand* in ein Koordinatensystem. Verbinde die Punkte durch gerade Linien.
b) Zu welchen Zeitpunkten war der Wasserstand etwa 1 m hoch?
c) Dauerten Ebbe (fallendes) und Flut (steigendes Wasser) jeweils gleich lange?

Zuordnungen und beschreibende Statistik

Folgende Aufgaben kannst du gut mit einer Tabellenkalkulation am Computer lösen.

5 Aus einer Holzleiste können 9 gleich lange Stücke zu je 12 cm gesägt werden. Wie lang ist ein Stück, wenn 6, 8 12 Teile gesägt werden? Welche Möglichkeiten gleich langer Teile gibt es noch?

6 Ein Schwimmbecken hat 100 m³ Fassungsvermögen. Zu Beginn der Badesaison soll es mit Wasser gefüllt werden. In jeder Minute fließen 200 l Wasser in das Becken.

Zeit (in min)	Füllmenge (in m³)
0	0
50	10
100	
150	
200	
250	
300	
350	
400	
450	
500	

a) Übertrage die Wertetabelle in dein Heft und vervollständige sie.
b) Zeichne das Schaubild der Funktion *Zeit → Füllmenge*.
c) Wie lange dauert es, bis das Schwimmbecken zu 60%, wie lange, bis es zu 100% gefüllt ist?

7 a) Glas hat eine Dichte von $2,6 \frac{g}{cm^3}$. Zeichne ein Schaubild für die Zuordnung *Rauminhalt → Masse* für Rauminhalte bis 12 cm³. Gib die Art der Zuordnung an.
b) Lies aus dem Schaubild ab, welche Masse zu 3,5 cm³; 4,7 cm³; 8,5 cm³; 11 cm³ gehört und welchen Rauminhalt 10 g; 18,5 g; 25 g Glas haben.
c) Beschreibe, wie das Schaubild für Porzellan mit der Dichte $2,3 \frac{g}{cm^3}$ und für Eisen mit der Dichte $7,9 \frac{g}{cm^3}$ aussieht.

8 Aus einer Papierrolle können 10 Seiten einer Zeitung bei einer Auflage von 24000 hergestellt werden.
Für welche Auflage reicht eine Rolle Papier, wenn 12 bzw. 16 Seiten gedruckt werden?

9 Ein Geschäft wirbt für seinen Räumungsverkauf:
Waren von 50 bis 100 DM mit 40% Nachlass,
Waren bis 200 DM mit 60% Nachlass und
Waren bis 350 DM mit 70% Nachlass!
Erstelle eine Übersicht nun geltender Preise. Wähle aus jeder Preisgruppe fünf Beispiele.

10 Im Großhandel werden Preise von Waren ohne Mehrwertsteuer ausgezeichnet. Beim Verkauf wird die Mehrwertsteuer (16%) hinzugerechnet. Mit einem Schaubild für die Zuordnung *Preis ohne Mehrwertsteuer → Preis mit Mehrwertsteuer* kann man den Endpreis der Waren angeben.
a) Zeichne ein Schaubild für Warenpreise von 50 DM bis 500 DM.
b) Gib mit Hilfe des Schaubildes den Endpreis für Waren von 120 DM; 230 DM; 365 DM; 487 DM an.

11 In England zeigen die Tachometer die Geschwindigkeit in Meilen pro Stunde (mph) an. 25 mph sind $40 \frac{km}{h}$. Gib Geschwindigkeiten in mph an: $10 \frac{km}{h}$, $30 \frac{km}{h}$, $50 \frac{km}{h}$, $80 \frac{km}{h}$, $100 \frac{km}{h}$.

12 Eine Autovermietung verlangt pro Tag folgende Preise:

Kleinwagen	69 DM plus 0,89 DM pro km
Mittelklassewagen	79 DM plus 0,79 DM pro km
Oberklassewagen	129 DM plus 1,29 DM pro km
Bus 8-Sitzer	99 DM plus 0,99 DM pro km.

a) Stelle eine Übersicht der Kosten für folgende Kilometerleistungen zusammen:
100 km / 150 km / 200 km / 250 km / 300 km / 400 km.
b) Die Autovermietung bietet folgende Sonderbedingungen an:

Kleinwagen	1 Tag inkl. 200 km 129 DM
Mittelklassewagen	1 Tag inkl. alle km 209 DM
Bus 8-Sitzer	Wochenende inkl. 1000 km 399 DM.

Vergleiche mit den Standardbedingungen.

Mischungs- und Verhältnisrechnung

Beispiel Mischungs- und Verhältnisaufgaben sind eine *Sonderform der* **proportionalen Zuordnung**.

Rezept für Schoko-Instant-pulver „Schoko-Power-Drink" zum Anrühren mit Milch:
20 Teile Kakaopulver,
25 Teile Traubenzucker,
55 Teile Kristallzucker
800 g Instantpulver sollen hergestellt werden

Das Mischungsverhältnis heißt:

Kakaopulver	Traubenzucker	Kristallzucker
20 (Teile) :	25 (Teile) :	55 (Teile)

Wir sprechen: „20 zu 25 zu 55".

Das Mischungsverhältnis kann *gekürzt* werden:
20 : 25 : 55 = 4 : 5 : 11 (gekürzt mit 5, da 5 Teiler aller Bestandteile des Verhältnisses ist).

Dies lässt sich so darstellen:

4 Teile Kakao	5 Teile Traubenzucker	11 Teile Kristallzucker

1 Ganzes ≙ 20 Teile ≙ 800 g

Wir berechnen, wie viel Gramm 1 Teil der Mischung wiegt:

Dazu können wir den *Dreisatz* verwenden:

20 Teile ≙ 800 g
 1 Teil ≙ 800 g : 20
 1 Teil ≙ 40 g

Auch eine *Gleichung* hilft beim Lösen:

x: Masse eines Teils der Mischung
$4 \cdot x + 5 \cdot x + 11 \cdot x = 800$
$20 \cdot x \qquad\qquad = 800 \quad |:20$
$\quad x \qquad\qquad\quad\ = 40$

Ein Teil der Mischung wiegt 40 Gramm. Daraus lassen sich die Bestandteile der gesamten Mischung ausrechnen:

Kakao: 4 Teile ≙ 40 g · 4 = 160 g
Traubenzucker: 5 Teile ≙ 40 g · 5 = 200 g
Kristallzucker: 11 Teile ≙ 40 g · 11 = 440 g

Mischungs- und Verhältnisrechnung

Übungen

1 Kürze die Zahlenverhältnisse soweit möglich:
a) 30 : 24 : 12
b) 24 : 16 : 12
c) 15 : 25 : 10
d) 15 : 21 : 18

2 Ein senkrechter Stab von 2,7 m Höhe wirft einen 3,2 m langen Schatten.
Wie hoch ist ein Turm, der zur gleichen Zeit einen Schatten von 30,4 m Länge hat?
Löse mit einer Verhältnisgleichung und einer grafischen Darstellung.

3 Bei einer Abstimmung im Fußballverein waren 36 Mitglieder für die Durchführung einer Nachtwanderung, 16 dagegen.
a) Gib den Ausgang der Abstimmung im kleinstmöglichen Zahlenverhältnis an.
b) War damit die erforderliche $\frac{2}{3}$-Mehrheit erreicht?

4 Jährlich bekommt der Sportverein einer Gemeinde einen Zuschuss von 5000 DM. Der Betrag wird auf die Sparten Fußball, Turnen, Handball und Tennis im Verhältnis 7 : 4 : 3 : 1 verteilt.

5 Frostschutzmittel muss dem Kühlerwasser im Verhältnis 34 : 66 zugesetzt werden, damit das Auto winterfest wird.
Wie viel Frostschutzmittel muss verwendet werden, wenn das Kühlsystem 12 l Fassungsvermögen hat?

6 Eine Pralinenmischung enthält 2 kg zu 3,70 DM je $\frac{1}{2}$ kg, 4 kg zu je 3,60 DM je $\frac{1}{2}$ kg und 8 kg einer dritten Sorte Pralinen.
Berechne den Preis für $\frac{1}{2}$ kg der dritten Sorte, wenn $\frac{1}{2}$ kg der Mischung 3,93 DM kostet.
Stelle eine Gleichung auf.
Lösungsidee: Wert der Ware vor der Mischung = Wert der Ware nach der Mischung.

7 Für den Guss einer Glocke werden Kupfer und Zinn im Verhältnis 78 : 22 zu Glockenbronze legiert (gemischt). 3822 kg Kupfer sind bereitgestellt. Wie viel Zinn wird benötigt? Löse mit einer Gleichung.

8 Eine Apothekenhelferin mischt Gesundheitstee. Sie verwendet dafür 12 kg Pfefferminzblätter, die für 3 DM je kg und Lindenblüten, die für 4,50 DM je kg eingekauft wurden. 1 kg der Mischung soll in der Herstellung 3,60 DM kosten. Wie viel kg Lindenblüten müssen zugemischt werden?

9 Eine Mischung Studentenfutter besteht aus:
500 g Haselnüssen (35 Pf pro 100 g)
200 g Walnüssen (1,80 DM pro 100 g)
300 g Rosinen (20 Pf pro 100 g).
a) Wie teuer sind 100 g der Mischung?
b) Wie lautet das Mischungsverhältnis?
c) Es werden 5 kg Walnüsse verarbeitet.

10 Aus einer Kaffeesorte zu 11 DM je kg und einer zweiten Sorte zu 7 DM je kg sollen 40 kg „Unser Bester" zu 9,50 DM je kg gemischt werden. Wie viel kg werden von jeder Sorte verwendet?

11 In einem Mehrfamilienhaus wird von den 6 Mietparteien eine Heizpauschale erhoben. Der Mehrverbrauch wird auf die Mieter nach der Quadratmeterzahl der Wohnungen umgelegt. Wohnung A und B haben je 92 m², C und D je 68 m², E und F je 50 m². Im letzten Jahr betrugen die Mehrkosten 1020 DM.

12 Ein Goldschmied schmilzt 43,75 g reines Silber und 6,25 g Kupfer zusammen. Welchen Stempel trägt die Legierung, wenn nur der Feingehalt des Silbers in Tausendstel angegeben wird?

Das solltest du jetzt können –
Aufgaben aus den Qualiabschlüssen

1 Eine Fliesenlegerfirma soll Fliesenverlegearbeiten laut Vertrag nach 24 Arbeitstagen abgeschlossen haben. Bei einer täglichen Arbeitszeit von 7,5 Stunden kann der Auftrag von 5 Fliesenlegern in dieser Zeit erledigt werden. Nach 11 Arbeitstagen erkranken 2 Arbeiter.
a) Wie viele Tage brauchen die verbleibenden Arbeiter noch bei einer täglichen Arbeitszeit von 7,5 Stunden? Jeder angefangene Tag ist voll zu rechnen.
b) Welche Konventionalstrafe hat die Firma zu zahlen, wenn laut Vertrag 625 DM je überschrittenem Arbeitstag festgesetzt worden sind?
c) Wie groß ist die Terminüberschreitung, wenn jeder der verbleibenden Arbeiter täglich 2,5 Überstunden leistet? Jeder angefangene Tag ist voll zu rechnen.

2 Für die Herstellung von Rasenmischungen kauft eine Großhandlung verschiedene Grassamen:

Weidelgras   zu 2,50 DM je kg
Rotschwingel   zu 3,30 DM je kg
Horstrotschwingel   zu 3,00 DM je kg
Wiesenrispe   zu 2,30 DM je kg

Für Sportrasen werden diese Sorten im Verhältnis 11 : 5 : 3 : 1 gemischt.
a) Wie viel Gramm jeder Grassorte sind in einem Kilogramm der Mischung enthalten?
b) Wie teuer kommt der Großhandlung ein kg dieser Mischung?

3 Vier Freunde spielen regelmäßig Lotto. Felix zahlt immer 20 DM ein, Erkan 45 DM, Eugen 55 DM und Manuel beteiligt sich jeweils mit 30 DM.
a) Gib das kleinste ganzzahlige Verhältnis der Einsätze an.
b) Beim letzten Gewinn erhielt Manuel 47,70 DM. Wie viel DM erhielten die anderen Mitspieler, wenn das Geld entsprechend den Einsätzen verteilt wurde?
c) Wie viel DM bekäme Eugen bei einem Gesamtgewinn von 1,2 Millionen DM?

4 Eine Gemeinde gibt ein Bauprojekt in Auftrag. Firma Müller will diese Aufgabe in einer täglichen Arbeitszeit von 8 Stunden mit 12 Arbeitern in 24 Tagen schaffen. Nach 3 Tagen müssen 4 Arbeiter zu einer anderen Baustelle abgezogen werden.
a) Um wie viele Arbeitstage verzögert sich die Bauausführung, wenn täglich 1 Stunde länger gearbeitet wird?
b) Die Gemeinde besteht auf der Einhaltung der vereinbarten 24 Tage. Wie viele Überstunden würden für jeden Arbeiter täglich anfallen?

5 Eine Ernährungsberaterin empfiehlt für Schüler ein ballaststoffreiches Müslifrühstück.
1 kg Trockenmüsli enthält neben 190 g Nüssen Leinsamen, Haferflocken, Buchweizen und Sesam, gemischt im Verhältnis 7 : 5 : 3 : 3.
Welchen Nährwert (Kilojoule) hat eine Portion von 100 g Trockenmüsli, wenn die einzelnen Bestandteile folgende Nährwerte aufweisen?

Bestandteile	Nährwert in Kilojoule (kJ) je 100 g
Nüsse	1900 kJ
Leinsamen	2100 kJ
Haferflocken	1700 kJ
Buchweizen	1500 kJ
Sesam	2300 kJ

6 Franz tankt preisbewusst. Er benötigt für sein Moped ein Kraftstoffgemisch aus Öl und Benzin im Verhältnis 1 : 50.
Preise an der Tankstelle:
1 Liter Kraftstoffgemisch (1 : 50) 1,28 DM
$\frac{1}{4}$ Liter Öl   2,15 DM
1 Liter Benzin   0,989 DM
a) Er mischt selbst und verwendet dazu $\frac{1}{4}$ Liter Öl.
Wieviel muss Franz insgesamt bezahlen? Runde das Ergebnis auf Pfennige.
b) Welchen Betrag hat er dadurch insgesamt gespart?

Projekt Mofa – Roller

Über Mofas und Roller wissen einige von euch sicher Bescheid. Tragt eure Kenntnisse zusammen und berichtet. Gliedert die Information in die Bereiche **Technik**, **Finanzierung**, **Verkehrsrecht**. Stellt zusammen, welche Größen dabei vorkommen.

Kann Sabine sich ein Mofa leisten? Sabine möchte sich ein Mofa kaufen. Sie weiß, dass sie nicht nur das Geld für die Anschaffung des Mofas, sondern auch für weitere Ausrüstungsgegenstände haben muss. Außerdem muss sie noch mit *laufenden Kosten* rechnen. Vor dem Kauf will Sabine die zu erwartenden Kosten berechnen.
Die folgenden Kosten muss sie berücksichtigen.

Anschaffungskosten:	Mofa, Kosten des Führerscheins, Ausrüstung des Fahrers, Ausstattung des Mofas
Versicherungen:	Haftpflichtversicherung, Teilkaskoversicherung
Betriebskosten:	Kraftstoff, Wartung und Pflege
Werkstattkosten:	Inspektionen, Reparaturen, Ersatzteile

Übungen

1 a) Welche der genannten Kosten fallen nur einmal an?
b) Welche der Kosten für ein Mofa sind von den gefahrenen Kilometern unabhängig?
c) Bei welchen Kosten wirken sich die gefahrenen Kilometern im allgemeinen am stärksten aus?

2 Sabine hat in den letzten drei Jahren 1200,– DM gespart.
a) Stellt zusammen, welche Ausrüstungs- und Ausstattungsgegenstände notwendig oder sinnvoll sind. Erkundigt euch nach den zur Zeit gültigen Preisen.

Anschaffungskosten	
Mofa	
Ausrüstung des Fahrers	
Helm	
Ausstattung des Mofas	
Summe	

b) Stelle mit einem Tabellenkalkulationsprogramm des Computers eine Tabelle auf und vergleiche verschiedene Angebote.
c) Reicht Sabines erspartes Geld für die Anschaffung eines neuen Mofas und aller Ausrüstungs- und Ausstattungsgegenstände?

3 Sabine rechnet damit, dass sie ihr Mofa drei Jahre fahren kann. Um die jährliche finanzielle Belastung zu berechnen, verteilt sie die Anschaffungskosten des Mofas und der Ausrüstungs- und Ausstattungsgegenstände auf die Gebrauchsdauer des Mofas. Den Wert des Mofas nach drei Jahren will sie unberücksichtigt lassen.
Rechne mit einem Tabellenkalkulationsprogramm.
a) Berechne den Anteil der Anschaffungskosten, die auf jeden Monat (auf einen gefahrenen Kilometer) entfallen.
b) Wie hoch sind dann die Gesamtkosten pro Monat (pro Kilometer)?

4 Sabine überlegt, ob sie die laufenden Kosten eines Mofas bestreiten kann. Sie weiß, dass eine Haftpflichtversicherung vorgeschrieben ist. Zusätzlich will sie eine Teilkaskoversicherung (ohne Selbstbeteiligung) abschließen.
Für je 100 km verbraucht das Mofa, das sie kaufen will, nach Angaben der Herstellerfirma durchschnittlich 1,6 Liter Öl-Kraftstoff-Gemisch (Verhältnis 1 : 50).
Um die laufenden Kosten zu berechnen, legt sie, wie bei der Berechnung der Anschaffungskosten, mit dem Computer eine Tabelle an.

Laufende Kosten	
Versicherung	
Haftpflicht	
Summe	

a) Vervollständigt die Tabelle. Berücksichtigt dabei, welche Wartungs- und Pflegearbeiten erforderlich sind, wann Inspektionen vorgesehen sind, welche Reparaturen anfallen könnten.
b) Ermittelt die heute gültigen Preise. Tragt die Ergebnisse in die Tabelle ein und berechnet die zu erwartenden laufenden Kosten in einem Jahr.
c) Vergleicht die jährlichen Kosten für verschiedene Mofas und verschiedene Fahrleistungen (km pro Jahr).

5 Berechne die für dich anfallenden Gesamtkosten bei der Benutzung eines Mofas pro Monat. (Berücksichtige auch die Anschaffungskosten.)

6 a) Berechne die Fahrkosten für Fahrten mit dem Mofa in Nachbarorte und zur Schule. Welche Kosten für einen Kilometer sollten bei der Berechnung zugrunde gelegt werden?
b) Notiere die Fahrmöglichkeiten mit öffentlichen Verkehrsmitteln in deinem Heimatort.
c) Vergleiche die Fahrkosten mit dem Mofa mit denen, die bei der Benutzung öffentlicher Verkehrsmittel entstehen.

Zuordnung und beschreibende Statistik

7 Welche laufenden Kosten für ein Mofa würden sich bei dir ergeben?
a) Kommst du mit 2000 gefahrenen Kilometern pro Jahr aus? Welche Strecken würdest du mit dem Mofa fahren? Wie lang sind die Strecken? Wie häufig wirst du die einzelnen Strecken voraussichtlich fahren? Berechne, wie viele Kilometer du voraussichtlich in einem Jahr fahren wirst. Berechne die anfallenden Kraftstoffkosten.
b) Überlege: Welche Versicherungen benötigst du? Welche Reparaturen kannst du möglicherweise selbst vornehmen? Welche Reparaturen solltest du unbedingt vom Fachmann durchführen lassen? Berechne die laufenden Kosten in einem Jahr und pro gefahrenen Kilometer im Durchschnitt.

8 Informiere dich nach dem Beispiel des Mofas über die Kosten eines Rollers.

a) Vergleiche die Kosten mithilfe einer tabellarischen Übersicht und den Punkten: Führerschein – Anschaffung – Versicherungen – Betriebskosten – Werkstattkosten.
b) Wie viel kostet der Roller im ersten Jahr einschließlich Anschaffung und einer Fahrleistung von 5000 km?

9 Der Anhalteweg eines Mofas setzt sich aus dem Reaktionsweg und dem Bremsweg zusammen.
Der Reaktionsweg ist die Wegstrecke vom Erkennen der Gefahr bis zum Bremsbeginn. Der Bremsweg ist die Wegstrecke vom Bremsbeginn bis zum Stillstand des Mofas.
a) Überlege, wodurch die Länge des Reaktionsweges beeinflusst wird.
b) Überlege, wovon die Länge des Bremsweges abhängig ist.

10 Für den längsten zulässigen Reaktionsweg s_R (in m) gilt die Faustformel: $s_R = \frac{v}{10} \cdot 3$
v ist die Geschwindigkeit (in $\frac{km}{h}$).
Für den Bremsweg s_B (in m) gilt: $s_B = \frac{v}{10} \cdot \frac{v}{10}$
a) Berechnet den Reaktionsweg, Bremsweg und Anhalteweg eines Mofas mit der Geschwindigkeit $5\frac{km}{h}$ ($10\frac{km}{h}$, $20\frac{km}{h}$, $25\frac{km}{h}$).
b) Wieviel Prozent des Anhalteweges nimmt der Reaktionsweg jeweils ein?
c) Sind Bremsweg und Geschwindigkeit proportional, das heißt, verdoppelt sich die Länge des Bremsweges bei Verdopplung der Geschwindigkeit?

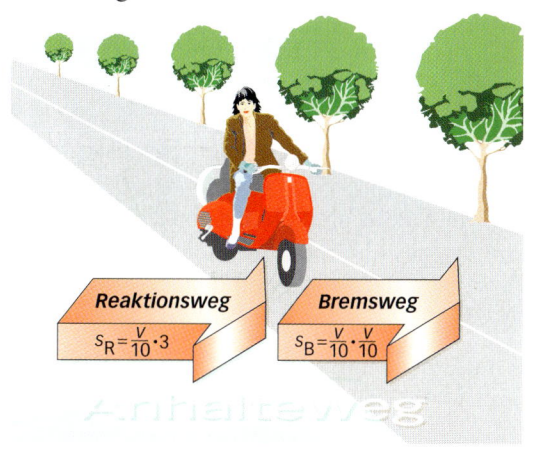

11 a) Berechnet den Reaktionsweg, den Bremsweg und den Anhalteweg eines Kleinkraftrades mit einer Geschwindigkeit von $40\frac{km}{h}$ und eines Pkw mit einer Geschwindigkeit von $100\frac{km}{h}$. Ihr könnt die Faustformel aus Aufgabe 9 benutzen.
b) Versucht zu erklären, warum die Faustformel für Mofas auch für Kleinkrafträder und Pkw gilt.
c) Wie viel Prozent des Anhalteweges nimmt der Reaktionsweg des Kleinkraftrades mit der Geschwindigkeit $40\frac{km}{h}$ (des Pkw mit der Geschwindigkeit $100\frac{km}{h}$) ein?
d) Vergleicht und erklärt die Ergebnisse. Warum fällt der Reaktionsweg bei langsameren Fahrzeugen stärker ins Gewicht?

12 Nach einer Vollbremsung brachte Marco sein Mofa nach 6,75 m zum Stillstand. Die Länge des Bremsweges betrug dabei 2,25 m.
a) Wie lang war der Reaktionsweg?
b) Wie schnell ist Marco gefahren?

13 In der Praxis sind die Bremswege bei normalem Straßenzustand kürzer als die mit der Faustregel ermittelten.
In einer Fahrschule wurden Bremsversuche durchgeführt.
In der Tabelle sind die Ergebnisse bei Bremsungen aus 15 $\frac{km}{h}$ bei verschiedenen Fahrbahnbeschaffenheiten angegeben.

trocken	naß	sandig	naß, laubbedeckt	vereist
1,53 m	2,21 m	3,06 m	7,65 m	30,60 m

a) Beschreibt, wie sich die Länge des Bremsweges bei verschiedenen Fahrbahnbeschaffenheiten ändert.
b) Um wieviel Prozent wird der Bremsweg gegenüber trockener Fahrbahn länger?
c) Bei einer Geschwindigkeit von 20 $\frac{km}{h}$ betrug der Bremsweg auf trockener Fahrbahn 2,72 m und bei 25 $\frac{km}{h}$ war er 4,25 m lang.
Berechnet die Bremswege für verschiedene Fahrbahnbeschaffenheiten.
d) Welche Schlüsse zieht ihr aus den Ergebnissen für euer eigenes Fahrverhalten?

14 Wir geben dir Vorschläge für weitere Untersuchungen:
a) Wie sicher ist Mofafahren? Untersucht Statistiken (zum Beispiel vom Deutschen Verkehrssicherheitsrat).
b) Was muss man beim Überholen beachten? (Länge des Überholweges, Dauer des Überholvorganges, „toter Winkel").

15 a) Wie stellt die Polizei nach einem Unfall die Länge des Bremsweges fest?
b) Wer hat die zulässige Höchstgeschwindigkeit von 15 $\frac{km}{h}$ überschritten?

Name	Bremsweg	Geschwindigkeit
Petra	4,84 m	$\frac{km}{h}$
Stefan	3,61 m	$\frac{km}{h}$

16 Michael vergleicht die Durchschnittsgeschwindigkeit von Personenkraftwagen, Lastkraftwagen und Mofas auf Landstraßen.
a) Ordne die Graphen den Fahrzeugen zu.
b) Beschreibe die Graphen.
c) Um welche Zuordnung handelt es sich jeweils? Begründe auch.
d) Lies für die markierten Werte jeweils Weg und Zeit ab.

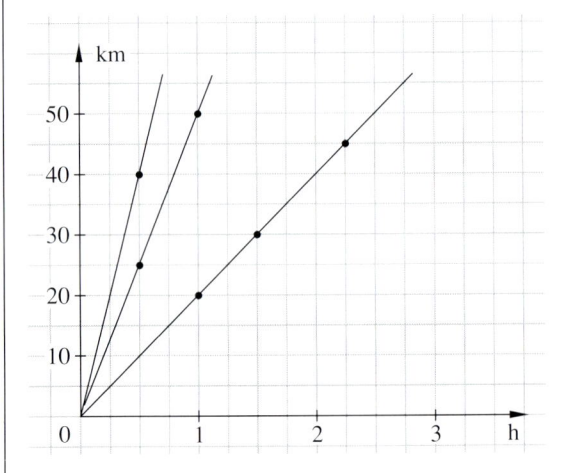

e) Gib die Geschwindigkeit in km an.
f) Überprüfe die abgelesenen Werte rechnerisch (in $\frac{km}{h}$ und $\frac{m}{s}$).

17 Das Diagramm zeigt die Graphen für einen Radfahrer und einen Mofafahrer, der dem Radfahrer einige Zeit später folgt.
a) Lies die jeweilige Startzeit ab.
b) Welcher Graph gilt für den Radfahrer und welcher für den Mofafahrer?
c) Ermittle die jeweiligen Durchschnittsgeschwindigkeiten.
d) Wie viel Kilometer hat der Radfahrer schon zurückgelegt, wenn der Mofafahrer startet?
e) Um wie viel Uhr holt der Mofafahrer den Radfahrer ein?
f) Wie lange waren beide bis zum Einholen unterwegs?

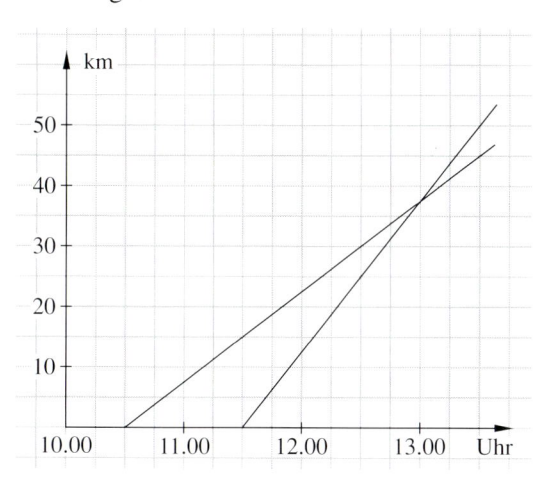

18 a) Beschreibe den Graphen für den Radfahrer (rot).
b) Wann legt er eine Pause ein?

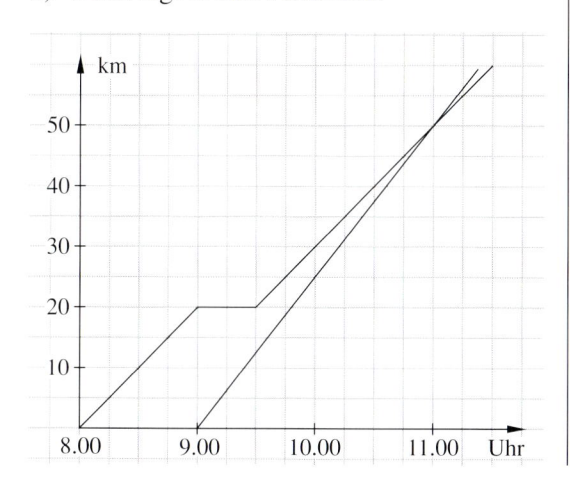

c) Wie groß ist die reine Fahrzeit des Radfahrers?
d) Wie viele Kilometer hat der Radfahrer schon zurückgelegt, wenn der Mofafahrer startet?
e) Bestimme die durchschnittliche Geschwindigkeit beider Fahrzeuge.
f) Wann und wo wird der Radfahrer vom Mofafahrer eingeholt?
g) Überprüfe durch Rechnung.

19 Zwei ehemalige Schulfreunde wohnen in unterschiedlichen Orten A und B. Sie brechen gleichzeitig auf und fahren einander entgegen, um sich zu treffen.
a) Wie groß ist die Entfernung zwischen den Orten A und B?
b) Mit welcher Durchschnittsgeschwindigkeit ist jeder der Mofafahrer unterwegs?
c) Wann treffen sie sich?
Überprüfe auch durch Rechnung.
d) Wie viele Kilometer von A entfernt treffen sie sich?
e) Lies ab, wie lange jeder für den ganzen Weg brauchen würde. Überprüfe durch Rechnung.
f) Erstelle ein Diagramm für den Fall, dass der Mofafahrer, der in A startet, eine Stunde später als sein Freund aufbricht.
Die erzielten Durchschnittsgeschwindigkeiten ändern sich nicht.
g) Werte das von dir erstellte Diagramm aus.

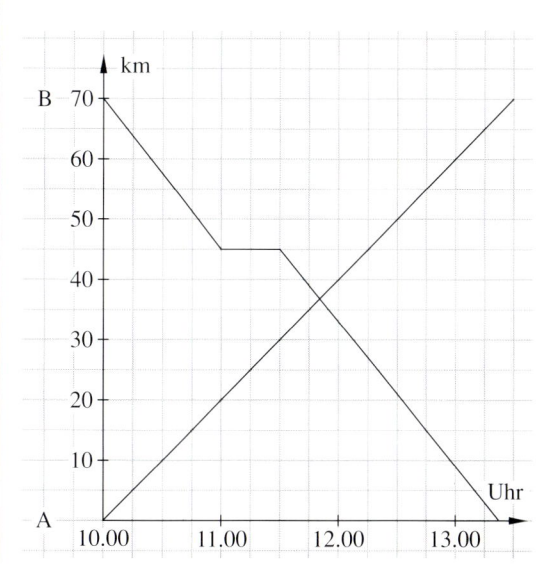

Beschreibende Statistik

Statistische Angaben

In einer Statistik werden Sachverhalte durch Zahlen erfasst und dargestellt.
Dabei verwendet man Tabellen und verschiedene Formen von Grafiken. Oft werden die Angaben in Prozent gemacht, um eine bessere Vergleichsvorstellung zu haben.
Statistische Angaben verdeutlichen Zustände und Entwicklungen in vielerlei Bereichen unserer Wirtschaft und Gesellschaft. Der Staat betreibt Statistische Ämter in den Ländern und ein Statistisches Bundesamt für die Bundesrepublik Deutschland.

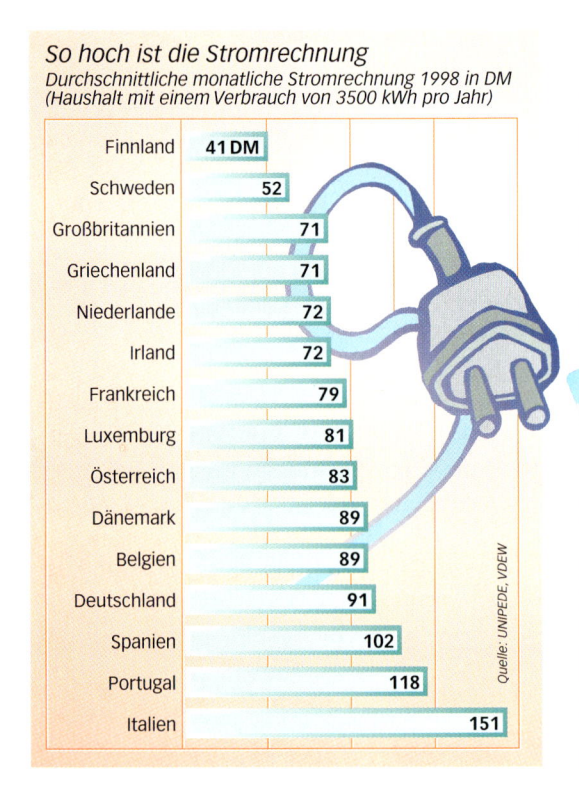

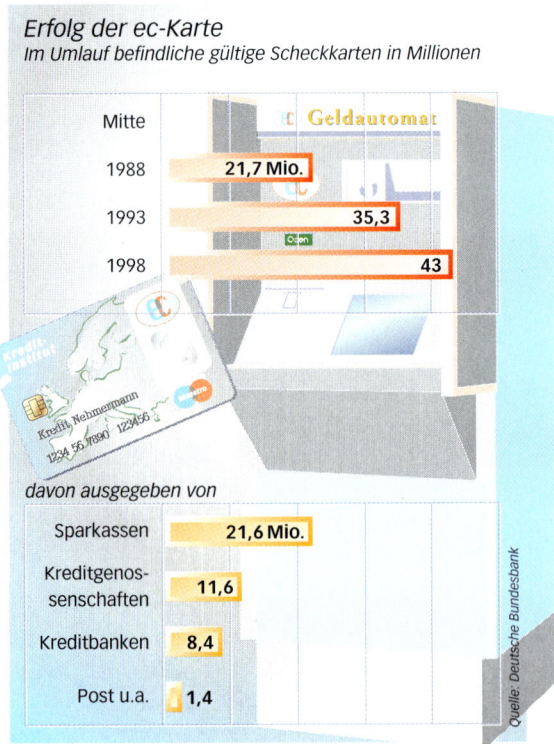

So hoch ist die Stromrechnung
Durchschnittliche monatliche Stromrechnung 1998 in DM (Haushalt mit einem Verbrauch von 3500 kWh pro Jahr)

Finnland	41 DM
Schweden	52
Großbritannien	71
Griechenland	71
Niederlande	72
Irland	72
Frankreich	79
Luxemburg	81
Österreich	83
Dänemark	89
Belgien	89
Deutschland	91
Spanien	102
Portugal	118
Italien	151

Quelle: UNIPEDE, VDEW

Erfolg der ec-Karte
Im Umlauf befindliche gültige Scheckkarten in Millionen

Mitte	
1988	21,7 Mio.
1993	35,3
1998	43

davon ausgegeben von

Sparkassen	21,6 Mio.
Kreditgenossenschaften	11,6
Kreditbanken	8,4
Post u.a.	1,4

Quelle: Deutsche Bundesbank

Übungen

1 Stelle statistische Angaben über deine Klasse zusammen.

2 Erkundige dich bei der Schulleitung über statistische Angaben eurer Schule.

3 Erkundige dich beim Einwohnermeldeamt, welche statistischen Angaben du über deine Heimatgemeinde bekommen kannst. Welche bekommst du nicht? Begründe.

4 Auch andere Einrichtungen (z. B. Stromwerke, Pfarrämter, Polizei …) verfügen über statistische Daten.
a) Welche Daten könnten dies sein?
b) Überlege, welche von diesen Daten du in Erfahrung bringen kannst.

5 Statistische Meldungen lauten in der Zeitung oft so: „Jeder fünfte Deutsche hat …", „Jedes dritte Kind muss …", „Mehr als die Hälfte der Männer …".
Versuche zu erklären.

Beschreibende Statistik

Statistik informiert

Aus statistischen Angaben kann man viele Informationen entnehmen.
Sie liefern uns Zahlen, Zusammenhänge, Vergleiche und zeigen Entwicklungen auf.

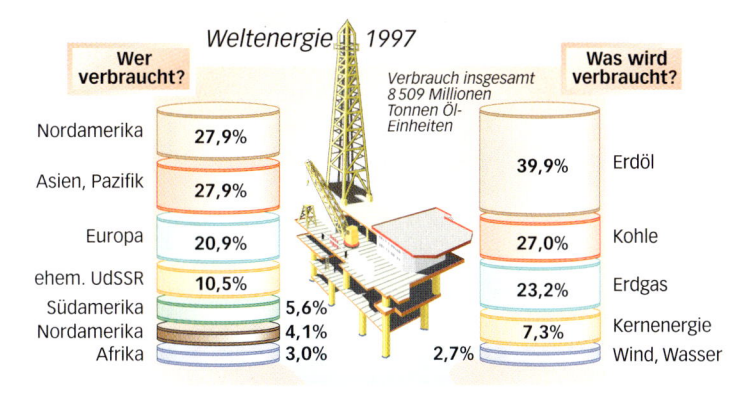

Die Weltenergie wird jeweils als große Säule dargestellt.
Die Grafik zeigt auf der linken Seite, wer auf der Erde die größten Energieverbraucher sind. Dabei muss beachtet werden, dass Nordamerika weitaus weniger Einwohner hat als Asien, so dass bei einem Vergleich des Energieverbrauchs pro Kopf die Nordamerikaner sich als die eigentlichen „Energiefresser" herausstellen.

Auf der rechten Seite wird deutlich, dass das Erdöl klar die Nummer 1 der Energieträger ist. Doch auch die Kohle spielt bei der Energiegewinnung noch eine bedeutende Rolle. Weltweit betrachtet, liegt die Kernenergie unter einem Zehntel der gesamten Energiemenge.

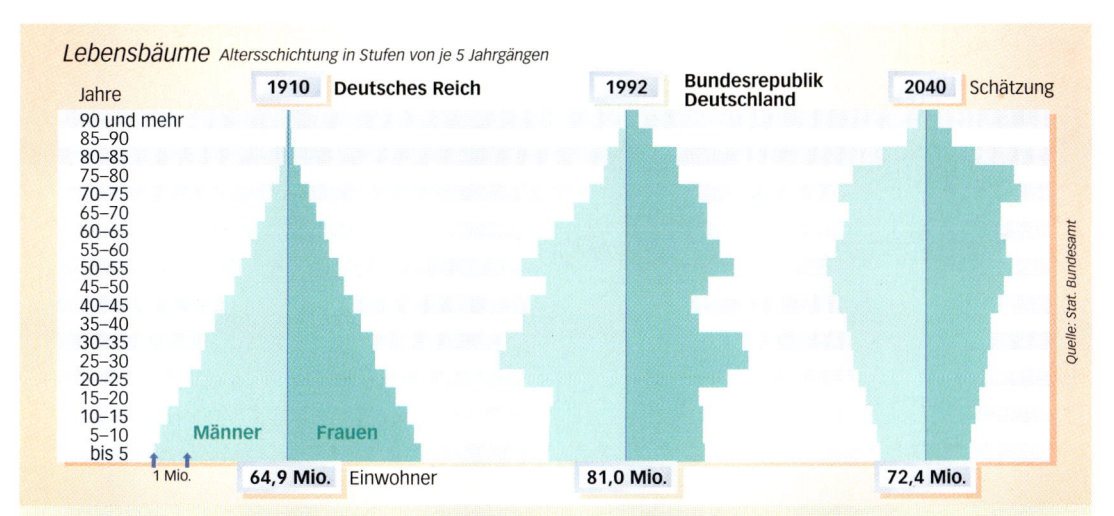

Weltenergie 1997 — Verbrauch insgesamt 8 509 Millionen Tonnen Öl-Einheiten

Wer verbraucht?
- Nordamerika 27,9%
- Asien, Pazifik 27,9%
- Europa 20,9%
- ehem. UdSSR 10,5%
- Südamerika 5,6%
- Nordamerika 4,1%
- Afrika 3,0%

Was wird verbraucht?
- Erdöl 39,9%
- Kohle 27,0%
- Erdgas 23,2%
- Kernenergie 7,3%
- Wind, Wasser 2,7%

Lebensbäume Altersschichtung in Stufen von je 5 Jahrgängen

1910 Deutsches Reich — 64,9 Mio. Einwohner
1992 Bundesrepublik Deutschland — 81,0 Mio.
2040 Schätzung — 72,4 Mio.

Jahre: 90 und mehr, 85–90, 80–85, 75–80, 70–75, 65–70, 60–65, 55–60, 50–55, 45–50, 40–45, 35–40, 30–35, 25–30, 20–25, 15–20, 10–15, 5–10, bis 5

Männer — Frauen — 1 Mio.

Quelle: Stat. Bundesamt

Die Grafik zeigt die Altersverteilung der deutschen Bevölkerung in den Jahren 1910 und 1992, sowie eine Schätzung für das Jahr 2040.
Während 1910 der Lebensbaum wie eine Tanne aussieht, weil die älteren Menschen fast gleichmäßig weniger werden, weist der Baum 1992 erhebliche Verschiebungen auf. Ursachen sind dafür die Auswirkungen des Zweiten Weltkriegs bei den ältesten Jahrgängen, Zeiten starker Geburtenrückgänge und die allgemein zunehmende Lebenserwartung. Letztere ist vorwiegend dafür verantwortlich, dass im Jahr 2040 jeder dritte Einwohner der Bundesrepublik über 60 Jahre alt sein wird. Dies hat deutliche Auswirkungen auf das Versicherungswesen und auf die gesamte Wirtschaft. Die Gesamtbevölkerung wird nach der Schätzung im Vergleich zu 1992 um fast 9 Millionen während der kommenden 40 Jahre zurückgehen.

Statistische Daten und Schaubilder auswerten

Beispiel

Das Bild zeigt das Wachstum der Weltbevölkerung vom Jahre 1950 an bis zum Jahre 2000. Die Zahlen beruhen auf Schätzungen der Weltorganisation UNO.
Was können wir aus dieser Darstellung ablesen?

- Im Jahre 1950 lebten in den Entwicklungsländern etwa doppelt so viele Menschen wie in den Industrieländern.
- 1980 betrug das Verhältnis schon 3 : 1, das heißt, in den Entwicklungsländern lebten dreimal so viele Menschen wie in den Industrieländern.
- Im Jahre 2000 werden etwa 6,2 Mrd. Menschen auf der Erde leben. Das Verhältnis Bevölkerung Industrieländer – Entwicklungsländer wird dann schon fast 4 : 1 betragen, das heißt, dass dann annähernd 80% der Weltbevölkerung (etwa 4,9 Mrd. Menschen) in den Entwicklungsländern und etwa 1,3 Mrd. Menschen in den Industrieländern leben werden.
- Industrie- und Entwicklungsländer haben ein stark voneinander abweichendes Bevölkerungswachstum.

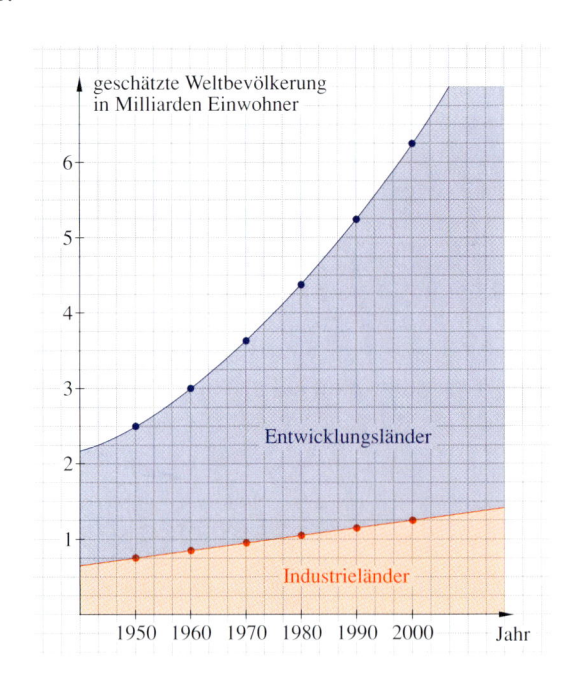

Übungen

1 a) Erkläre das Schaubild.

Das halten Schüler bei der Berufswahl für wichtig:

- sicherer Arbeitsplatz 76%
- guter Verdienst 58%
- interessante Arbeit 40%
- gutes Betriebsklima 38%
- selbstständiges Arbeiten 22%

b) Warum ergibt die Addition der Prozentsätze mehr als 100%?
c) Warum ist hier für die Darstellung von Prozentsätzen das Blockschaubild günstig, ein Streifen- oder Kreisschaubild jedoch nicht?

2 Eine Firma stellt in ihrem Geschäftsbericht die Wertsteigerung ihrer Aktien dar.

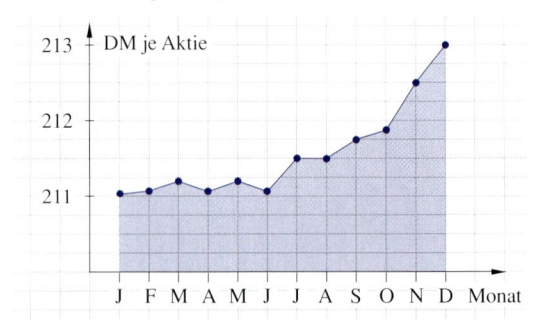

a) Welcher „Trick" wurde angewendet, um die Kursentwicklung besonders günstig erscheinen zu lassen? Um wie viel Prozent ist die Aktie von Januar bis Dezember tatsächlich angestiegen?
b) Zeichne ein Schaubild, das die tatsächliche Entwicklung besser darstellt.

Beschreibende Statistik

3

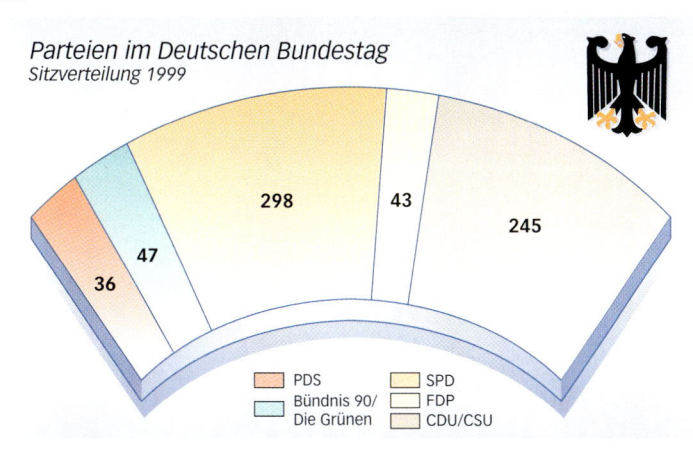

Parteien im Deutschen Bundestag
Sitzverteilung 1999

36 — PDS
47 — Bündnis 90/Die Grünen
298 — SPD
43 — FDP
245 — CDU/CSU

a) Wie viele Abgeordnete sitzen im Bundestag?
b) Für die absolute Mehrheit braucht man eine Person mehr als die Hälfte der Abgeordneten. Wie viele sind das?
c) Die derzeitige Bundesregierung ist eine Koalition aus der SPD und Bündnis 90/Die Grünen. Wie viele Sitze hat die Koalition? Wie viele die Opposition? Wie groß ist die tatsächliche Mehrheit?
d) Abgesehen von inhaltlichen Gegensätzen könnte jede Partei mit einer oder mehreren anderen eine Koalition bilden. Sie bräuchten zum Regieren nur die Mehrheit der Sitze. Welche möglichen Koalitionen könnten geschaffen werden?

4

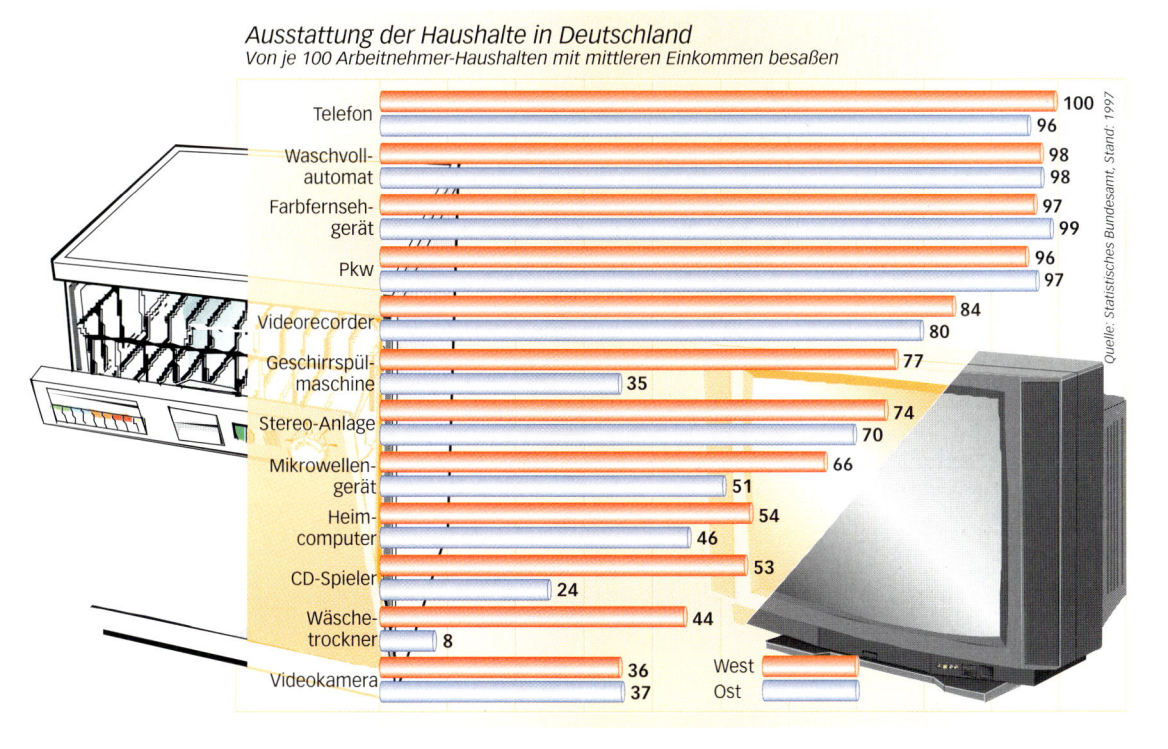

Ausstattung der Haushalte in Deutschland
Von je 100 Arbeitnehmer-Haushalten mit mittleren Einkommen besaßen

Gerät	West	Ost
Telefon	100	96
Waschvollautomat	98	98
Farbfernsehgerät	97	99
Pkw	96	97
Videorecorder	84	80
Geschirrspülmaschine	77	35
Stereo-Anlage	74	70
Mikrowellengerät	66	51
Heimcomputer	54	46
CD-Spieler	53	24
Wäschetrockner	44	8
Videokamera	36	37

Quelle: Statistisches Bundesamt, Stand: 1997

a) Welcher Bevölkerungsteil wurde in der Statistik erfasst und verglichen?
b) Bei welchen Geräten sind die Unterschiede zwischen Ost und West besonders groß?
c) Womit sind die Haushalte besonders gut ausgestattet?
d) Wenn alle im westlichen Teil ein Telefon besitzen, müsste man eigentlich kein Telefon mehr verkaufen können. Stimmt das?
e) Gilt das auch für Fernsehgeräte, Waschmaschinen und Pkw?
f) Im Osten müsste man mit Wäschetrocknern ein besonders gutes Geschäft machen können. Stimmt das?

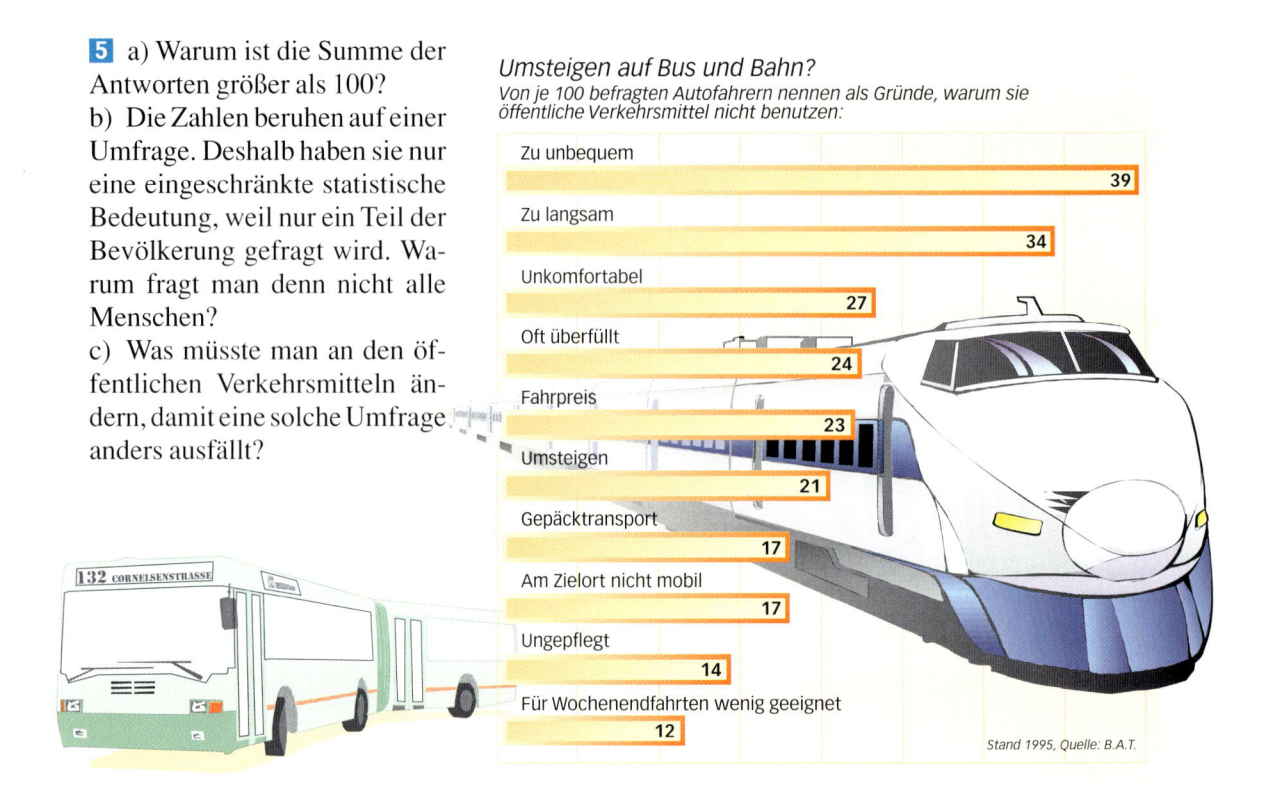

5 a) Warum ist die Summe der Antworten größer als 100?
b) Die Zahlen beruhen auf einer Umfrage. Deshalb haben sie nur eine eingeschränkte statistische Bedeutung, weil nur ein Teil der Bevölkerung gefragt wird. Warum fragt man denn nicht alle Menschen?
c) Was müsste man an den öffentlichen Verkehrsmitteln ändern, damit eine solche Umfrage anders ausfällt?

Umsteigen auf Bus und Bahn?
Von je 100 befragten Autofahrern nennen als Gründe, warum sie öffentliche Verkehrsmittel nicht benutzen:

Zu unbequem	39
Zu langsam	34
Unkomfortabel	27
Oft überfüllt	24
Fahrpreis	23
Umsteigen	21
Gepäcktransport	17
Am Zielort nicht mobil	17
Ungepflegt	14
Für Wochenendfahrten wenig geeignet	12

Stand 1995, Quelle: B.A.T.

6 1991 trat in Deutschland die Verpackungsverordnung in Kraft. Seit dieser Zeit werden auf teilweise unterschiedliche Weise Verpackungsabfälle als Wertstoffe der Wiederverwertung (Recycling) zugeführt.

Prüfe mit Hilfe der Grafik, ob folgende Aussagen richtig oder falsch sind:

a) Die Verwertung des gesammelten Aluminiums ist am stärksten gestiegen.
b) Glas hatte von Anfang an einen hohen Verwertungsprozentsatz.
c) Nur 7% des gesamten Papiers wird nicht verwertet.
d) Die nicht gesammelten Verpackungsabfälle sind hier nicht erfasst.

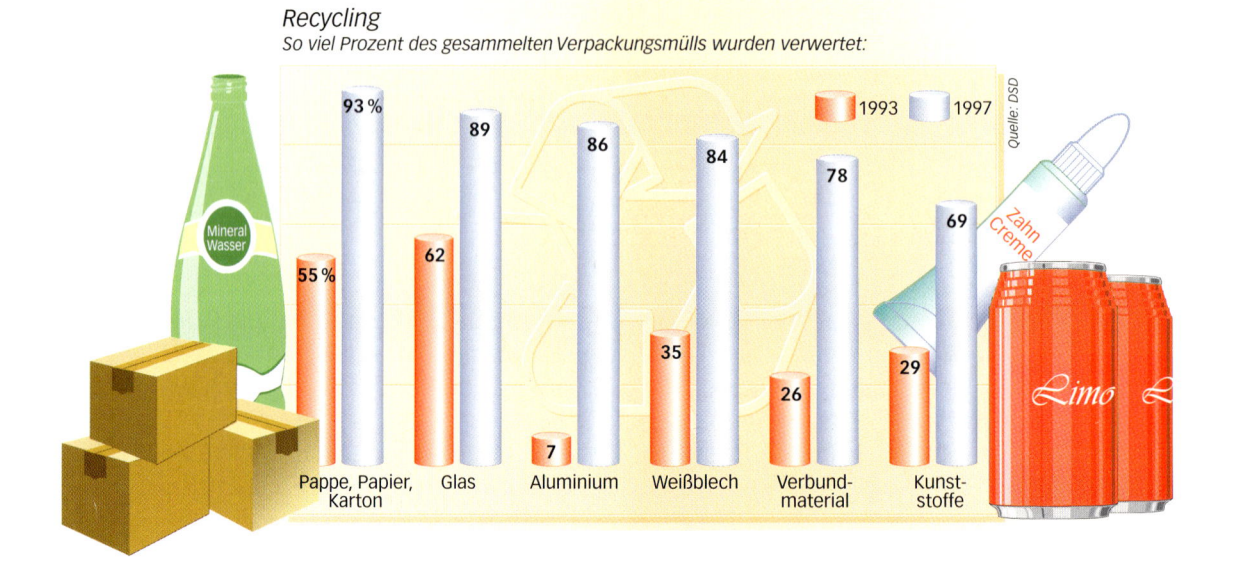

Recycling
So viel Prozent des gesammelten Verpackungsmülls wurden verwertet:

Material	1993	1997
Pappe, Papier, Karton	55 %	93 %
Glas	62	89
Aluminium	7	86
Weißblech	35	84
Verbundmaterial	26	78
Kunststoffe	29	69

Quelle: DSD

Sachrechnen – Zuordnungen – Statistik   **137**

Die Pannen der bis zu sechs Jahre alten Autos

Erstzulassung/Pannenzahlen	1997	1996	1995	1994	1993	1992	alle Bj.
Fahrzeugelektrik allgemein	4127	9108	14417	21065	26852	37169	414167
Zündanlage	2462	4473	5956	8492	11384	15578	209651
Motor	1933	5651	8758	7535	9767	14692	188899
Kühlung/Heizung/Klimaanlage	1402	2877	3635	4419	7134	11276	125492
Kraftstoffanlage	2297	3457	3391	4101	4826	7380	105865
Einspritzung/Vergaser	1215	2167	2440	2907	3743	5240	94320
Kupplung/Getriebe/Antrieb	922	1882	2569	3415	4369	6093	87283
Räder/Reifen	3046	6375	6648	6671	6372	7594	85037
Karosserie/Innenausstattung	2089	3602	4014	4522	3971	4753	58425
Auspuff/Katalysator	182	340	496	1232	1973	2743	30763
Bremsen	301	677	901	1108	1381	1810	19226
Radaufhängung/Achsen	89	202	286	366	432	692	9389
Lenkung	150	203	265	288	359	547	4839

7 Ein Automobilclub veröffentlicht regelmäßig, wie oft er von Autofahrern zur Hilfeleistung gerufen wurde. Diese Daten werden in einer Pannenstatistik zusammengefasst. Dabei gibt es genaue Auflistungen, welche Fahrzeuge welche Mängel aufgewiesen haben. Die obige Übersicht zeigt, wie viele Pannen in der Bundesrepublik Deutschland im Jahr 1997 registriert wurden. Die Statistik ist nach dem Alter der Fahrzeuge geordnet.
a) Warum ordnet der Automobilclub die Sachbereiche nicht alphabetisch von „Auspuff" bis „Zündanlage"?
b) In welchen Bereichen ist die Steigerung der Pannen bei älteren Fahrzeugen im Vergleich zu neuen besonders groß, in welchen vergleichsweise niedrig?
Weise dies durch einen Prozentsatz nach.
c) Runde die Zahlen für 1997 und 1992 sinnvoll. Welcher Vorteil ergibt sich daraus?

Warum legt der Automobilclub keine gerundeten Zahlen vor?
d) Überprüfe anhand der Statistik folgende Aussagen:
– Die Fahrzeugelektrik ist immer der größte Pannenposten.
– Räder und Reifen sind ab einem Alter von zwei Jahren ziemlich gleichmäßig gefährdet.
– Auspuffanlagen sind die ersten drei Jahre sehr stabil.

8 a) Welcher Speisenverbrauch hat sich besonders stark verändert?
b) Welcher Speisenverbrauch ist fast gleich geblieben?
c) Berechne Veränderungen in Prozent, indem du den Wert von 1957 als Grundwert nimmst und erstelle eine Tabelle.
d) Vergleiche deinen persönlichen Speiseplan mit den Durchschnittswerten.

Speiseplan früher –   *Speiseplan heute*
Durchschnittlicher Verbrauch von Nahrungs-   mitteln pro Einwohner in Kilogramm

1957/58   **1996/97**

Kartoffeln	150 kg		124 kg	Obst, Südfrüchte
Milch	110		90	Milch
Brot	86		90	Fleisch
Fleisch	53		88	Gemüse
Obst, Südfrüchte	51		73	Kartoffeln
Gemüse	49		65	Brot
Zucker	29		34	Zucker
Fett	25		28	Fett
Eier	12		20	Käse, Quark
Fisch	11		15	Fisch
Käse, Quark	7		14	Eier

Statistisches Material erheben

Um eine Statistik zu erstellen, müssen zuerst Daten gesammelt bzw. erfasst werden. Man legt fest, was abgefragt oder gezählt werden soll. Danach überlegt man, in welcher Form die Daten erfasst werden.
Im Rahmen des Hauswirtschaftsunterrichts machen Schüler der 9. Jahrgangsstufe eine statistische Untersuchung zur Pausenverpflegung. Dabei stehen zwei Grundfragen im Mittelpunkt:
1. Wo haben die Schüler ihre Pausenverpflegung her?
2. Welche Art der Pausenverpflegung haben die Schüler?
Dazu nehmen die Schüler eine Klassenliste und befragen ihre Mitschüler. Das Ergebnis zur ersten Frage wird zunächst so festgehalten.

Klasse 9a

	von zu Hause	auf dem Schulweg gekauft	beim Hausmeister gekauft	kein Pausenbrot
Bader	×			
Bauer	×			
Denz		×		
Erhardt	×			
Fellner			×	
Fischer			×	
Fritsche			×	
Gollmann				×
Greiter			×	
Hiltner		×		
Keller	×			
Kirchmann				×
Miller	×			
Müller		×		
Nieberle			×	
Nortemann				×
Prestele	×			
Riedel			×	
Schaller			×	
Schneider				×
Scholl	×			
Strehle			×	
Strobel	×			
Tholl		×		
Wagner	×			
Wiedemann			×	

Beschreibende Statistik

Übungen

1 Bilde bei den Antworten die einzelnen Summen und notiere sie.

2 In der Klasse 9b war das Ergebnis wie folgt: von zu Hause 11, auf dem Schulweg 3, beim Hausmeister 6, kein Pausenbrot 6. Fasse die Ergebnisse beider Klassen zusammen.

3 Stelle die Ergebnisse dar:
a) in einer kleinen Tabelle
b) als Balkendiagramm.

4 Rechne die Ergebnisse in Prozentsätze um und stelle die Prozentsätze in einem Kreisdiagramm dar.

5 Für die Beantwortung der zweiten Frage nach der Art der Pausenverpflegung verwenden die Schüler wiederum Klassenlisten und das Ankreuzverfahren.
a) Warum gibt es bei vier Schülern keine Angaben?
b) In der Klasse 9b ergeben sich folgende Daten:
▶ Brot 8
▶ Obst 5
▶ Süßes 7
Kontrolliere mit den Angaben aus Nr. 2. Fasse die Ergebnisse beider Klassen zusammen.

6 Stelle die Ergebnisse in verschiedener Form dar:
a) als Tabelle
b) als Balkendiagramm
c) als Kreisdiagramm in Prozentsätzen.

7 Welche Folgerungen kann man aus den statistischen Angaben ziehen?

8 Ist es sinnvoll, solche Erhebungen nach einem gewissen Zeitraum zu wiederholen?

9 Führe an eurer Schule eine ähnliche statistische Erhebung durch.
Überlege dabei, inwieweit du die abgefragten Punkte verändern musst.

Klasse 9a	Brot/Brötchen	Obst	Süßes (auch Gebäck)
Bader	X		
Bauer		X	
Denz			X
Erhardt	X		
Fellner	X		
Fischer	X		
Fritsche	X		
Gollmann			
Greiter			X
Hiltner			X
Keller		X	
Kirchmann			
Miller		X	
Müller		X	
Nieberle			X
Nortemann			
Prestele	X		
Riedel	X		
Schaller	X		
Schneider			
Scholl		X	
Strehle			X
Strobel	X		
Tholl			X
Wagner	X		
Wiedemann	X		

10 Im folgenden sind Bereiche aufgeführt, in denen durch Abfragen oder Zählen statistisches Material ohne großen Aufwand erfasst werden kann.
a) Wie kommen die Schüler in die Schule? Zu Fuß – Fahrrad – Schulbus – Auto der Eltern – öffentliches Verkehrsmittel.
b) Verkehrsaufkommen auf der Straße vor der Schule zu unterschiedlichen Zeitpunkten: vor Unterrichtsbeginn – bei Unterrichtsschluss.
c) Welche Schüler sind Mitglieder in welchem Sportverein?
d) Welche Schüler haben folgende Hobbys? Briefmarkensammeln, Theaterclub?

Fragebogen und deren Auswertung

Viele Daten und Fakten werden über Frageaktionen und Umfragen gesammelt. Damit werden häufig auch Meinungen und Einstellungen von Personen abgefragt. In Deutschland gibt es eigene Meinungsforschungsinstitute, die regelmäßig Umfragen zu vielerlei Themen durchführen. Sehr bekannt ist die so genannte „Sonntagsfrage", in der Bürgerinnen und Bürger gefragt werden, welche Partei sie wählen würden, wäre am kommenden Sonntag Bundestagswahl. Mit den Ergebnissen kann man die politische Stimmung für oder gegen die Regierung erkennen. Ebenso bekannt sind Befragungen nach der Beliebtheit von Politikern oder nach der Bekanntheit von Personen der Öffentlichkeit. Befragungen lässt auch die Deutsche Bahn AG bei Fahrgästen durchführen.

Aufstellung eines Fragebogens

Beim Erarbeiten eines Fragebogens kannst du so vorgehen:
1. Festlegen des Themas: Was will man abfragen, befragen?
2. Aufstellen von Unterpunkten, Erstellen einer Gliederung.
Beachte, dass die Fragen oder Begriffe verständlich sind!
3. Festlegen der Antwortmöglichkeiten: ja oder nein; dafür – dagegen – keine Meinung; gefällt mir – gefällt mir nicht; ist für mich bedeutend – ist nicht bedeutend; stimme ich zu – lehne ich ab.
Bei Wertungen ist eine Notenskala wie in der Schule möglich. Antworten nach Abstufungen: immer – häufig – selten – nie.
4. Festlegen der äußeren Form: Felder zum Ankreuzen oder Ausfüllen.
Wichtig ist Übersichtlichkeit zur leichteren Auswertung.

Durchführung der Befragung

Zunächst muss festgelegt sein, wie viele bzw. welche Personen befragt werden. Die Befragung kann auf zwei Arten erfolgen:
a) Jeder erhält den Fragebogen und füllt ihn selbstständig aus. Das garantiert weitgehend die Anonymität. Der Beantworter steht nicht unter dem zeitlichen Druck des Fragenden.
b) Der Fragende füllt den Bogen nach den Angaben des Befragten aus.

Übungen

1 Stelle Themenbereiche zusammen, die für Befragungen in der Schule geeignet sind.

2 Stelle zu einem Themenbereich eine Gliederung sowie die Antwortmöglichkeiten auf.

3 Welche Themenbereiche sind in deiner Gemeinde (in deiner Stadt) für eine Befragung geeignet? Versucht für ein Thema einzelne Fragen zu sammeln.

4 Suche in der Presse nach Umfrageergebnissen.

Beschreibende Statistik **141**

Den vorliegenden Fragebogen zum Thema „Freizeitverhalten" haben Schüler/innen einer 9. Jahrgangsstufe mit ihrem Lehrer ausgearbeitet.

Fragebogen – Freizeitverhalten

1 Geschlecht ▭ männlich ▭ weiblich 2 Alter ▭

	täglich	häufig	selten	nie
3 Lesen				
3.1 Buch	▭	▭	▭	▭
3.2 Zeitschriften	▭	▭	▭	▭
3.3 Tageszeitung	▭	▭	▭	▭
4 Sport				
4.1 Aktiv im Verein	▭	▭	▭	▭
4.2 Aktiv privat	▭	▭	▭	▭
4.3 Sportveranstaltung	▭	▭	▭	▭
5 Fernsehen				
5.1 Unterhaltung	▭	▭	▭	▭
5.2 Information	▭	▭	▭	▭
5.3 Sport	▭	▭	▭	▭
6 Videofilme	▭	▭	▭	▭
7 Kino	▭	▭	▭	▭
8 Musik				
8.1 Spiele ein Instrument	▭	▭	▭	▭
8.2 Radio hören	▭	▭	▭	▭
8.3 CD/Cassetten hören	▭	▭	▭	▭
8.4 Konzerte besuchen	▭	▭	▭	▭
9 Computer				
9.1 Computerspiele	▭	▭	▭	▭
9.2 Mit dem Computer gestalten	▭	▭	▭	▭
10 Spiele (Karten, Würfel u. a.)	▭	▭	▭	▭
11 Discobesuch	▭	▭	▭	▭
12 Mit Freunden zusammen etwas unternehmen	▭	▭	▭	▭

Übungen

1 Durch welche Punkte kann man den Fragebogen erweitern?

2 Durch welche Begriffe kann man die Abstufung täglich – häufig – selten – nie ersetzen?

3 Wie kann man den Fragebogen knapper gestalten?

4 Wie soll ein solcher Fragebogen für eure Schule aussehen?
Füge Punkte in den Fragebogen ein, die sich besonders auf eure Schule beziehen.

Hier sind die Umfragergebnisse zweier 9. Klassen einer Hauptschule aufgeführt. Es beteiligten sich 45 Schüler, davon waren 16 Mädchen und 29 Buben. Manche Schüler haben einzelne Punkte ausgelassen. Zum Zeitpunkt der Umfrage betrug das Durchschnittsalter 15,5 Jahre.

Fragebogen – Freizeitverhalten

	täglich	häufig	selten	nie
1 Geschlecht 29 männlich 16 weiblich 2 Alter 15,53	weibl.|männl.|ges.	w.|m.|g.	w.|m.|g.	w.|m.|g.
3 Lesen				
3.1 Buch	1|2|3	7|5|12	7|15|22	1|7|8
3.2 Zeitschriften	1|2|3	10|15|25	6|9|15	0|2|2
3.3 Tageszeitung	1|5|6	3|9|12	7|11|18	4|2|6
4 Sport				
4.1 Aktiv im Verein	1|6|7	4|14|28	3|1|4	6|7|13
4.2 Aktiv privat	6|4|10	4|9|13	3|9|12	2|3|5
4.3 Sportveranstaltung	0|1|1	3|9|12	7|12|19	6|7|13
5 Fernsehen				
5.1 Unterhaltung	4|10|14	10|13|23	2|6|8	0|0|0
5.2 Information	1|2|3	4|12|16	10|11|21	1|4|5
5.3 Sport	1|7|8	5|10|15	7|8|15	3|3|6
6 Videofilme	0|3|3	6|11|17	10|15|25	0|0|0
7 Kino	0|0|0	2|9|11	11|17|28	3|3|6
8 Musik				
8.1 Spiele ein Instrument	3|5|8	2|2|4	3|7|10	8|15|23
8.2 Radio hören	10|12|22	3|7|10	2|4|6	1|3|4
8.3 CD/Cassetten hören	10|17|27	0|5|5	5|6|11	1|0|1
8.4 Konzerte besuchen	0|0|0	1|6|7	6|12|18	6|8|14
9 Computer				
9.1 Computerspiele	1|5|6	1|7|8	8|11|19	5|6|11
9.2 Mit dem Computer gestalten	1|5|6	3|9|12	9|10|19	3|5|8
10 Spiele (Karten, Würfel u. a.)	1|0|1	4|11|15	10|16|26	1|2|3
11 Discobesuch	0|0|0	5|8|13	9|14|23	2|5|7
12 Mit Freunden zusammen unternehmen	4|13|17	10|15|25	2|1|3	0|0|0

Übungen

1 Kontrolliere durch stichprobenartiges Zusammenzählen, ob die Daten stimmen.

2 Stelle besonders auffällige Ergebnisse zusammen. Versuche diese zu begründen.

3 Stelle bei einzelnen Punkten deutliche Richtungen heraus. Vergleiche dazu die Ergebnisse der Bereiche täglich – häufig mit denen der Bereiche selten – nie.

4 Mache die Umfrage in eurer Klasse. Vergleiche dein Ergebnis mit den obigen Daten.

Beschreibende Statistik 143

4 In welchen Bereichen findest du besonders deutliche Unterschiede zwischen Mädchen und Buben? Beachte dabei die unterschiedliche Teilnehmerzahl.

5 Rechne beispielsweise die Ergebnisse zum Punkt „Lesen der Tageszeitung" in Prozent um. Sind diese Angaben aussagekräftiger?

6 Im folgenden stehen einige Aussagen und Behauptungen. Überprüfe sie anhand der Zahlen.
a) Knapp die Hälfte der Schüler spielt ein Instrument.
b) Zeitschriften finden mehr Anklang als die Tageszeitung.
c) Diejenigen, die Computerspiele betreiben, gestalten auch mit dem Computer.
d) Spiele sind bei den Schülern nicht beliebt.
e) Am liebsten unternehmen die Schüler etwas mit Freunden.
f) Am liebsten unterhalten sich die Schüler durch das Fernsehen.
g) Privat treiben mehr Schüler Sport als im Verein.
h) Die Schüler gehen gerne ins Kino.
i) Radio hören ist noch beliebter als Fernsehen.
j) Mädchen lesen eher ein Buch als Buben.
k) Die Jugendlichen sitzen nur noch vor dem Fernseher, hören Musik oder schauen sich Videofilme an.

7 Die vorliegenden Ergebnisse stammen aus einer Hauptschule im ländlichen Gebiet. Die Umfrage würde bei Stadtschülern in einigen Bereichen anders ausfallen. Nenne solche Einzelbereiche und begründe, ohne dass du Zahlen als Grundlage dafür hast.

8 Führe die Umfrage in deiner Jahrgangsstufe und bei den 8. Klassen durch. Stelle dann die auffälligsten Unterschiede zwischen den Jahrgangsstufen heraus.

9 Aus den Umfrageergebnissen kann man die wesentlichen Interessen der Jugendlichen ablesen. Versuche eine Rangliste mit fünf Punkten aufzustellen.

10 Stelle einen kurzen Fragenkatalog für die folgenden Themen auf:
a) Beliebtheit von Schulfächern
b) Die liebsten Fernsehsendungen
c) Der Lieblingsstar

11 Entscheide, ob folgende Sachverhalte durch statistisches Zählen und Messen oder durch Umfrageergebnisse entstanden sind:
a) Die Zahl der Ehescheidungen in Europa ist in Irland vergleichsweise am niedrigsten.
b) Die Mehrheit der Bundesbürger sieht in der Erhaltung der Gesundheit das wichtigste Lebensziel vor dem Erhalt des Arbeitsplatzes.
c) Im Oktober 1998 fiel im Allgäu die höchste Niederschlagsmenge der letzten sieben Jahre.
d) Warme Temperaturen und Ruhe gelten bei den meisten Urlaubern als Entscheidungsmerkmale für ein Urlaubsziel.
e) Zwei Drittel der Mädchen einer Hauptschule lehnen Rauchen ab.

12 Stellt durch eine Umfrage zusammen, welche aktuellen Werbesprüche oder Werbespots in eurer Jahrgangsstufe bekannt sind. Überlegt zuerst, wie danach gefragt werden soll (Fragebogen, Tonband …).

Mittelwerte

Martina hat eine Woche lang, jeweils mittags, an einem Außenthermometer die Lufttemperatur abgelesen. Diese Temperaturwerte hat sie in folgender Tabelle notiert.

Tag	Mo.	Di.	Mi.	Do.	Fr.	Sa.	So.
Temperatur (in °C)	17	20	18	16	14	15	19

Martina berechnet die *mittlere* Temperatur dieser Woche. Dazu addiert sie alle gemessenen Temperaturen und dividiert die Summe durch die Anzahl der Messungen.

$$\frac{17+20+18+16+14+15+19}{7}=17$$

Die mittlere Temperatur, auch *Durchschnittstemperatur* genannt, betrug 17 °C.

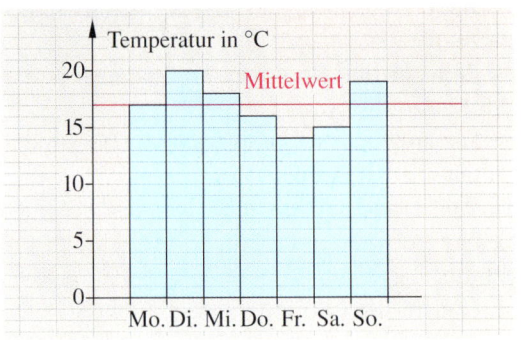

So berechnen wir Mittelwerte:

1. Alle Zahlenwerte werden addiert.
2. Die Summe wird durch die Anzahl der Werte dividiert.

$$\text{Mittelwert} = \frac{\text{Summe aller Werte}}{\text{Anzahl der Werte}}$$

Übungen

1 Niederschläge werden in mm gemessen. Auf dem Feldberg gab es folgende Niederschlagsmengen:
Jan. 108 mm, Feb. 29 mm, Mär. 39 mm, Apr. 86 mm, Mai. 96 mm, Jun. 185 mm, Jul. 199 mm, Aug. 99 mm, Sep. 182 mm, Okt. 124 mm, Nov. 43 mm, Dez. 254 mm.
Berechne den Mittelwert der monatlichen Niederschläge.

2 Erkundige dich über die Schüler- und die Klassenzahl eurer Schule. Bestimme dann den Mittelwert.
Lasse dir von der Schulleitung auch die Zahlen der letzten fünf Jahre geben und vergleiche die Werte untereinander.

3 Familie Langer ist um das Energiesparen sehr bemüht. Deshalb beobachtet sie auch genau ihren Stromverbrauch. In fünf Monaten hat sie folgende Werte notiert:
462 kWh, 440 kWh, 431 kWh, 458 kWh, 421 kWh.
a) Berechne den Mittelwert.
b) Nun schafft Familie Langer zwei neue besonders energiesparende Haushaltsgeräte an. Dazu achtet sie noch mehr darauf, nicht unnötig Strom zu verbrauchen. Die Werte für die nächsten sieben Monate lauten:
402 kWh, 389 kWh, 406 kWh, 381 kWh, 387 kWh, 396 kWh, 376 kWh.
Berechne den Mittelwert und vergleiche.
c) In einem weiteren Monat hat die Familie nur 192 kWh verbraucht.
Kannst du das erklären?

Beschreibende Statistik

4 In den fünf Mathematikproben einer 9. Klasse ergeben sich folgende Verteilungen der Noten:

Note	1	2	3	4	5	6
1. P.	1	4	8	8	3	2
2. P.	0	3	10	7	4	2
3. P.	2	2	7	10	5	0
4. P.	3	2	11	4	6	0
5. P.	1	6	6	8	4	1

a) Berechne den Notendurchschnitt (Mittelwert) jeder Probearbeit auf zwei Dezimalstellen.
b) Vergleiche die Notenverteilung mit den Mittelwerten. Kann man auf einen Blick sagen, welche Arbeit am besten und welche am schlechtesten ausgefallen ist?
c) Berechne den Gesamtmittelwert.

5 Zwei Lehrer sprechen über die Ergebnisse ihrer 9. Klassen im Deutsch Probediktat. In beiden Klassen wurde das gleiche Diktat geschrieben.
Herr Lenk: „Meine Klasse hat einen Durchschnitt von 3,4." Kollege Schindele merkt an: „So ein Zufall, meine Klasse hat ebenfalls einen Schnitt von 3,4."
Die Lehrer vergleichen die Notenverteilung der beiden Klassen.

Note	1	2	3	4	5	6
9 a	3	3	6	6	4	2
9 b	1	4	10	8	3	1

Rechne nach.

6 Lasse dir von deiner Lehrerin/deinem Lehrer erklären, wie einzelne Noten in bestimmten Fächern gewichtet werden und wie die Zeugnisnote entsteht.
Du kannst dann jederzeit deinen aktuellen Notenstand in jedem Fach selbst errechnen.

7 Wie setzt sich die Durchschnittsnote in der Besonderen Leistungsfeststellung zum qualifizierenden Abschluss zusammen? Welche Einzelnoten musst du mindestens erreichen, um den Abschluss zu schaffen?

8 Eva und Ibrahim bekommen im Zwischenzeugnis der 9. Jahrgangsstufe in Mathematik jeweils die Note 3. Ibrahim sagt: „Das ist nicht gerecht, denn ich hatte im Vergleich zu Eva die besseren Noten." In der Notenliste stehen bei Eva die Noten 3/4/3 und bei Ibrahim 3/3/2. Ist die Zeugnisnote gerecht?

9 Die Jugendmannschaft eines Fußballclubs hat ihre Punkterunde mit 18 Spielen als Tabellenführer bei einem Torverhältnis von 57 : 16 abgeschlossen. Jedes Spiel endete also durchschnittlich 3,166 : 0,88.
Stimmt das? Erläutere den Sachverhalt.

10 Max und Rudi machen in den Ferien eine fünftägige Radtour von Regensburg nach Oberstdorf.
Dabei benutzen sie möglichst autoarme Routen. Zeit für Besichtigungen und ausreichende Pausen rechnen sie auch ein. Sie legen folgende Tagesetappen zurück:
68 km/54 km/70 km/ 67 km/85 km.
Zurück fahren beide mit der Bahn.
Berechne den Tagesdurchschnitt der Radtour.

11 Herr Mang ist mit seinem Auto in einem Jahr genau 18 489 km gefahren.
a) Berechne die durchschnittliche Fahrleistung pro Monat und pro Tag.
b) Im August war Herr Mang genau 3 Wochen im Urlaub und legte dabei 3876 km zurück. Berechne die durchschnittlichen Fahrleistungen pro Tag ohne den Urlaub.

12 Dominik hat durch verschiedene kleine Jobs in einem Jahr 2025 DM verdient.
a) Welches durchschnittliche Monatseinkommen hat er?
b) Ist es für ihn sinnvoll einen solchen Wert anzugeben?
Begründe.

Der Zentralwert

In der Statistik wird neben dem Mittelwert auch noch der **Zentralwert** untersucht. Man erhält ihn, indem man die Daten in einer Rangliste ordnet, und den genau in der Mitte stehenden Wert bestimmt.

Beispiel

In der Rangliste sind die Milchmengen der 29 Kühe von Bauer Greiner vom 20.10.1994 in kg angegeben:

Ariane	0	Burgel	11,8	Sylli	17,6
Laura	0	Lotti	11,8	Herdi	17,7
Walli	0	Milli	12,6	Lina	17,8
Adel	6,4	Hertl	12,6	Sabi	18,6
Linda	7	Iris	**12,6**	Minka	20,3
Mari	8,8	Giese	13,2	Berte	20,5
Erni	9,4	Ida	13,9	Marle	20,5
Ilse	10	Bärbe	14,6	Sonni	20,7
Barbara	10,4	Lilli	16	Käthi	22,9
Fanny	11	Nora	17		

In der Mitte der Rangliste steht der 15. Wert (12,6 kg). Es ist der **Zentralwert**. Die Anzahl der Werte, die vor ihm stehen, ist genauso groß wie die Anzahl der Werte, die hinter ihm in der Rangliste stehen (14). – Ist die Anzahl der Werte einer Rangliste *gerade*, so errechnet man aus den *beiden* in der Mitte stehenden Werten den Mittelwert. Dieser *berechnete Wert* ist dann der Zentralwert.

Übungen

1 a) Berechne die Milchmenge der „Durchschnittskuh" am 20.10.1994.
b) Ist es hier sinnvoll, eine Häufigkeitstabelle für die einzelnen Milchmengen zu erstellen?
c) Bilde Klassen und erstelle jetzt eine Häufigkeitstabelle.

2 Bauer Greiner lieferte folgende monatliche Milchmengen im Jahr 1993 ab (in kg):

Jan.	9 527	Mai	14 209	Sep.	13 651
Feb.	11 219	Juni	10 851	Okt.	14 231
März	13 568	Juli	9 876	Nov.	11 707
April	13 258	Aug.	10 375	Dez.	11 921

a) Erstelle die Rangliste.
b) Bestimme den Zentralwert.
c) Berechne den Mittelwert.

3 Das Alter der Kühe ist in Jahren und Monaten (getrennt durch Semikolon) angegeben:

12; 2   2; 5   8; 7   11; 9
10; 8   3; 8   12; 0   10; 9
5; 6   7; 8   10; 11 9; 6
7; 8   5; 6   9; 11   9; 11
3; 5   5; 4   8; 7   7; 9
6; 9   5; 1   2; 1   8; 7
12; 4   5; 6   3; 4   4; 9
2; 11

a) Erstelle die Rangliste.
b) Bestimme den Zentralwert.
c) Berechne das arithmetische Mittel für das Alter der Kühe.
d) Zeichne ein Diagramm.

Vermischte Aufgaben

1 Die Deutschen fahren gerne im Urlaub ins Ausland. Die zehn beliebtesten Reiseziele der Deutschen im Jahr 1997 aufgelistet nach Ländern waren nach der Forschungsgemeinschaft Urlaub und Reisen:

Spanien	8,3 Millionen
Italien	5,7 Millionen
Österreich	4,2 Millionen
Türkei	2,6 Millionen
Frankreich	2,4 Millionen
Griechenland	2,2 Millionen
Nordamerika	2,0 Millionen
Dänemark	1,4 Millionen
Nordafrika	1,4 Millionen
Niederlande	1,4 Millionen

a) Wie viele Menschen waren insgesamt in diesen Ländern?
b) Berechne die Länderanteile in Prozent.
c) Stelle dies grafisch dar.
d) Berechne den Mittelwert und den Zentralwert dieser zehn Länder. Zeige den Unterschied auf.
e) Wie werden wohl diese Zahlen von der Forschungsgemeinschaft ermittelt?
f) In welchen dieser Länder waren schon Schüler eurer Klasse?
g) In welche Länder möchtest du am liebsten reisen? Wie kannst du dies mit einer Umfrage erfassen?

2 Udo trainiert im Basketball Strafwürfe. Um den Fortschritt in der Treffsicherheit zu zeigen, schreibt er Treffer und Würfe auf:
17/30, 21/35, 26/40, 18/25, 19/27, 21/30.
Wie hat sich bei dieser Serie die Treffsicherheit entwickelt?

3 Die Tabelle zeigt, wie sich seit 1773 die Zeitabstände zwischen den einzelnen Naturkatastrophen in Bangladesch aufgrund der weltweiten Klimaentwicklung verringern.

Jahr	Katastrophe	Tote
1773	Zyklon	300 000
1876	Zyklon	300 000
1942	Zyklon	10 000
1960	Zyklon	10 000
1963	Zyklon	20 000
1965	Zyklon	70 000
1970	Zyklon	600 000
1972	Dürre	
1973	Überschwemmung	
1973	Überschwemmung	
1974	Überschwemmung	
1979	Dürre	
1982	Dürre	
1983	Dürre	
1983	Überschwemmung	
1984	Überschwemmung	
1985	Zyklon	15 000
1986	Überschwemmung	
1987	Überschwemmung	1 000
1987	Dürre	
1988	Überschwemmung	1 900
1991	Zykl. + Überschw.	150 000

Quelle: Funkkolleg Humanökologie, Studienbrief 1, S. 37

a) Wo liegt Bangladesch? Schlage in Atlas und Lexikon nach.
b) Erkläre den Begriff Zyklon.
c) Berechne den Mittelwert der Zeitabstände zwischen je zwei Katastrophen für den Zeitraum von
1773 bis 1942,
1942 bis 1974,
1974 bis 1991.

Übertrage die Tabelle auf eine Zeitleiste und stelle darauf die Anzahlen der bei den Katastrophen umgekommenen Menschen durch Säulen dar.
Wähle einen geeigneten Maßstab.
d) Warum ist bei den Überschwemmungen und bei den Dürren keine Zahl von Toten angegeben?

4 Beschäftigte Arbeitnehmer in Millionen

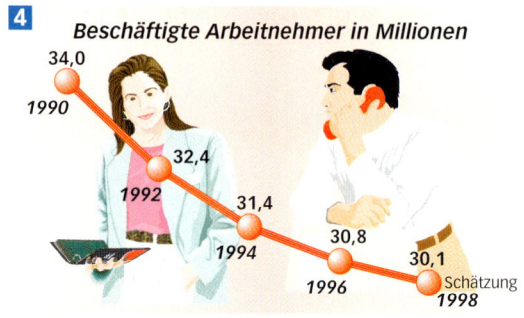

- 1990: 34,0
- 1992: 32,4
- 1994: 31,4
- 1996: 30,8
- 1998: 30,1 (Schätzung)

a) Berechne den Rückgang der beschäftigten Arbeitnehmer in Prozent, wobei die Angabe von 1990 als Grundwert zu sehen ist.
b) Berechne den Mittelwert zwischen 1990 und 1998.
c) Erkundige dich nach den Einwohnerzahlen der Bundesrepublik Deutschland in diesen Jahren und berechne, welchen Anteil die beschäftigten Arbeitnehmer ausmachen.

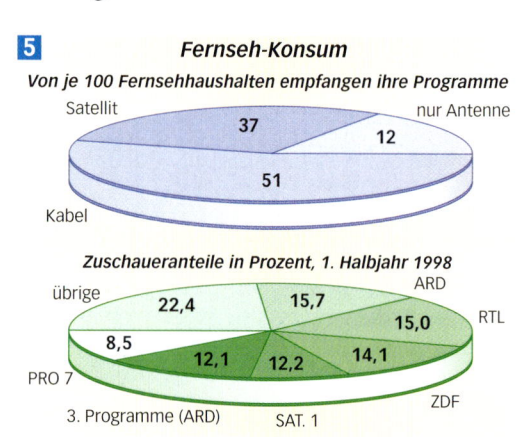

5 Fernseh-Konsum

Von je 100 Fernsehhaushalten empfangen ihre Programme
- Satellit: 37
- nur Antenne: 12
- Kabel: 51

Zuschaueranteile in Prozent, 1. Halbjahr 1998
- übrige: 22,4
- ARD: 15,7
- RTL: 15,0
- ZDF: 14,1
- SAT. 1: 12,2
- 3. Programme (ARD): 12,1
- PRO 7: 8,5

a) In der Bundesrepublik Deutschland gibt es 36,5 Millionen Fernsehhaushalte. Wie viele empfangen ihr Programm über Antenne, Kabel bzw. Satellit?
b) Kennst du die Programme, die unter „übrige" zusammengefasst sind?
c) Warum werden diese in der Übersicht nicht einzeln aufgelistet?
d) Wie kommt man denn auf diese Zahlen? Werden die Fernsehzuschauer überwacht?
e) Warum ist es besonders für die privaten Fernsehanstalten wichtig, wie viele Zuschauer sie haben?
f) Untersuche, welche Fernsehsender in eurer Klasse am häufigsten eingeschaltet werden, um eine Sendung von Anfang bis zum Ende zu sehen.

6 Ach du liebe Zeit!

Es gibt kaum einen Sachverhalt, der heute nicht statistisch erforscht ist oder wird. So beschäftigen sich auch so genannte Zeitforscher damit, wie lange wir Bundesbürger uns womit beschäftigen. Sie haben herausgefunden, dass bei einer durchschnittlichen Lebenserwartung von 76 Jahren ein Mensch 27 Jahre schläft, 8,5 Jahre am Arbeitsplatz ist (Frauen 4,3 Jahre), 14 Jahre mit Hausarbeit verbringt (Männer 5,5 Jahre), 6 Jahre vor dem Fernseher sitzt, 4,3 Jahre mit Essen und Trinken verbringt, 4 Jahre irgendwie und irgendwo unterwegs ist (davon etwa 2,5 Jahre im Auto) und nur 1 Jahr sich Gesprächen mit Verwandten und Freunden widmet.

a) Rechne die Angaben auf ein Lebensjahr und auf einen Tag um.
b) Rechne die Angaben in Prozent um und stelle sie grafisch dar.

7

Die Forschungsgruppe Wahlen untersucht regelmäßig für Fernsehen und die Presse die Beliebtheit der Politiker. Dabei geben die telefonisch Befragten einen Wert auf einer Skala von +5 (sehr beliebt) bis −5 (sehr unbeliebt) an. Danach wird eine Rangliste erstellt. Im November 1998 hatte die Liste folgendes Aussehen, die Namen sind anonymisiert, die Werte echt, Frauen sind unter den ersten 11 nicht vorhanden.

A-Mann +2,4 (Regierung)
B-Mann +1,8 (Opposition)
C-Mann +1,4 (Regierung)
D-Mann +1,3 (Opposition)
E-Mann +1,0 (Opposition)
F-Mann +0,9 (Opposition)
G-Mann +0,8 (Regierung)
H-Mann +0,5 (Regierung)
I-Mann −0,1 (Regierung)
J-Mann −1,0 (Regierung)
K-Mann −1,1 (Opposition)

a) Berechne den Mittelwert der Beliebtheit und vergleiche ihn mit dem Zentralwert.
b) Berechne den Mittelwert der Regierungspolitiker und den der Opposition.
c) Überlege dir eine grafische Darstellung der Rangliste.

Beschreibende Statistik

8 a) Erläutere die Grafik.

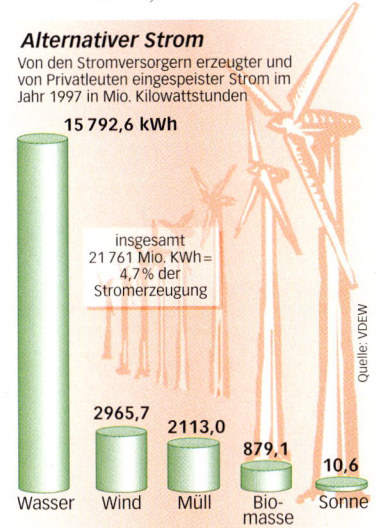

Alternativer Strom
Von den Stromversorgern erzeugter und von Privatleuten eingespeister Strom im Jahr 1997 in Mio. Kilowattstunden

- Wasser: 15 792,6 kWh
- Wind: 2965,7
- Müll: 2113,0
- Biomasse: 879,1
- Sonne: 10,6

insgesamt 21 761 Mio. KWh = 4,7 % der Stromerzeugung

Quelle: VDEW

b) Berechne die gesamte Stromerzeugung 1997.

c) Ein Privathaushalt verbraucht im Jahr etwa 5000 Kilowattstunden Strom. Berechne, wie viele Haushalte mit den einzelnen alternativen Stromherstellern versorgt werden könnten.

9 a) Welche Gebäude sind in dieser Grafik nicht erfasst?
b) Erläutere die Grafik.
c) Gib die Zahl 7430 Milliarden DM in Billionen an.
d) Das Immobilienvermögen im Ausland hat einen Wert von 130 Milliarden DM. Wenn man davon ausgeht, dass jede Immobilie einen Durchschnittswert von 350 000 DM hat, wie viele Bundesbürger haben dann Haus oder Wohnung im Ausland?
e) Informiere dich über Grundstückspreise in deinem Wohnort. Wie viel kostet dort ein Bauplatz in der Größe von 750 m^2?

Eigenes Heim Immobilienvermögen der privaten Haushalte in Deutschland (insgesamt 7 430 Milliarden DM)

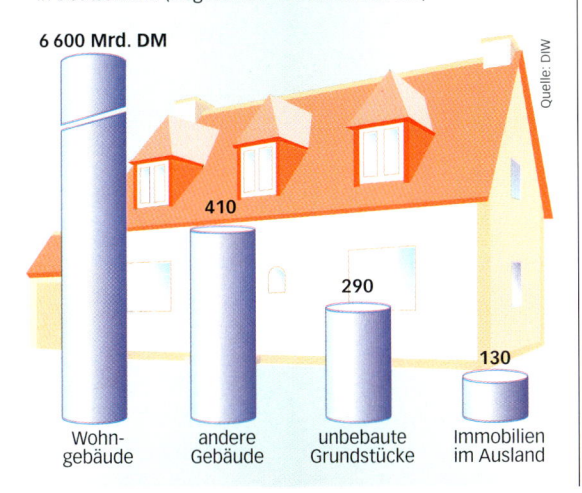

- Wohngebäude: 6 600 Mrd. DM
- andere Gebäude: 410
- unbebaute Grundstücke: 290
- Immobilien im Ausland: 130

Quelle: DIW

10 Ende 1998 lagen die Durchschnittspreise für 1 Liter bleifreies Superbenzin auf folgendem Niveau:

Italien	1,98 DM	Deutschland	1,59 DM
Finnland	1,97 DM	Schweiz	1,40 DM
Großbritannien	1,96 DM	Spanien	1,39 DM
Niederlande	1,90 DM	Türkei	1,37 DM
Belgien	1,87 DM	Griechenland	1,36 DM
Schweden	1,86 DM	Luxemburg	1,29 DM
Frankreich	1,85 DM	Ungarn	1,17 DM
Dänemark	1,77 DM	Tschechien	1,17 DM
Österreich	1,73 DM	Polen	0,93 DM
Portugal	1,70 DM		

a) Berechne den Mittelwert.
b) Ermittle den Zentralwert und vergleiche mit dem Ergebnis von a).
c) Um wie viel Prozent weichen die Preise in Italien und Polen jeweils vom Mittelwert ab?
d) Berechne die Benzinkosten für ein Auto, das im Jahr 15 000 km zurücklegt und auf 100 km 8 Liter verbraucht. Nimm die Preise von Frankreich, Deutschland und Ungarn und ermittle die Differenzen.
e) Wie viel Geld spart ein Holländer, der bei einer Jahresfahrleistung von 22 000 km sein altes Auto (8,5 l pro 100 km) verkauft und nun einen Pkw mit einem Verbrauch von 6,2 l pro 100 km fährt?

11 1997 starben in Deutschland 860 400 Menschen. Todesursachen waren:

Herz-Kreislauf-Erkrankungen	414 100
Krebs	209 300
Atemwegserkrankungen	50 200
Erkrankungen Verdauung	40 600
Verletzungen, Vergiftungen	24 400
Selbstmord	12 200
Sonstige	109 600

a) Gib die Ursachen in Prozent an.
b) Stelle dies grafisch dar.
c) Bei Krebs starben 107 200 Männer, davon wiederum 28 300 an Lungenkrebs. 18 300 Frauen erlagen dem Brustkrebs. Gib diese Ursachen in Prozent an.

Aus der Geschichte des Geldes

1. Tausch
Lange Zeit lebten die Menschen vom Tauschhandel. Zur unmittelbaren Bedarfdeckung wurden Waren und Güter getauscht. Je nach Angebot und Nachfrage entwickelten die Tauschgüter einen unterschiedlichen Wert.

Aus dem Sudan sind folgende Tauschgleichungen bekannt:

1 Sklave	=	1 Doppelflinte und 2 Fläschchen Pulver
	=	5 Ochsen
	=	100 Stück Zeug
1 Schnur Glasperlen	=	1 Kürbisflasche voll Wasser
	=	1 Maß Milch
	=	1 Arm voll Heu

2. Prägungen
Im Laufe der Zeit gewannen Metalle und Edelmetalle an Wert. Sie wurden als Tauschmittel immer häufiger eingesetzt, wobei die Metalle formlos verwendet wurden. Die Mächtigen kamen auf den Gedanken, Metallbarren mit Hilfe eines Stempels zu prägen und damit für Gewicht und Gehalt jedes Barrens zu garantieren. Etwa 2000 v. Chr. gab es die ersten Barren mit staatlicher Prägung.

3. Münzen
Die Erfindung der Münze als geprägtes Edelmetall wird dem griechischen Tyrannen Pheidon zugeschrieben. In China waren Metallmünzen seit 1100 v. Chr. bekannt. Die Römer begannen 169 v. Chr. Silbermünzen zu prägen. Die Münzstätte wurde in einem Nebengebäude des Tempels der „Junomoneta" eingerichtet. Daher kommt der Name der „moneta" für das Münzgeld.

4. Der Taler
Eine der bekanntesten Münzen ist der Taler. Vorläufer des Talers tauchten 1486 in Tirol auf, um den Gegenwert zum Goldgulden in Silber darzustellen. Im Laufe der Zeit entwickelten sich sogenannte Guldenländer (Süddeutschland, Österreich) und Talerländer (Mitteldeutschland und Teile von Nord- und Westdeutschland). Ab 1566 galt der Reichstaler in allen deutschen Gebieten und bürgerte sich als leitende Handelsmünze ein. Die letzten Taler wurden 1871 geprägt und 1908 endgültig außer Kurs gesetzt.

5. Die Mark
Die Mark ist als Gewichtswert in Deutschland seit dem 11. Jahrhundert bezeugt. Der Markwert schwankte zwischen 180g und 280g. Die Mark entwickelte sich von einer reinen Rechnungsmünze zu einer Geldmünze (Münzmark). 1871 wurde die Mark durch das Reichsgesetz als Kompromiss zwischen Taler und Gulden eingeführt und in 100 Pfennige geteilt. Die Reichsmark hatte den Gegenwert von einem Drittel eines preußischen Talers.
Nach dem Zweiten Weltkrieg verlor die Reichsmark an Wert. 1948 wurde eine Währungsreform durchgeführt und die Deutsche Mark (DM) eingeführt, die ebenso in 100 Pfennige geteilt ist.

6. Bargeld auf dem Rückzug
Die Zahlungsweisen wandelten sich in den letzten Jahrzehnten. Nach den Banküberweisungen kam der Scheck zur Geltung, der jedoch immer mehr durch die Kreditkarte verdrängt wurde. Inzwischen kann man in vielen Geschäften mit einer Geldkarte zahlen.

7. Der Euro
Seit 1.1.1999 gilt der Euro, zunächst noch parallel zur DM. Er ist eine gemeinsame Währung für derzeit 11 Länder Europas. Ab dem Jahre 2002 wird der Euro die Deutsche Mark auch im Bargeldverkehr ersetzen.

Lösungen: Vermischte Aufgaben

34

1 a) $100\% - 38\% - 23\% - 17\% - 14\% = 8\%$
b) $8\% \triangleq 10\,752$ Jugendliche
c) $38\% \triangleq 51\,072$ Jugendliche
   $23\% \triangleq 30\,912$ Jugendliche
   $17\% \triangleq 22\,848$ Jugendliche
   $14\% \triangleq 18\,816$ Jugendliche
d) $38\% \triangleq 136{,}8°$
   $23\% \triangleq 82{,}8°$
   $17\% \triangleq 61{,}2°$
   $14\% \triangleq 50{,}4°$
   $8\% \triangleq 28{,}8°$

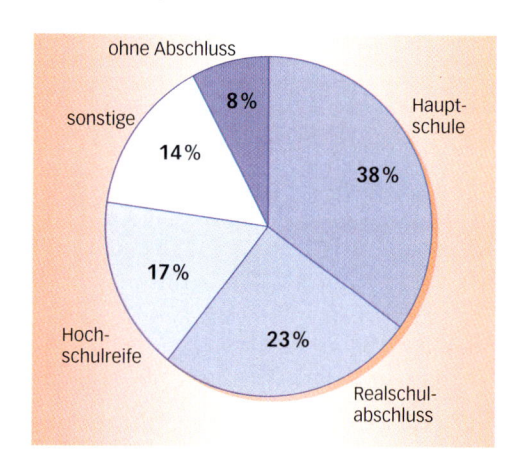

2 a) Jährlicher Beitrag:
   $96\,\text{DM} \cdot 12 = 1152\,\text{DM}$
   $30\,\text{DM} \triangleq 1\permil$
   $1152\,\text{DM} \triangleq 38{,}4\permil$
b) Rückvergütung:
   $16\permil$ von $30\,000\,\text{DM} \triangleq 480\,\text{DM}$
c) Versicherungssumme:
   $87{,}50\,\text{DM} \cdot 4 = 350\,\text{DM}$
   $350\,\text{DM} \triangleq 1{,}75\permil$
   $200\,000\,\text{DM} \triangleq 1000\permil$

3 a) $100\% \triangleq 411{,}05\,\text{DM}$
   $x\% \triangleq 935{,}74\,\text{DM}$
   $x \approx 227{,}6$
   Lohnsteigerung: $127{,}6\%$
b) $100\% \triangleq 3480{,}80\,\text{DM}$
   $4{,}3\% \triangleq x\,\text{DM}$
   $x \triangleq 149{,}67$
   durchschnittlicher Bruttolohn:
   $3480{,}80\,\text{DM} + 149{,}67\,\text{DM} = 3630{,}47\,\text{DM}$
c) $100\% \triangleq 3480{,}80\,\text{DM}$
   $x\% \triangleq 3230{,}18\,\text{DM}$
   $x \approx 92{,}8$
   prozentualer Unterschied: $7{,}2\%$

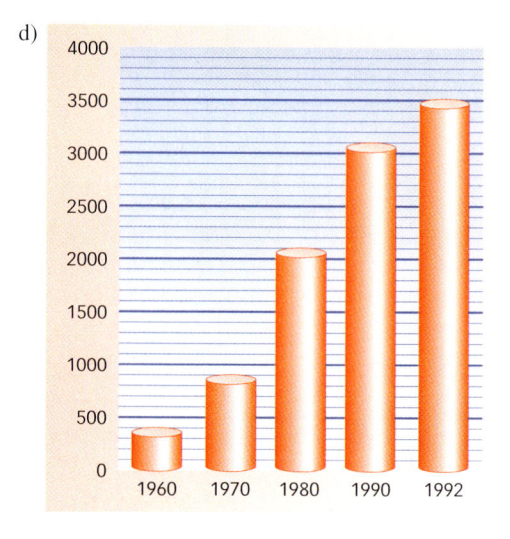

d)

4 a) Endpreis einer Badewanne:
   Selbstkostenpreis:
   $1600\,\text{DM} \cdot 140\% = 2240{,}00\,\text{DM}$
   Verkaufspreis:
   $1728\,\text{DM} \cdot 108\% = 2419{,}20\,\text{DM}$
   Endpreis:
   $2419{,}20\,\text{DM} \cdot 116\% = 2806{,}27\,\text{DM}$
b) Gewinn des Händlers:
   $2000{,}00\,\text{DM} \triangleq 116\%$ (Endpreis)
   $1724{,}14\,\text{DM} = 100\%$ (Verkaufspreis)
   $1724{,}14\,\text{DM} - 2240\,\text{DM} = -515{,}86\,\text{DM}$ (Verlust)

5 a) Selbstkosten:
   7% von $45\,000\,\text{DM} = 3150\,\text{DM}$
   $45\,000\,\text{DM} + 3150\,\text{DM} = 48\,150\,\text{DM}$
b) Reingewinn:
   $\frac{3}{5}$ von $48\,150\,\text{DM} = 28\,890\,\text{DM}$
   29% Gewinn: $\dfrac{28\,890\,\text{DM} \cdot 29}{100} = 8378{,}10\,\text{DM}$
   $\frac{1}{3}$ von $48\,150\,\text{DM} = 16\,050\,\text{DM}$
   18% Gewinn: $\dfrac{16\,050\,\text{DM} \cdot 18}{100} = 2889\,\text{DM}$
   Rest:
   $48\,150\,\text{DM} - 28\,890\,\text{DM} - 16\,050\,\text{DM} = 3210\,\text{DM}$
   6% Verlust: $\dfrac{3210\,\text{DM} \cdot 6}{100} = 192{,}60\,\text{DM}$
   Reingewinn in DM:
   $8378{,}10\,\text{DM} + 2889\,\text{DM} - 192{,}60\,\text{DM}$
   $= 11\,074{,}50\,\text{DM}$
c) Reingewinn in Prozent:
   $100\% \triangleq 48\,150\,\text{DM}$
   $11\,074{,}50\,\text{DM} : 481{,}50\,\text{DM} = 23$
   Der Reingewinn beträgt 23%.

Lösungen: Vermischte Aufgaben   **153**

34

6 a) Versicherungssumme A:
   8,5‰ ≙   12 750 DM
   1000‰ ≙ 1 500 000 DM
b) Jahresprämie:
   1000‰ ≙ 1 600 000 DM
   9‰ ≙   14 400 DM

35

7 a) 504 000 DM – 234 000 DM – 54 000 DM
   = 216 000 DM
   54 000 DM · 3,5% = 1 890 DM
   216 000 DM · 8,5% = 18 360 DM
   jährliche Zinsbelastung:
   1890 DM + 18 360 DM = 20 250 DM

b) Kaltmiete:
   120% ≙ 432 DM
   1% ≙ 3,6 DM
   100% ≙ 360 DM
   monatliche Zinsbelastung:
   20 250 DM : 12 = 1687,50 DM
   übersteigender Betrag:
   1687,50 DM – 360 DM = 1327,50 DM

8 a) Finanzierung durch den Händler:
   185,55 DM + 1380,– DM = 1565,55 DM
   Aufschlag des Händlers:
   $p = \dfrac{95{,}55 \text{ DM} \cdot 100}{1470 \text{ DM}}$
   = 6,5%

b) Finanzierung durch die Bank:
   – Barzahlungspreis:
   $\dfrac{1470 \cdot 98}{100}$ = 1440,60 DM
   – Gesamtpreis der Finanzierung durch die Bank:
   1440,60 DM + 104,50 DM = 1545,10 DM

c) Unterschied der Finanzierungsangebote:
   1565,55 DM – 1545,10 DM = 20,45 DM

9 a) Zinsen nach 30 Tagen: $Z = \dfrac{18\,000 \text{ DM} \cdot 2{,}5 \cdot 30}{100 \cdot 360}$
   = 37,50 DM
   Zinsen für 4 Monate: $Z = \dfrac{18\,000 \text{ DM} \cdot 3 \cdot 4}{100 \cdot 12}$
   = 180 DM

b) Zinssatz auf Festgeldkonto:
   Prozentsatz: $\dfrac{450 \text{ DM} \cdot 100 \cdot 12}{18\,000 \text{ DM} \cdot 5} = 6 \text{ (\%)}$

c) Unterschied:
   450 DM – (180 DM + 37,50 DM) = 232,50 DM

10 a) Anfangskapital:
   11 Monate ≙ 2821,50 DM
   12 Monate ≙ 3078,00 DM
   5,7% ≙ 3 078,00 DM
   100% ≙ 54 000,00 DM

b) Kapital zum 1. Januar 94:
   54 000 DM + 2821,50 DM = 56 821,50 DM
   Zinsen: 3 409,29 DM
   Kapital: 56 821,50 DM
   Zinssatz: 3 409,29 : 56 821,5 = 0,06
   = 6%

c) Steigerung des Kapitals in %:
   2 821,50 DM + 3409,29 DM = 6230,79 DM
   54 000,00 DM ≙ 100%
   6 230,79 DM ≙ 11,5385%
   ≈ 11,5%

11 a) Zinsen für 48 000 DM:
   $\dfrac{48\,000 \cdot 8{,}25}{100}$ DM = 3960 DM
   Gesamtzinsen:
   3960 DM + 1247,75 DM + 159,75 DM
   = 5367,50 DM

b) Nicht ausgenutzter Freibetrag:
   12 000,00 DM – 5367,50 DM = 6632,50 DM

c) Zinssatz:
   $\dfrac{1247{,}75 \text{ DM}}{49\,910 \text{ DM}}$ = 2,5%

d) Guthaben auf Sparbuch:
   $\dfrac{159{,}75 \text{ DM} \cdot 100}{3}$ = 5325 DM

e) Gesamtguthaben:
   48 000 DM + 49 910 DM + 5325 DM
   = 103 235 DM

f) Anlagemöglichkeit:
   $\dfrac{6632{,}50 \text{ DM} \cdot 100}{7{,}5}$ = 88 433,33 DM

42

1 a) –47   b) –14   c) 47   d) 25   e) 1,2
   f) –25,2   g) $-6\frac{1}{2}$ h) $2\frac{2}{5}$ i) $\frac{1}{3}$ j) $-\frac{2}{5}$
   k) $-3\frac{2}{3}$ l) $-11\frac{1}{2}$

2 a) 298,48   b) –962,66   c) –2400,23
   d) 15,04   e) –7,64   f) –3,43   g) –6302,71
   h) 3268,08   i) –3,14   j) –2,74

3 a) 0,5 – (3,2 – 1,8) + 8,3   b) 4,2 : 6 – 1,8
   = 0,5 – 1,4 + 8,3   = 0,7 – 1,8
   = –0,9 + 8,3   = –1,1
   = 7,4

42

4 a)

	Haben	Soll	Kontostand
Alter Saldo	348,74		
Gehalt 1	4500,32		4849,06
Autoreparatur		3001,25	1847,81
Darlehen		2075,49	−227,68
Rechnung	238,50		10,82
Miete		1203,23	−1192,41
Gehalt 2	938,26		−254,15
Neuer Saldo			−254,15

b) −1192,41
c) 3254,15

5

	Zugspitze	Montblanc	Mt. Everest
	2963	**4807**	**8848**
Totes Meer	−394	3357	5201	9242
Kattarasenke	−134	3097	4941	8982
Turfan	−130	3093	4937	8978
Death Valley	−85	3048	4892	8933
Kasp. Meer	−28	2991	4835	8876

6 $4220 \cdot 156 + (10\,000 - 4220) \cdot 20 - 10\,000 \cdot 78,75 - 13\,580$
Die Firma hat 13 580 DM Verlust gemacht.

50

1 a) 5 d) 7 g) 12
b) 4 e) 11 h) 10
c) 8 f) 15 i) 13

2 a) 6 c) 19 e) 20
b) 9 d) 15 f) 36

3 a) 180 c) ≈ 34 857 e) 384
b) 14,4 d) ≈ 166,312 f) ≈ 1347,399

4 a) ≈ 18,486 d) 13 g) ≈ 2,921
b) ≈ 152,844 e) 1,92 h) 8,19
c) ≈ 7,741 f) ≈ 6,522

5 a) ≈ 3,495 e) 0,1 i) ≈ 7,187
b) ≈ 2,538 f) ≈ 5,730 j) 2,99
c) ≈ 4,098 g) ≈ 2,884
d) ≈ 0,938 h) ≈ 4,243

6 a) 23 000 km b) 6000 km

7 a) $3 \cdot 10^5 \frac{km}{s}$ b) $9,39 \cdot 10^8$ km

8 a) 30 100 000 km²
b) 1 080 000 000 000 km³
c) 30 000 $\frac{m}{s}$
d) 9 460 000 000 000 km

9 40 678 000 000 000 km = $4,0678 \cdot 10^{13}$ km

10 a)

km	m	dm	cm	mm
1	10^3	10^4	10^5	10^6
10^{-3}	1	10^1	10^2	10^3
10^{-4}	10^{-1}	1	10^1	10^2
10^{-5}	10^{-2}	10^{-1}	1	10^1
10^{-6}	10^{-3}	10^{-2}	10^{-1}	1

b)

km²	ha	a	m²	dm²	cm²	mm²
1	10^2	10^4	10^6	10^8	10^{10}	10^{12}
10^{-2}	1	10^2	10^4	10^6	10^8	10^{10}
10^{-4}	10^{-2}	1	10^2	10^4	10^6	10^8
10^{-6}	10^{-4}	10^{-2}	1	10^2	10^4	10^6
10^{-8}	10^{-6}	10^{-4}	10^{-2}	1	10^2	10^4
10^{-10}	10^{-8}	10^{-6}	10^{-4}	10^{-2}	1	10^2
10^{-12}	10^{-10}	10^{-8}	10^{-6}	10^{-4}	10^{-2}	1

51

11

Land	Einfuhr	Ausfuhr	Handelsbilanz
Deutschland	244 999	289 368	44 369
Belgien/Lux.	112 952	129 485	16 533
Dänemark	30 540	32 987	2 447
Finnland	20 388	22 283	1 895
Frankreich	195 216	187 941	−7 275
Griechenland	12 233	4 426	−7 807
Großbrit.	142 157	137 833	−4 326
Irland	18 332	27 468	9 136
Italien	126 049	138 732	12 683
Niederlande	97 193	144 246	47 053
Österreich	37 943	27 771	−10 172
Portugal	25 893	19 073	−6 820
Schweden	44 870	48 777	3 907
Spanien	83 232	68 564	−14 668

12 a)
Naphthalin 0,000 000 004 g
Essigsäure 0,000 000 000 1 g
Buttersäure 0,000 000 000 001 g
Vanillin 0,000 000 000 000 5 g

Lösungen: Vermischte Aufgaben

51

12 b) Salzsäure $3{,}65 \cdot 10^{-3}$ g
   Salpetersäure $3{,}3 \cdot 10^{-4}$ g
   Schwefelsäure $2{,}5 \cdot 10^{-4}$ g
   Saccharose $5{,}8 \cdot 10^{-2}$ g
   Glukose $7{,}2 \cdot 10^{-2}$ g
   Koffein $2{,}3 \cdot 10^{-5}$ g
   Strychnin $4 \cdot 10^{-6}$ g
   Salz $5 \cdot 10^{-3}$ g
   Natriumbromid $4{,}5 \cdot 10^{-3}$ g

13 Brom   65,3°
   Chlor   68°
   Fluor   32°
   Helium   2°
   Quecksilber 396°
   Sauerstoff 36°
   Stickstoff 14°

14

Name	$\frac{m^3}{\min}$	$\frac{m^3}{h}$	$\frac{m^3}{\text{Jahr}}$
Wolga	$4{,}84 \cdot 10^5$	$2{,}90 \cdot 10^7$	$2{,}54 \cdot 10^{11}$
Rhein	$1{,}47 \cdot 10^5$	$8{,}82 \cdot 10^6$	$7{,}73 \cdot 10^{10}$
Rhone	$7{,}44 \cdot 10^4$	$4{,}46 \cdot 10^6$	$3{,}91 \cdot 10^{10}$
Elbe	$4{,}26 \cdot 10^4$	$2{,}56 \cdot 10^6$	$2{,}24 \cdot 10^{10}$
Jangtsekiang	$1{,}95 \cdot 10^6$	$1{,}17 \cdot 10^8$	$1{,}02 \cdot 10^{12}$
Kongo	$3{,}66 \cdot 10^6$	$2{,}20 \cdot 10^8$	$1{,}93 \cdot 10^{12}$
Amazonas	$7{,}20 \cdot 10^6$	$4{,}32 \cdot 10^8$	$3{,}78 \cdot 10^{12}$
Donau	$3{,}86 \cdot 10^5$	$2{,}31 \cdot 10^7$	$2{,}03 \cdot 10^{11}$
Po	$1{,}03 \cdot 10^5$	$6{,}19 \cdot 10^6$	$5{,}42 \cdot 10^{10}$
Weichsel	$5{,}58 \cdot 10^4$	$3{,}35 \cdot 10^6$	$2{,}93 \cdot 10^{10}$
Seine	$3{,}12 \cdot 10^4$	$1{,}87 \cdot 10^6$	$1{,}64 \cdot 10^{10}$
Brahmaputra	$1{,}20 \cdot 10^6$	$7{,}20 \cdot 10^7$	$6{,}31 \cdot 10^{11}$
Niger	$1{,}80 \cdot 10^6$	$1{,}08 \cdot 10^8$	$9{,}46 \cdot 10^{11}$
Mississippi	$1{,}14 \cdot 10^6$	$6{,}84 \cdot 10^7$	$5{,}99 \cdot 10^{11}$

15

Vitamin	Erwachsene (in g)		
	pro Tag	pro Woche	pro Jahr
A	$9{,}0 \cdot 10^{-4}$	$6{,}3 \cdot 10^{-3}$	$3{,}285 \cdot 10^{-1}$
D	$2{,}5 \cdot 10^{-6}$	$1{,}75 \cdot 10^{-5}$	$9{,}125 \cdot 10^{-4}$
E	$1{,}2 \cdot 10^{-2}$	$8{,}4 \cdot 10^{-2}$	$4{,}38 \cdot 10^{0}$
B_1	$1{,}5 \cdot 10^{-3}$	$1{,}05 \cdot 10^{-2}$	$5{,}475 \cdot 10^{-1}$
B_2	$1{,}9 \cdot 10^{-3}$	$1{,}33 \cdot 10^{-2}$	$6{,}935 \cdot 10^{-1}$
B_6	$1{,}7 \cdot 10^{-3}$	$1{,}19 \cdot 10^{-2}$	$6{,}205 \cdot 10^{-1}$
C	$7{,}5 \cdot 10^{-2}$	$5{,}25 \cdot 10^{-4}$	$2{,}738 \cdot 10^{0}$

Vitamin	Kinder (in g)		
	pro Tag	pro Woche	pro Jahr
A	$8{,}0 \cdot 10^{-4}$	$5{,}6 \cdot 10^{-3}$	$2{,}92 \cdot 10^{-1}$
D	$2{,}5 \cdot 10^{-6}$	$1{,}75 \cdot 10^{-5}$	$9{,}125 \cdot 10^{-4}$
E	$8{,}0 \cdot 10^{-3}$	$5{,}6 \cdot 10^{-2}$	$2{,}92 \cdot 10^{0}$
B_1	$1{,}2 \cdot 10^{-3}$	$8{,}4 \cdot 10^{-3}$	$4{,}38 \cdot 10^{-1}$
B_2	$1{,}6 \cdot 10^{-3}$	$1{,}12 \cdot 10^{-2}$	$5{,}84 \cdot 10^{-1}$
B_6	$1{,}4 \cdot 10^{-3}$	$9{,}8 \cdot 10^{-3}$	$5{,}11 \cdot 10^{-1}$
C	$7{,}5 \cdot 10^{-2}$	$5{,}25 \cdot 10^{-4}$	$2{,}738 \cdot 10^{0}$

61

1 a) Spiegelung an c
   b) Dreieck: $u = 32$ cm; $h_c = 8$ cm (Zeichnung);
      $A = 48$ cm²
      Raute: $u = 40$ cm; $A = 96$ cm²
   c) Konstruktion
   d) $h_c = 4$ cm; das neue Dreieck entspricht $\frac{1}{4}$ des ursprünglichen Dreiecks; $\frac{1}{8}$ der Raute.

2 a) Parallelogramm
   b) $h_c = 6{,}3$ cm (Zeichnung)
      $A_{\text{Dreieck}} = 20{,}475$ cm²
      $A_{\text{Parallelogramm}} = 40{,}95$ cm²

3 a) Ja, mit einem gleichschenkligen Trapez

4 b) 2 verschiedene Dreiecke
   c) 3 verschiedene Vierecke (1 Rechteck, 2 Parallelogramme) mit jeweils 12 cm² Flächeninhalt
   d) ergibt kein Dreieck und eine Raute mit ca. 14 cm² Flächeninhalt

5 Konstruktion; $a \approx 4{,}9$ cm

6 a) um $(2a + 1)$ cm²
   b) um 25 cm²

7 a) 1; 4; 9; 16; 25
   b) 100

8 a) 1. $\overline{CD} = 6$ cm
      2. $\sphericalangle \gamma = 103°$; $\sphericalangle \delta = 111°$
      3. $\odot C$; $r = 5$ cm auf Schenkel γ ergibt B
      4. $\odot B$; $r = 9$ cm
      5. Schnittpunkt $\odot B$ und Schenkel δ ergibt A
   b) 1. $\overline{AB} = 3{,}6$ cm
      2. $\sphericalangle \alpha = 74°$
      3. $\overline{AD} = 3{,}6$ cm
      4. $\sphericalangle \beta = 84°$
      5. Berechnung von δ ($\delta = 360° - (\alpha + \beta + \gamma)$)
         $\sphericalangle \delta = 103°$
      6. Schnittpunkt der Schenkel δ und γ ergibt c.

61

8 c) 1. $\overline{AD} = 4{,}4$ cm
2. $\angle \alpha = 87°$ und $\angle \delta = 93°$
3. $\overline{AB} = 5{,}2$ cm und $\overline{DC} = 5{,}2$ cm
4. B mit C verbinden

9 a) 1. $\overline{AB} = 6{,}2$ cm
2. $\angle \alpha = 84°$
3. $\odot A$; $r = 5{,}8$ cm und $\odot B$; $r = 3{,}7$ cm
4. $\odot A$ und $\odot B$ ergibt C
5. $\odot C$; $r = 4{,}4$ cm
6. Schnittpunkt $\odot C$ mit Schenkel α ergibt D (2 Möglichkeiten!)

b) 1. $\overline{AB} = 5{,}9$ cm
2. $\angle \alpha = 78°$
3. $\odot B$; $r = 5{,}7$ cm
4. Schnittpunkt $\odot B$ mit Schenkel α ergibt D
5. $\odot A$; $r = 5{,}8$ cm
6. $\angle \delta = 93°$
7. Schnittpunkt $\odot A$ und Schenkel δ ergibt C

c) 1. $\angle \alpha_1 = 35°$ und $\angle \alpha_2 = 48°$ ergibt $\alpha = 83°$
2. $\overline{AC} = e = 6{,}8$ cm
3. Auf a an einer beliebigen Stelle B' angeben und $\angle \beta = 62°$ zeichnen
4. Durch Parallelverschiebung des freien Schenkels von β durch C wird B festgelegt.
5. $\angle \gamma = 112°$ ergibt mit Schenkel von α den Schnittpunkt D

69

1 a) sws (Kontrolle: $a \approx 7{,}6$ cm)
b) wsw (Kontrolle: $c \approx 7{,}7$ cm)
c) sss (Kontrolle: $\alpha \approx 40°$)
d) wsw; Berechnung von $\beta = 138°$ (Kontrolle: $b \approx 12{,}6$ cm)
e) wss (Kontrolle: $b \approx 9{,}5$ cm)
f) wsw; $\alpha = \beta = 71°$ (Kontrolle: $a = b \approx 7{,}5$ cm)
g) wsw; Berechnung von β bzw. γ
$\beta = 32°$ (Kontrolle: $c \approx 5{,}4$ cm)

2 b) 3 cm

3 b) $h_T \approx 1{,}7$ cm
$A_{Trapez} = 10{,}2$ cm^2
Flächeninhalt von 6 Trapezen $= 61{,}2$ cm^2

4 1. Trapezhöhe $\approx 1{,}1$ m
2. Trapezhöhe $= 1{,}8$ m
Dreieckshöhe $\approx 2{,}3$ m
Gesamte Giebelhöhe $\approx 5{,}2$ m

5 a) $k = 1{,}\overline{3}$
b) $h_1 \approx 3{,}9$ cm; $A_1 \approx 8{,}775$ cm^2
$h_2 \approx 5{,}2$ cm; $A_2 \approx 15{,}6$ cm^2
$A_1 : A_2 = 1 : 1{,}\overline{7}$

6 großes Parallelogramm: $a = 7{,}2$ cm; $b = 6$ cm; $\alpha = 50°$
kleines Parallelogramm: $a = 3$ cm; $b = 2{,}5$ cm; $\alpha = 50°$

97

1 a) $u = 144$ cm
$a = 36$ cm

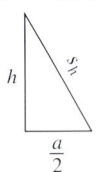

$h = \sqrt{(30 \text{ cm})^2 - (18 \text{ cm})^2}$
$h = 24$ cm

b) $V_{Vollpyramide} = 10\,368$ cm^3
$V_{Zylinder} = 706{,}5$ cm^3
$V_{Werkstück} = 9\,661{,}5$ cm^3

c) Gewicht $= 70\,045{,}875$ g
≈ 70 kg

d) $h_{Zylinder} = 2$ cm

2 a) $s = 25{,}3$ cm
$M = 635{,}54$ cm^2
22 Mantelflächen $= 13\,981{,}88$ cm^2
Papierverbrauch mit Verschnitt 16 778,26 cm^2

b) $A_{Bogen} = 3200$ cm^2
Anzahl der Bogen: 5,24
Preis für 6 Bogen: 23,70 DM

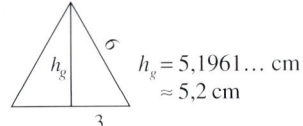

3
$h_g = 5{,}1961\ldots$ cm
$\approx 5{,}2$ cm

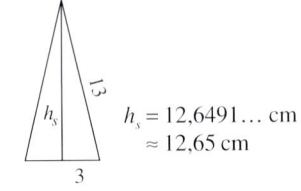

$h_s = 12{,}6491\ldots$ cm
$\approx 12{,}65$ cm

$A_g = 15{,}6$ cm^2
$A_s = 37{,}95$ cm^2
$A_{Gesamt} = 129{,}45$ cm^2
Preis für das Vergolden $= 964{,}40$ DM

4 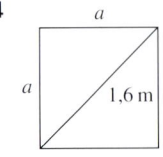
$a^2 + a^2 = (1{,}60 \text{ m})^2$
$2a^2 = 2{,}56$ m^2
$a^2 = 1{,}28$ m^2
$a = 1{,}13137\ldots$ m
$\approx 1{,}131$ m
$h = 2{,}262$ m
$s^2 = (2{,}262 \text{ m}^2) + (0{,}8)^2$
$s = 2{,}399$ m

Gesamtlänge $= 4 \cdot 1{,}131 \text{ m} + 4 \cdot 2{,}399$ m
$= 14{,}12$ m
mit Verschnitt $\approx 15{,}532$ m

Lösungen: Vermischte Aufgaben

97

5 $h = (40\text{ cm})^2 - (20\text{ cm})^2$
$\approx 34{,}64\text{ cm}$

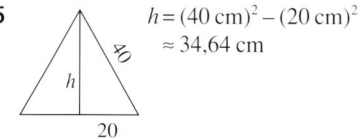

Sechseckfläche $= 6 \cdot \dfrac{40 \cdot 34{,}64}{2}\text{ cm}^2$
$= 4156{,}8\text{ cm}^2$
$A_{\text{Rechteck}} = 4000\text{ cm}^2$
$A_{\text{Aussparung}} = 1000\text{ cm}^2$
$O_{\text{Gesamt}} = 2 \cdot 4156{,}8\text{ cm}^2 + 6 \cdot 4000\text{ cm}^2 - 1000\text{ cm}^2$
$= 31\,313{,}6\text{ cm}^2$
$\approx 3{,}13\text{ m}^2$

6 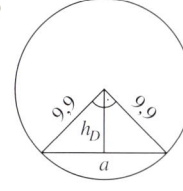
a) $a^2 = (9{,}9\text{ m})^2 + (9{,}9\text{ m})^2$
$a \approx 14\text{ m}$
b) $h_D = (9{,}9\text{ m})^2 - (7\text{ m})^2$
$\approx 7\text{ m}$
Tunnelhöhe $= 7\text{ m} + 9{,}9\text{ m}$
$= 16{,}9\text{ m}$
c) $A_{\text{Kreisausschnitt}} \approx 76{,}94\text{ m}^2$
$A_{\text{Dreieck}} = 49\text{ m}^2$
$A_{\text{Segment}} = 27{,}94\text{ m}^2$
$A_{\text{Gesamt}} = \text{Vollkreis} - A_{\text{Segment}}$
$= 307{,}75\text{ m}^2 - 27{,}94\text{ m}^2$
$= 279{,}81\text{ m}^2$
$V = G \cdot l$
$= 9513{,}54\text{ m}^3$

105

1
a) $x = 4$ b) $x = 4$ c) $x = 5$ d) $x = 0$
e) $x = 2$ f) $x = 12$ g) $x = 1$ h) $x = 3$

2
a) $x = 48$ b) $x = 12$ c) $x = 45$ d) $x = 24$
e) $x = 7\tfrac{1}{17}$ f) $x = 1$

3
a) $\tfrac{1}{2}x = 4$ b) $\tfrac{1}{4}x = \tfrac{1}{2}$ c) $\tfrac{1}{5}x = -\tfrac{2}{5}$ d) $\tfrac{2}{3}x = 6$
e) $\tfrac{3}{7}x = -\tfrac{18}{7}$ f) $\tfrac{2}{3}x = 2\tfrac{2}{3}$

4
a) $x = 10$ b) $x = \tfrac{1}{2}$ c) $x = 1$ d) $x = 4$
e) $x = 0{,}5$ f) $x = 7$ g) $x = 17$ h) $x = \tfrac{2}{3}$

5 1.
a) $\tfrac{2}{x} + 3 = 4 - \tfrac{2}{x}$ $x = 4$
b) $\tfrac{2}{x} + 3 = 7 - \tfrac{9}{x}$ $x = 1\tfrac{3}{4}$
c) $\tfrac{2}{x} + 3 = -4 - \tfrac{1{,}5}{x}$ $x = -0{,}5$
d) $\tfrac{2}{x} + 3 = 5 - \tfrac{5}{x}$ $x = 3{,}5$

2.
a) $\tfrac{2}{x} + \tfrac{3}{x} = 4 - \tfrac{2}{x}$ $x = 1\tfrac{3}{4}$
b) $\tfrac{2}{x} + \tfrac{3}{x} = 7 - \tfrac{9}{x}$ $x = 2$
c) $\tfrac{2}{x} + \tfrac{3}{x} = -4 - \tfrac{1{,}5}{x}$ $x = -1\tfrac{5}{8}$
d) $\tfrac{2}{x} + \tfrac{3}{x} = 5 - \tfrac{5}{x}$ $x = 2$

3.
a) $\tfrac{5}{x} - \tfrac{8}{x} + 3 = 4 - \tfrac{2}{x}$ $x = 1$
b) $\tfrac{5}{x} - \tfrac{8}{x} + 3 = 7 - \tfrac{9}{x}$ $x = 1\tfrac{1}{2}$
c) $\tfrac{5}{x} - \tfrac{8}{x} + 3 = -4 - \tfrac{1{,}5}{x}$ $x = \tfrac{3}{14}$
d) $\tfrac{5}{x} - \tfrac{8}{x} + 3 = 5 - \tfrac{5}{x}$ $x = 1$

4.
a) $-5 + \tfrac{5}{x} = 4 - \tfrac{2}{x}$ $x = \tfrac{7}{9}$
b) $-5 + \tfrac{5}{x} = 7 - \tfrac{9}{x}$ $x = \tfrac{14}{12} = 1\tfrac{1}{6}$
c) $-5 + \tfrac{5}{x} = -4 - \tfrac{1{,}5}{x}$ $x = 3{,}5$
d) $-5 + \tfrac{5}{x} = 5 - \tfrac{5}{x}$ $x = 1$

6
a) $5x + 3(6x - 2) = 15x - 9(x - 5)$
$23x - 6 = 6x + 45$
$x = 3$
b) $13 - \tfrac{16}{x} + 12 = \tfrac{9}{x}$
$13x - 16 + 12x = 9$
$x = 1$
c) $60x - 27(x - 3) - 30x + 2(20 - 7x) = 0$
$60x - 27x + 81 - 30x + 40 - 14x = 0$
$x = 11$
d) $80x - 256 - 8x + 48 + 16 = 52x - 4x - 60 + 84$
$x = 9$
e) $9x - 5(2x - 4) = 15x - 60$
$9x - 10x + 20 = 15 - 60$
$x = 5$
f) $8x - 4 - 3x + 2 = 6{,}5 - 16{,}5 + 9x$
$x = 2$

7
a) $12x + 120 - 10x + 90 = 20x - 870$
$x = 60$
b) $\tfrac{9}{x} - \tfrac{12}{5} - \tfrac{27}{2x} + \tfrac{9}{2} = \tfrac{6}{x}$
$90 - 24x - 135 + 45 = 60$
$x = 5$
c) $14x + 168 = 45x - 270 - 1050$
$x = 48$
d) $12(30x - 75) - 15(x + 27) = 5(11x - 29)$
$360x - 900 - 15x - 405 = 55x - 145$
$x = 4$
e) $18{,}8x - 58{,}8 - 8{,}8x - 11 = 43{,}3 - 67{,}5 + 4{,}5x$
$x = 8$

8
a) $45x + 600 - 15x - 960 = 5x - 6x + 39 + 345$
$x = 24$
b) $0{,}84x + 1{,}05 - 0{,}36 + 2{,}04x = 10{,}69 - 2{,}12x$
$x = 2$
c) $21x + 3\tfrac{1}{2} - 24x + 2 - 25x - 1\tfrac{1}{4} + 2\tfrac{3}{4} = 0$
$x = \tfrac{1}{4}$
d) $\tfrac{1}{5}x - 0{,}7 + 0{,}2x + 0{,}8 = 0{,}2 + \tfrac{1}{6}x + 3$
$x = 87$
e) $\tfrac{75}{25x} = \tfrac{75}{25x} = 2$ h) $28 - \tfrac{18}{x} - 8 = \tfrac{14}{x} + \tfrac{2}{x} + \tfrac{94}{x} - 12$
$x = 3$ $x = 4$
f) $\tfrac{24}{10x} - \tfrac{11}{10x} = 2\tfrac{3}{5}$ i) $\tfrac{49}{x} - \tfrac{28}{x} + 4\tfrac{2}{3} = \tfrac{126}{x} - 10\tfrac{1}{3}$
$x = \tfrac{1}{2}$ $x = 7$
g) $25 = \tfrac{25}{x}$
$x = 1$

114

1 a) $h = \dfrac{2 \cdot A}{g}$; $g = \dfrac{2 \cdot A}{h}$ b) $\dfrac{A}{\pi} = r \cdot r$; $\sqrt{\dfrac{A}{\pi}} = r$

c) $\dfrac{V}{G} = h$; $\dfrac{V}{h} = G$ d) $G = \dfrac{3 \cdot V}{h}$; $h = \dfrac{3 \cdot V}{G}$

e) $a = \sqrt{A}$ f) $K = \dfrac{Z \cdot 100 \cdot 360}{p \cdot t}$

$p = \dfrac{Z \cdot 100 \cdot 360}{K \cdot t}$ $t = \dfrac{Z \cdot 100 \cdot 360}{K \cdot p}$

g) $\dfrac{V}{\pi \cdot h} = r \cdot r$; $\sqrt{\dfrac{V}{\pi \cdot h}} = r$ h) $\dfrac{M}{2 \cdot \pi \cdot h} = r$

$\dfrac{M}{2 \cdot r \cdot \pi} = h$

2 a) $h = 16$ cm   c) $h = 7{,}5$ cm
b) $g = 30$ cm   d) $g = 12$ cm

3 a) 45 cm   c) 14,4 cm
b) 60 cm   d) 12 cm

4 $h = \dfrac{V}{a \cdot b}$ $h = 4$ cm

5 $G = r^2 \cdot \pi$ $U = 2 \cdot r \cdot \pi$ $r = \dfrac{U}{2\pi}$ $r = 40$ (cm)

$G = 5024$ cm^2 $h = \dfrac{V}{G}$ $h = 10$ cm

$M = 2512$ cm^2

6 a) $V_{Ges} = 3251{,}25$ cm^3 $V_{Werkstück} = 1736{,}5$ cm^3
$V_{Abfall} = 1514{,}75$ cm^3
b) 11,967 kg
c) 13,718 kg
d) 583 Werkstücke

7 $A_G \approx 59{,}4$ cm^2 $h = 1000$ cm^3 : 59,4 cm^2
$h \approx 16{,}8$ cm

8 $V = \dfrac{100}{11}$ $V = 9{,}09 \left[\dfrac{m}{s}\right]$ $V = 32{,}7 \left[\dfrac{km}{h}\right]$

9

Stoff	Masse m (in g)	Rauminhalt V in cm^3	Dichte
Silber	126	12	10,5
Gold	173,7	9	**19,3**
Eisen	249,6	**32**	7,8
Kork	**2,88**	12	0,24
Nickel	123,2	**14**	8,8
Zinn	1445,4	198	**7,3**
Gummi	**131,6**	140	0,94

115

10

Gerät	Leistung (Watt)	Kosten (Pf)
Bügeleisen	440,00	10,34
Rührgerät	138,29	3,25
Heizlüfter	1512,50	35,54
Kühlschrank	254,74	5,99
Spülmaschine	2420,00	56,87
Waschmaschine	3226,67	75,83

11 $p = \dfrac{Z \cdot 100 \cdot 360}{K} \cdot t$ $p = 1285{,}7\%$
(Bei $t = 2$ Tage)

12 $K = \dfrac{Z \cdot 100 \cdot 360}{p \cdot t}$ $K = 45\,000$ DM

13 $p = 13{,}736842\% \approx 13{,}74\%$

14 $t = \dfrac{Z \cdot 100 \cdot 360}{K} \cdot p$ $t = 80$ Tage

15 $s = v \cdot t$ $s = 13{,}5$ km

16 a) $30 \dfrac{km}{h} : 3{,}6 = 8{,}33 \dfrac{m}{s}$

$t = \dfrac{s}{v}$ $t = \dfrac{0{,}5}{8{,}33}$ $t = 0{,}06$ (s)

$100 \dfrac{km}{h} \rightarrow 27{,}7 \dfrac{m}{s}$ $t = \dfrac{0{,}5}{27{,}7}$ $t = 0{,}018$

b) $v = \dfrac{s}{t}$ $v = \dfrac{0{,}5}{0{,}03}$ $v = 16{,}7 \left[\dfrac{m}{s}\right]$

$v = \dfrac{0{,}5}{0{,}004}$ $v = 125 \left[\dfrac{m}{s}\right]$

116

1 $x = 1$

2 $\dfrac{3}{4}(8x - 16) - (x + 28) = \dfrac{5x + 15}{2}$; $x = 19$

3 $x = 4$

4 $47 \cdot 18 + 36 \cdot 4 + 36 \cdot 2 \cdot x = 2214$
a) $x = 12$ b) $\approx 50{,}32$ DM

5 $x = \dfrac{1}{4}$

6 $x = 5$

7 $x = 2{,}8$

8 $6(x - 3) - 5 = \dfrac{1}{2}(5x - 11)$; $x = 5$

9 $12{,}50 \cdot 14\,000 + 35x + 27{,}50(45\,000 - x) = 1\,600\,000$
a) $x = 25\,000$ b) 20 000

10 $x = 5$

11 $3x - (4x - 3) = \dfrac{1}{3}(x + 1)$; $x = 2$

12 $x = 12$

Lösungen: Vermischte Aufgaben

117

13 $x + 2x + \dfrac{x+280}{2} + 280 = 1526$
   a) $x = 316$ b) 196 758 DM

14 $x = 5$

15 $x = 2$

16 $x = 2$

17 $x = 1$

18 $(\dfrac{x}{6} + 4) \cdot 3 = \dfrac{4x-3}{5}$; $x = 42$

19 $35x + 35 \cdot 2x + 20 \cdot \dfrac{3x}{2} = 2160$
   Frauen: 16; Männer: 32; Jugendliche: 24

20 $(5x + 9) \cdot 4 - 20 = \dfrac{82 - 10x}{2}$; $x = 1$

21 $x = 2$

22 $x = 1$

23 $162\text{ DM} + 112\text{ DM} + x + 1{,}5x + x + 112\text{ DM} = 473{,}50\text{ DM}$; $x = 25$
   Handschützer: 25 DM
   Knieschoner: 37,50 DM
   Skates: 299 DM

126

1 a) In 11 Tagen geleistete Arbeit:
      $11 \cdot 7{,}5 \cdot 5 = 412{,}5$ [h]
      Insgesamt zu erbringende Arbeit:
      $24 \cdot 7{,}5 \cdot 5 = 900$ [h]
      Noch zu leistende Arbeit: 487,5 [h]
      Arbeitstage bei 3 Fliesenlegern:
      $487{,}5 : (7{,}5 \cdot 3) \to 22$ [Tage]
   b) Terminüberschreitung: $11 + 22 - 24 = 9$ [Tage]
      Konventionalstrafe: 5625 DM
   c) Terminüberschreitung mit Überstunden:
      $487{,}5 : (7{,}5 + 2{,}5) \cdot 3 = 16{,}25 \to 17$ [Tage]
      $17 + 11 - 24 = 4$ [Tage]

2 a) 1000 g ≙ 20 Teile → 50 g ≙ 1 Teil
      Weidelgras: 11 Teile ≙ 550 g
      Rotschwingel: 5 Teile ≙ 250 g
      Horstrotschwingel: 3 Teile ≙ 150 g
      Wiesenrispe: 1 Teil ≙ 50 g
   b) Weidelgras: 550 g ≙ 1,38 DM ⎫ Preis
      Rotschwingel: 250 g ≙ 0,75 DM ⎬ für
      Horstrotschwingel: 150 g ≙ 0,45 DM ⎪ 1 kg:
      Wiesenrispe: 50 g ≙ 0,12 DM ⎭ 2,70 DM

3 a) $20 : 45 : 55 : 30 = 4 : 9 : 11 : 6$
   b) 47,70 DM ≙ 6 Anteile; 7,95 DM ≙ 1 Anteil
      Felix: 7,95 DM · 4 = 31,80 DM
      Erkan: 7,95 DM · 9 = 71,55 DM
      Eugen: 7,95 DM · 11 = 87,45 DM
   c) Eugen: 440 000 DM

4 a) Erforderliche Arbeitsstunden:
      $8 \cdot 12 \cdot 24 = 2304$ [h]
      Vor dem Weggang geleistete Arbeit:
      $8 \cdot 12 \cdot 3 = 288$ [h]
      Noch zu erbringende Arbeit: 2016 [h]
      Arbeitszeitverlängerung:
      $9 \cdot 8 \cdot x = 2016$; $x = 28$ [Tage] → 4 [Tage]
   b) $x \cdot 8 \cdot 24 = 2016$; $x = 10{,}5$ [h]
      Anfallende Überstunden je Arbeiter pro Tag 2,5 h.

5 Anteile in 100 g Müsli   Nährwerte   Gesamt-
   Nüsse: 19 g   361 kJ   nährwert/100 g
   Leinsamen: 31,5 g   661,5 kJ   1918 kJ
   Haferflocken: 22,5 g   382,5 kJ
   Buchweizen: 13,5 g   202,5 kJ
   Sesam: 13,5 g   310,5 kJ

6 a) $\tfrac{1}{4}$ l : 12,5 l = 1 : 50
      Preis: 2,15 DM + 12,36 DM = 14,51 DM
   b) Preis fertiges Gemisch:
      12,75 · 1,28 DM = 16,32 DM
      Ersparnis: 16,32 DM − 14,51 DM = 1,81 DM

147

1 a) 31,6 Millionen
   b) Spanien 26,3%
      Italien 18,0%
      Österreich 13,3%
      Türkei 8,2%
      Frankreich 7,6%
      Griechenland 7,0%
      Nordamerika 6,3%
      Dänemark 4,4%
      Nordafrika 4,4%
      Niederlande 4,4%
   c) Balkendiagramm (selbst zeichnen)
      oder Kreisdiagramm (am PC erstellen)
   d) Mittelwert: 3,16 Millionen
      Zentralwert: 2,3 Millionen
   e) Zahlen aus Fremdenverkehrs-Statistiken dieser
      Länder.

2 Trefferquote: 56,7%
                 60,0%
                 65,0%
                 72,0%
                 70,4%
                 70,0%

3 b) Mittelwerte:
      1773–1942   84,5 Jahre
      1942–1974   4,0 Jahre
      1974–1991   1,5 Jahre
   c) Möglicher Maßstab:
      50 000 = 1 cm (bei DIN-A4-Blatt)
      30 000 = 1 cm (bei DIN-A3-Blatt)
   d) Entweder gab es keine Toten oder sie wurden
      nicht registriert. Bei Dürre kann oft keine direkte
      Todesursache festgestellt werden.

148

4 a) 3,9 Millionen weniger Arbeitnehmer entsprechen einem Rückgang von 11,4%.
b) Mittelwert: 31,74 Millionen.

5 a) Empfang über
Antenne   4,38 Millionen
Satellit   13,5   Millionen
Kabel   18,61 Millionen.
c) Die Anteile der zusammengefassten Sender sind so gering, dass sie in einer Grafik dieser Größe nicht einzeln dargestellt werden können.
d) Um solche Zahlen zu erheben, wird ein ausgewählter Kreis von Zuschauern regelmäßig befragt. Die Teilnehmer solcher Befragungen sind so ausgewählt, dass man die hier gefundenen Ergebnisse für die Gesamtzahl aller Zuschauer verallgemeinern kann.
e) Wegen der Einnahmen aus der Fernsehwerbung.

6 a) und b)

76 Jahre Lebensdauer	pro Jahr	pro Tag	
Schlaf 27 Jahre	129 Tage	8,4 h	35,5%
Arbeit 8,5 Jahre	41 Tage	2,7 h	11,1%
Fernsehen 6 Jahre	29 Tage	1,9 h	7,8%
Haushalt 5,5 Jahre	26 Tage	1,7 h	7,2%
Essen/Trinken 4,3 Jahre	20 Tage	1,3 h	5,6%
Unterwegs 4 Jahre	19 Tage	1,2 h	5,2%
Gespräche 1 Jahr	5 Tage	0,3 h	1,3%

Frauen			
Haushalt 14 Jahre	67 Tage	4,4 h	18,4%
Arbeit 4,3 Jahre	20 Tage	1,3 h	5,6%

Für die graphische Darstellung eignet sich ein Balkendiagramm.

7 a) Mittelwert + 0,71   Zentralwert + 0,9
b) Mittelwert Regierung   + 1,4
   Mittelwert Opposition + 0,78
c) Skala wie beim Thermometer. Die einzelnen Politiker waagrecht anordnen.

149

8 b) 21 761 Millionen kWh, gerundet auf 22 Milliarden kWh. Das sind 4,7% des gesamten Energieaufwandes (Gesamt: 463 Milliarden kWh).
c) Zahl der Haushalte, die durch diese alternativen Energien mit Strom versorgt werden können.

Photovoltaik	2 120 Haushalte
Biomasse	175 820 Haushalte
Müll	422 600 Haushalte
Wind	593 000 Haushalte
Wasser	3 158 520 Haushalte

9 a) Gebäude von Firmen und von der öffentlichen Hand (Gemeinde, Stadt, Landkreis …) sind nicht erfasst.
b) Die Grafik zeigt die Summe des Vermögens, das die deutschen privaten Haushalte an Immobilien besitzen.
c) 7,43 Billionen
d) 371 428,57 (gerundet 370 000) Bundesbürger haben Immobilien im Ausland.
e) Jeder Bundesbürger hat durchschnittlich 61 728,39 DM gespart.

10 a) Mittelwert: 1,59 DM
b) Zentralwert: 1,70 DM
   Abweichung: 0,11 DM
c) Italien + 24,2%   Polen − 41,5%
d) Benzinverbrauch: 1200 Liter auf 15 000 km
   Frankreich: 2220 DM
   Deutschland: 1908 DM
   (312 DM weniger als in Frankreich)
   Ungarn: 1404 DM
   (504 DM weniger als in Deutschland, 816 DM weniger als in Frankreich).
e) Verbrauch altes Auto:
   1870 l /Benzinkosten 3553 DM
   Verbrauch neues Auto:
   1364 l /Benzinkosten 2591,60 DM
   Einsparung 961,40 DM.

11 a)
Herz-Kreislauf	48,1%	Verletzungen	2,8%
Krebs	24,3%	Selbstmord	1,4%
Atemwege	5,8%	Sonstige	12,7%
Verdauung	4,7%		

b) Grafische Darstellung: Kreisdiagramm oder Balken
c) Lungenkrebs Männer: 26,39%
   Frauen: Gesamt an Krebs gestorben: 102 100
   Brustkrebs: 17,9%

Lösungen: Mathe-Meisterschaft

38

1

	Kapital	Zinssatz	Zeit	Zinsen
a)	885 DM	5 %	10 Monate	≈ **36,88 DM**
b)	1035 DM	≈ **4,5%**	7 Monate	27,17 DM
c)	4560 DM	2,5%	**60 Tage**	19,00 DM
d)	**3775 DM**	4,8%	72 Tage	36,24 DM

2 280 Liter : 2 Liter = 140 Flaschen
630 DM : 140 = 4,50 DM
4,50 DM + 12% ≙ 5,04 DM
5,04 + 22% ≈ 6,15 DM
6,15 DM + 0,10 DM = 6,25 DM
oder:
630 DM + 12% ≙ 705,60 DM
705,60 DM + 22% ≈ 860,83 DM
860,83 DM : 140 = 6,15 DM
6,15 DM + 0,10 DM = 6,25 DM
Eine Flasche Wein kostet ohne MwSt. 6,25 DM.

3 $\frac{1}{2}$ von 75 000,00 DM = 37 500,00 DM
37 500,00 DM · 4% ≙ 1500,00 DM
$\frac{1}{3}$ von 75 000,00 DM = 25 000,00 DM
25 000,00 DM · 5% ≙ 1250,00 DM
3125 DM – 1500,00 DM – 1250,00 DM
= 375,00 DM
75 000,00 DM – 37 500,00 DM – 25 000,00 DM
= 12 500,00 DM
$375 = \frac{12\,500{,}00 \cdot p}{100}$
$p = 3\%$
Frau Schreiner hat den Rest des Vermögens zu 3% verliehen.

4 28 800,00 DM : 2 = 14 400,00 DM
15 027,00 DM – 14 400,00 DM = 627,00 DM
$627 = \frac{14\,400{,}00 \cdot 4{,}75 \cdot t}{100 \cdot 360}$
$t = 330$ Tage
Für 330 Tage hat sie das Geld verliehen.
$112{,}50 = \frac{K \cdot 2 \cdot 225}{100 \cdot 360}$
$K = 9000{,}00$ DM
Sie hat auf dem Sparbuch 9000,00 DM einbezahlt.

5 Bausparen:
40% von 90 000,00 DM ≙ 36 000,00 DM
Darlehen:
90 000,00 DM – 36 000,00 DM = 54 000,00 DM
Zinsen:
4,5% von 54 000,00 DM ≙ 2430,00 DM
Rest:
520 000,00 DM – 160 000,00 DM
– 60 000,00 DM – 90 000,00 DM
= 210 000,00 DM
Zinsen:
6,75% von 210 000,00 DM ≙ 14 175,00 DM
Belastung:
14 175,00 DM + 2430,00 DM = 16 605,00 DM
16 605,00 DM : 12 = 1383,75 DM
Ja, die bisherige Miete deckt diesen Betrag.

54

1 a) Z. B. –2; –1; 1; 2; …
b) 0,8; 0,5; –0,1; –0,3; …
c) $\frac{1}{4}$; $\frac{1}{8}$; $-\frac{1}{10}$; $-\frac{1}{7}$
(Andere Lösungen sind möglich!)

2
1. Quartal	2. Quartal	3. Quartal	4. Quartal
35	–28	–71	–32

125 272 Einwohner sind es am Ende des Jahres.

3 a) 556,04 DM   b) –509,79 DM

4 $4{,}62 \cdot 10^9$ $3{,}421 \cdot 10^{12}$
3 750 000 000 000
0,000 000 012 5

5 $5\,g = 5 \cdot 10^{-3}\,kg = 5 \cdot 10^{-6}\,t$
$1{,}84\,km = 1{,}84 \cdot 10^3\,m = 1{,}84 \cdot 10^5\,cm$

6 $A_{Rechteck} = 800{,}8\,m^2$; $A_{Quadrat} = 800{,}8\,m^2$; $a \approx 28{,}3\,m$

7 $A_{Kreis} = d^2 \cdot 0{,}785$ $d = \sqrt{\frac{1256}{0{,}785}}$ $d = \sqrt{1600}$
$d = 40$

8 6740,17

Lösungen: Mathe-Meisterschaft

81

1 a) $\alpha = 67{,}5°$ (0,5 P.)
b) Konstruktion (2,5 P.)

2 a) Konstruktion wsw
$\beta = 50°$ (1 P.)
b) Konstruktion (2 P.)
c) $u = 21$ cm (0,5 P.)
$h_c \approx 6{,}1$ cm (0,5 P.)
$A = 21{,}35$ cm² (1 P.)

3 a) $\dfrac{f}{2} = 3{,}97$ cm; $f = 7{,}94$ cm (2,5 P.)
b) $a = 2{,}78$ cm (2,5 P.)

4

$a = \dfrac{85 \text{ cm} - 63 \text{ cm}}{2}$; $a = 11$ cm (1 P.)
$s = 56{,}09$ cm (1,5 P.)
$u = 260{,}18$ cm (0,5 P.)

5

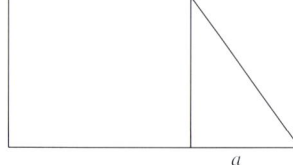

a) $a = 25{,}5$ m (3 P.)
$u = 186{,}5$ m (1 P.)
b) $A_{\text{Trapez}} = 1870$ m² (1,5 P.)
$b_{\text{Rechteck}} = 46{,}75$ m (1 P.)
c) $u_{\text{Rechteck}} = 173{,}5$ m (1 P.)
Differenz = 13 m (0,5 P.)

2

a) M: 1 : 2   Vorderriss ≙ Seitenriss
Grundriss
(1,5 P.)

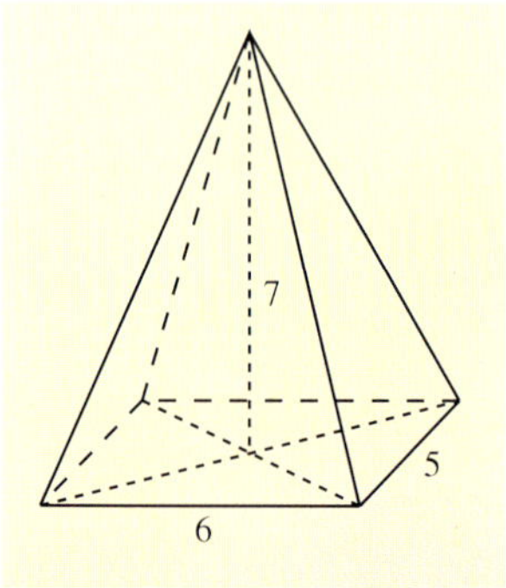

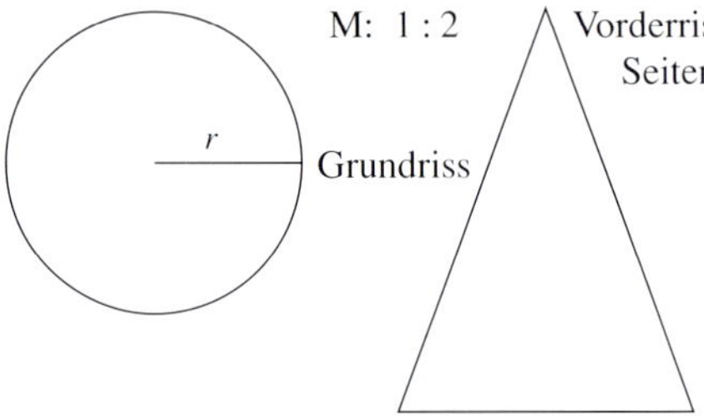

b) $s^2 = h^2 + r^2$
$= 8{,}544\ldots$ cm (1,5 P.)

3 a) $h_s \approx 101{,}26$ m (1,5 P.)
b) $A_{\text{Dreieck}} = 5873{,}08$ m² (0,5 P.)
$A_{\text{Gesamt}} = 23\,492{,}32$ m² (0,5 P.)

4 a) $d = 12{,}5$ m; $r = 6{,}25$ m
$S \approx 14{,}42$ m (Länge der Dachsparren) (1,5 P.)
b) $M = r \cdot S \cdot \pi$
$\approx 282{,}99$ m² (1 P.)
c) $V \approx 531{,}51$ m³ (1 P.)

5 a) Skizze

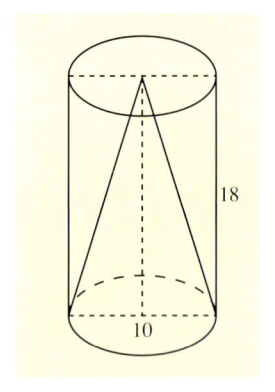

(2 P.)

b) $V_{\text{Kegel}} = 471$ cm³; Gewicht = 3626,7 g (2 P.)
c) $V_{\text{Zylinder}} = 1413$ cm³
$V_{\text{Abfall}} = 942$ cm³
$h_{\text{Quader}} = 18{,}84$ cm
$\approx 18{,}8$ cm (2 P.)

6 a) $M = r \cdot s \cdot \pi$; $r = 140$ cm
$= 87\,920$ cm² (2,5 P.)
Materialbedarf $\approx 10{,}29$ m² (1 P.)
b) Kegelhöhe $\approx 142{,}83$ cm (2 P.)
Gesamthöhe $= 342{,}83$ cm (6,5 P.)
$A_{\text{Zylinder}} = 3{,}7994$ m² (1 P.)

100

1

M: 1 : 2

(2 P.)

118

1 $\frac{3}{5} - \frac{20}{x} = \frac{1}{2}$ $| 5 \cdot x \cdot 2$
$6x - 200 = 5x$
$x = 200$

2 Hauptnenner: 15
$18x - 20(x-2) = 90x - 60(x+2)$
$18x - 20x + 40 = 90x - 60x - 120$
$-2x + 40 = 30x - 120$
$160 = 32x$
$5 = x$

3 A: x | 4 588 m²
B: $2 \cdot x$ | 9 176 m²
C: $(x + 2x) : 2 = 1,5x$ | 6 882 m²
D: $x + 2x = 3x$ | 13 764 m²
$x + 2x + 1,5x + 3x = 34\,410$
$7,5x = 34\,410$
$x = 4\,588$

4 Anzahl der 4er-Gruppen: x
$4 \cdot x + 2 = 6(x-2) + 2$
$x = 6$ $4 \cdot 6 + 2 = 26$ $6(6-2) + 2 = 26$
Die Klasse hat 26 Schüler.

5 a) Volumen des Zylinders:
$V_Z = 0,8 \text{ m} \cdot 0,8 \text{ m} \cdot 3,14 \cdot 4 \text{ m}$
$V_Z = 8,0384 \text{ m}^3$
Ölvolumen: 8,0384 m³ : 2 = 4,0192 m³
Umwandlung: 4019,2 l

b) Höhe: $h = \dfrac{V}{a \cdot b}$
$h = \dfrac{4,0192 \text{ m}^3}{3,2 \text{ m} \cdot 1,57 \text{ m}}$
$h = 0,8 \text{ m}$

c) Neue Ölstandshöhe: 0,8 m − 0,15 m = 0,65 m
Restölvolumen: $V = 3,2 \text{ m} \cdot 1,57 \text{ m} \cdot 0,65 \text{ m}$
$V = 3,2656 \text{ m}^3$
Umwandlung: 3265,6 l

Regeln und Gesetze – Grundwissen Geometrie

Prozentformel $\quad P = G \cdot \frac{p}{100}$ $\qquad$ **Zinsformel** $\quad Z = \frac{K \cdot p \cdot t}{100 \cdot 360}$

Grundwert: $\quad G$ $\qquad\qquad$ Kapital: $\quad K$ (in DM)
Prozentwert: $\quad P$ $\qquad\qquad$ Zinsen: $\quad Z$ (in DM)
Prozentsatz: $\quad p$ (in %) $\qquad$ Zinssatz: $\quad p$ (in %)
$\qquad\qquad\qquad\qquad\qquad\qquad\qquad$ Zeit: $\quad t$ (in Tagen)

Berechnungen an Flächen

Umfang: $\quad u$
Flächeninhalt: $\quad A$
Radius: $\quad r$
Durchmesser: $\quad d$
Kreisbogen: $\quad b$

Quadrat

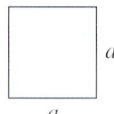

$u = 4 \cdot a$
$A = a \cdot a$
$A = a^2$

Rechteck

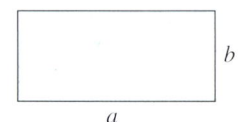

$u = 2 \cdot a + 2 \cdot b$
$A = a \cdot b$

Dreieck

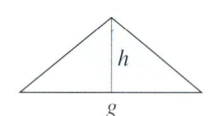

$A = \frac{g \cdot h}{2}$

Parallelogramm

$A = a \cdot h$

Trapez

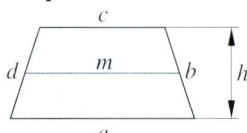

$A = \frac{a + c}{2} \cdot h$
$A = m \cdot h$

Kreis

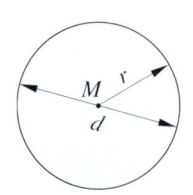

$u = 2 \cdot r \cdot \pi$
$u = d \cdot \pi$
$A = r \cdot r \cdot \pi$
$A = r^2 \cdot \pi$

Kreisausschnitt

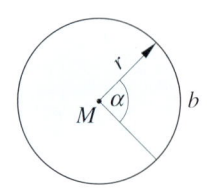

$b = d \cdot \pi \cdot \frac{\alpha}{360°}$
$A = r \cdot r \cdot \pi \cdot \frac{\alpha}{360°}$
$A = r^2 \cdot \pi \cdot \frac{\alpha}{360°}$

Regeln und Gesetze

Der Satz des Pythagoras

Hypotenuse: c
Katheten: a, b

$$c^2 = a^2 + b^2$$

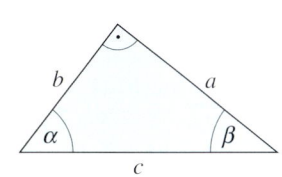

Berechnungen an Körpern

Oberfläche: O
Volumen: V
Grundfläche: G
Mantelfläche: M

Würfel

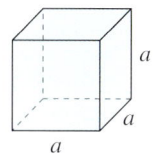

$O = 6 \cdot a \cdot a$
$ = 6 \cdot a^2$
$V = a \cdot a \cdot a$
$ = a^3$

Quader

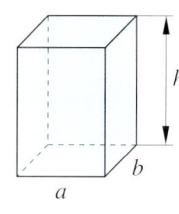

$O = (a \cdot b + a \cdot h + b \cdot h) \cdot 2$
$V = a \cdot b \cdot h$

Prisma

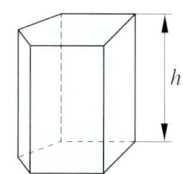

$O = 2 \cdot G + M$
$V = G \cdot h$

Pyramide

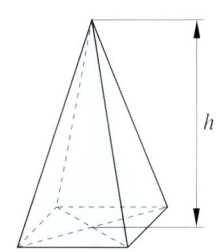

$O = G + M$
$V = \frac{1}{3} \cdot G \cdot h$

Zylinder

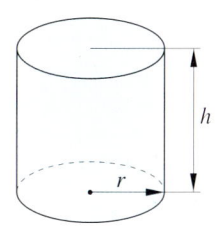

$O = 2 \cdot G + M$
$ = 2 \cdot r^2 \cdot \pi$
$ + 2 \cdot r \cdot \pi \cdot h$
$V = G \cdot h$
$ = r^2 \cdot \pi \cdot h$

Kegel

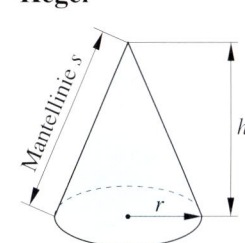

$O = G + M$
$M = r \cdot s \cdot \pi$
$V = \frac{1}{3} \cdot G \cdot h$
$ = \frac{1}{3} \cdot r^2 \cdot \pi \cdot h$

Größen und Maßeinheiten

Zeit	1 Jahr = 365 Tage	1 Tag = 24 h (Stunden)	1440 min = 1 Tag	
	1 h = 60 min (Minuten)	1 min = 60 s (Sekunden)	3600 s = 1 h	

Gewicht
1 t (Tonne) = 1000 kg
1 kg = 1000 g   1 000 000 g = 1 t
1 g = 1000 mg (Milligramm)   1 000 000 mg = 1 kg

Länge
1 km = 1000 m
1 m = 10 dm
1 dm = 10 cm   100 cm = 1 m
                                100 000 cm = 1 km
1 cm = 10 mm   100 mm = 1 dm
                                1000 mm = 1 m
                                1 000 000 mm = 1 km

Fläche
$1\ km^2 = 100\ ha$ (Hektar)
$1\ ha = 100\ a$ (Ar) $10\,000\ a = 1\ km^2$
$1\ a = 100\ m^2$ $10\,000\ m^2 = 1\ ha$
                                     $1\,000\,000\ m^2 = 1\ km^2$
$1\ m^2 = 100\ dm^2$ $10\,000\ dm^2 = 1\ a$
                                     $1\,000\,000\ dm^2 = 1\ ha$
$1\ dm^2 = 100\ cm^2$ $10\,000\ cm^2 = 1\ m^2$
                                     $1\,000\,000\ cm^2 = 1\ a$
                                     $100\,000\,000\ cm^2 = 1\ ha$
$1\ cm^2 = 100\ mm^2$ $10\,000\ mm^2 = 1\ dm^2$
                                     $1\,000\,000\ mm^2 = 1\ m^2$

Raum
$1\ m^3 = 1000\ dm^3$
$1\ dm^3 = 1000\ cm^3$ $1\,000\,000\ cm^3 = 1\ m^3$
$1\ cm^3 = 1000\ mm^3$ $1\,000\,000\ mm^3 = 1\ dm^3$
                                     $1\,000\,000\,000\ mm^3 = 1\ m^3$

Hohlmaße
$1\ dm^3 = 1\ l$ $1\ cm^3 = 1\ ml$
1 hl = 100 l   1 l = 1000 ml   100 000 ml = 1 hl

Geschwindigkeit $\text{Geschwindigkeit} = \dfrac{\text{Weg}}{\text{Zeit}}$ $v = \dfrac{s}{t}$

Dichte $\text{Dichte} = \dfrac{\text{Masse}}{\text{Volumen}}$ $\varrho = \dfrac{m}{V}$

Stichwortverzeichnis

A
ähnliche Figuren 65
Ähnlichkeit 67 f.
Anhalteweg 112 f., 129 f.
Ansichten von Körpern 84 f.

B
Basis 43
Bremsweg 112 f., 129 f.
Bruchgleichungen 104
Bruttogehalt 14

C
Computer 32 f.

D
Dreieck 56 ff.
– Konstruktionen 56 ff.
– rechtwinkliges 72 ff.

E
effektiver Jahreszins 31
eindeutige Zuordnung 120
Exponent 43

F
Formel 108 ff.
Fragebogen 140 ff.
Funktion 120

G
Geschwindigkeit 112 f.
Gleichung 101 ff.
– Umformen und Lösen 102 ff.
– mit Brüchen 103
– ansetzen und lösen 106 f.
Grundwert 12 f., 15 f.

H
Hochzahl 43
Hypotenuse 73 ff.

J
Jahreszinsen 20 f.

K
Kapital 19
Kathete 73 ff.
Kegel 82 ff.
– Oberfläche 90 f.
– Volumen 92
Körper 82 ff.
Kredit 30 f.

L
Lösen von Gleichungen 102 ff.

M
Mantellinie 90 f.
Mischung 124 f.
Mischungsverhältnis 124 f.
Mittelwert 144 f.
Monatszinsen 23 ff.

N
Näherungswert 48
negative Zahl 40 ff.
Nettogehalt 14
Netz 83 f.

O
Oberfläche 88 ff.
Operator 12 ff.

P
positive Zahl 40 ff.
Potenz 43 ff.
proportionale Zuordnung 121 ff.
Prozentrechnung 11 ff.
– Grundaufgaben 12 f.
Prozentsatz 12 f.
Prozentwert 12 f.
Pyramide 82 ff.
– Oberfläche 88
– Volumen 89
Pythagoras, Satz des 72 ff.
– bei Berechnungen an Körpern 95 f.

Q
Quadratwurzel 47 f.
Quadratzahl 46

R
Rate 31
rationale Zahlen 39 ff.
Reaktionsweg 112 f., 129 f.
rechtwinkliges Dreieck 72 ff.

S
Satz des Pythagoras 72 ff.
Schaubilder 132 ff.
Schrägbild 83 ff.
Sozialversicherung 14
Statistik 119, 132 ff.
– beschreibende 132 ff.
– Schaubilder auswerten 134 ff.
– Material erheben 138 f.
Steuern 14

T
Tabellenkalkulation 32 f.
Tageszinsen 23 ff.

V
Vergrößern/Verkleinern 65 f.
vermehrter, verminderter
  Grundwert 15 ff.
Vielecke, regelmäßige 62 ff.
Vierecke 59 ff.
Volumen 89 ff.
Vorzeichen 40 ff.

W
Wertetabelle 120 ff.
Wurzel 47

Z
Zehnerpotenz 43 ff.
Zentralwert 146
Zinsen 19 ff.
Zinsformel 28 f.
Zinsrechnung 19 ff.
Zuordnung 119 ff.
zusammengesetzte Körper
  93 f.
– Oberfläche und Volumen
  93 f.

Bildnachweis

Archiv für Kunst und Geschichte, Berlin: 98 (unten rechts); 99 (oben links)
Astrofoto, Leichlingen: 43
Cornelsen Verlagsarchiv: 45; 55 (oben links); 86 (oben rechts); 115|3; 121 (oben rechts)
Deutsche Bahn AG, Berlin; 113 (Mitte links)
Deutscher Sparkassen Verlag, Stuttgart: 19/2
Deutscher Verkehrssicherheitsrat, Bonn: 130
Deutsches Museum, München: 55 (oben rechts); 74 (oben rechts); 98 (Mitte links)
Jörn Hennig, Berlin; 5; 10; 17; 22; 25; 26; 28; 30|2; 34; 40; 42|1; 46; 47; 51; 80|1 und 2; 103; 104; 107; 114|1; 116|1 und 2; 117|1 und 3; 118; 120|2; 124|2; 125; 127; 129; 130; 146; 149|3
Kunst- und Ausstellungshalle der Bundesrepublik Deutschland, Bonn; 86 (unten rechts)
Lade, Frankfurt: 140
Skip G. Langkafel, Berlin: 11; 13; 15|1; 18; 23; 33; 36; 37; 39; 50|2; 52; 53; 55 (Mitte); 58|2 und 3; 65 (oben); 70; 71; 73 (oben); 77|2; 78|1; 84; 92|2; 98; 99; 101; 112; 114|3; 115|1; 119|1, 2 und 3; 124|1; 129|2; 132; 133; 135; 136; 137; 143; 145; 148; 149|1 und 2; 150; 151; 152
Linn, Essen: 95 (oben)
Mauritius, Berlin: Titelfoto (Waldkirch); 91 (unten links) (Starfoto); 99 (unten links) (Vidler)
Mexikanische Botschaft, Berlin: 55 (unten rechts und unten links)
Pressefoto R. Eckert, Bamberg: 147
Jens Schacht, Düsseldorf: 30|1; 35; 59|1 und 2; 72|2; 74|1 und 2; 79|2; 89 (oben); 90|2; 106; 108; 119 (Foto); 120; 127; 144; 147
Ulrich Sengebusch, Geseke: 8; 10; 49; 56; 57; 58|1; 59|3; 60; 61; 62; 63; 64; 65 (Mitte und unten); 66; 67; 68; 69|1 und 2; 73 (Mitte und unten); 75; 76; 77|1, 3 und 4; 78|2, 3 und 4; 79|1 und 3; 80|3 und 4; 81; 82; 83; 85; 86|2 und 4; 87; 88; 89|2; 90|1 und 3; 91|2; 92|1; 93; 94; 95|2 und 3; 96|1 und 3; 97; 100; 109|2; 114|2; 131; 134
Staatliche Münzsammlung, München: 151 (oben rechts)
TechniSat, Daun: 110 (oben rechts)
Wasser- und Schifffahrtsamt, Emden: 122
Wosczyna, Rheinbreitbach: 69 (oben rechts); 96 (unten links)
Gerald Zörner, Berlin: 14